Schriftenreihe aus dem Institut für Strömungsmechanik

Herausgeber
J. Fröhlich, R. Mailach S. Odenbach

Institut für Strömungsmechanik
Technische Universität Dresden
D-01062 Dresden

Band 17

Alexander Lange

Probabilistische Performanceuntersuchung eines Hochdruckverdichters unter Berücksichtigung geometrischer Variabilität

TUDpress
2016

Die vorliegende Arbeit wurde am 9. Oktober 2014 an der Fakultät Maschinenwesen der Technischen Universität Dresden als Dissertation eingereicht und am 12. November 2015 erfolgreich verteidigt.

This work was submitted as a PhD thesis to the Faculty of Mechanical Science and Engineering of TU Dresden on 9 October 2014 and successfully defended on 12 November 2015.

Gutachter | Reviewers
Prof. Dr.-Ing. K. Vogeler
Prof. dr. ir. Charles Hirsch

Bibliografische Information der Deutschen Nationalbibliothek
Die Deutsche Nationalbibliothek verzeichnet diese Publikation in der Deutschen Nationalbibliografie; detaillierte bibliografische Daten sind im Internet über http://dnb.d-nb.de abrufbar.

Bibliographic information published by the Deutsche Nationalbibliothek
The Deutsche Nationalbibliothek lists this publication in the Deutsche Nationalbibliografie; detailed bibliographic data are available in the Internet at http://dnb.d-nb.de.

ISBN 978-3-95908-046-0

Eckhard Richter & Co. OHG
Bergstr. 70 | D-01069 Dresden
Tel.: 0351/47 96 97 20 | Fax: 0351/47 96 08 19
http://www.tudpress.de

TUDpress ist ein Imprint von w. e. b.

Gesetzt vom Autor. | Typeset by the author.
Printed in Germany.

Probabilistische Performanceuntersuchung eines Hochdruckverdichters unter Berücksichtigung geometrischer Variabilität

Dissertation

Der
Fakultät Maschinenwesen
der
Technischen Universität Dresden

Zur Erlangung des akademischen Grades
Doktor-Ingenieur (Dr.-Ing.)

vorgelegte Dissertation
von

Dipl.-Ing. Alexander Lange
geboren am: 11.03.1980

1. Gutachter: Prof. Dr.-Ing. Konrad Vogeler
2. Gutachter: Prof. dr. ir. Charles Hirsch

Danksagung

Die vorliegende Arbeit entstand während meiner Tätigkeit als wissenschaftlicher Mitarbeiter an der Professur für Turbomaschinen und Strahlantriebe des Instituts für Strömungsmechanik der Technischen Universität Dresden. Mein herzlichster Dank gilt Prof. Konrad Vogeler, meinem Doktorvater und Inhaber der Professur, für die Anregung und fachliche Betreuung der Arbeit.

Ich danke ganz herzlich Prof. Charles Hirsch für das Korreferat sowie der gesamten Mannschaft von NUMECA für die stete Hilfsbereitschaft. Stellvertretend möchte ich mich besonders bei Vincent Soutoix für die Entmystifizierung der geometrischen Beschreibung von Turbomaschinenschaufeln bedanken. Durch seine klärenden Worte ist mir die Entwicklung des geometrischen Variabilitätsmodells um einiges leichter gefallen. Weiterhin gilt mein herzlicher Dank dem Team des Numeca Ingenieurbüros von Thomas Hildebrandt, welches „die Jungs an der TU Dresden“ nicht nur mit akademischen Lizenzen und Nürnberger Lebkuchen versorgt, sondern auch fachlich ausgezeichnet unterstützt hat.

Der Arbeit liegt ein Projekt zu Grunde, welches finanziell im Rahmen des Luftfahrtforschungsvorhabens IV gefördert und in Kooperation mit Rolls–Royce Deutschland (RRD) bearbeitet wurde. Stellvertretend für die Mitarbeiter bei RRD möchte ich mich besonders bei Erik Johann bedanken, der das Projekt förderte und immer wieder in die rechte Bahn lenkte sowie bei Henner Schrapp für seinen schier unermüdlichen Einsatz und fachlichen Beitrag bei den gemeinsamen Veröffentlichungen.

Besonderer Dank gilt Matthias Voigt, dem Gruppenleiter der Probabilistikarbeitsgruppe am Lehrstuhl von Prof. Vogeler. Er hat mich nicht nur von dem Themengebiet der Probabilistik begeistert, sondern auch maßgeblichen Anteil an der Software ProSi, mit welcher ich die unzähligen probabilistischen Simulationen habe durchführen können. Matthias hat es zudem immer geschafft, mich in unseren vielen Gesprächen wieder auf den wesentlichen Weg zurück zu holen, wenn in meiner Gedankenwelt alternative Lösungsansätze alles andere als Mangelware waren. Das war wichtig und (zumeist) richtig. Vielen Dank!

Ein herzlicher Dank gilt ebenfalls dem gesamten Team der Professur für Turbomaschinen und Strahlantriebe sowie weiteren involvierten Kollegen der TU Dresden. Ohne die super Zusammenarbeit mit Kay Heinze sowie der Zuarbeit von Stefan Holtzhausen und Steffen Schreiber wäre die Digitalisierung der 450 Verdichterschaufeln nicht möglich gewesen. Ich danke Gunter Lang und Igor Pro für die Unterstützung beim Programmieren sowie Matthias Sagner und Martin Lange für die hervorragenden studentischen Belegarbeiten, auf denen wesentliche Teile dieser Arbeit aufbauen. In dieser Runde darf natürlich auch Mario Künzelmann nicht fehlen, der mir zeigte, wie schwierige Passagen mit Humor und Leichtigkeit zu meistern sind sowie Andre Beschorner, der die Arbeit nochmal gründlichst unter die Lupe nahm. Abschließend möchte ich mich bei Thomas Bischoff bedanken, der mich seit meinem ersten Tag an der Uni begleitet und in vielerlei Hinsicht motiviert hatte. Leider konnte Thomas die Fertigstellung dieser Arbeit nicht mehr miterleben.

Last but for sure not least gilt der Dank meiner Familie, die mir die nötige Ruhe und unendlich viel Energie gab und gibt. Ohne Monas Unterstützung hätte ich diese Arbeit sicher nicht fertig geschrieben und ohne ihre entschlossene Überzeugungskraft hätte ich wahrscheinlich gar nicht erst angefangen zu schreiben. Tausend Dank!

Kurzfassung

Das Ziel der Arbeit ist es, eine aerodynamische Bewertung von realen Verdichterbeschaufelungen gegenüber geometrischen Fertigungsabweichungen vorzunehmen. Gegenstand der Untersuchung sind die Rotorschaufelblätter eines mehrstufigen Hochdruckverdichters. Die Quantifizierung der Abweichungen erfolgt anhand von drei Rotorreihen, von denen jeweils 150 werksneue Verdichterschaufeln optisch vermessen wurden. An den digitalisierten Schaufeln werden klassische Profilparameter, welche die Ausprägung von Dicken- und Wölbungsverteilung sowie der Sehnenlinie beschreiben, identifiziert. Die geometrischen Abweichungen des Fertigungsprozesses werden anhand der, von dem entwickelten parametrischen Verdichterschaufelmodell bestimmten, Profilparameter der Schaufelsätze abgeleitet, woraus das statistische Modell der Eingangsgrößen der probabilistischen Simulation resultiert. Die Unsicherheitssimulation, d.h. die Berechnung der stochastischen Ergebnisgrößen durch Propagation der unsicheren Eingangsgrößen in das numerische CFD–Modell, erfolgt unter Verwendung der optimierten Latin Hypercube Monte–Carlo Simulation. Es kann gezeigt werden, dass diese samplingbasierte Methode besonders für die in der vorliegenden Arbeit untersuchten hochdimensionalen Systeme mit bis zu 240 stochastischen Eingangsgrößen einen sehr effizienten Ansatz darstellt. Das Verfahren bestimmt die stochastischen Ergebnisgrößen mit zufriedenstellender statistischer Sicherheit und stellt die Sensitivitäten gegenüber den Eingangsgrößen bereit, womit das Systemverständnis wesentlich erweitert wird.

Das beschriebene probabilistische Simulationsverfahren findet Anwendung zur Bestimmung des Einflusses einer nicht–axialsymmetrischen Rotorbeschaufelung auf das aerodynamische Verhalten von Hochdruckverdichterstufen. Die simulierten dreidimensionalen CFD–Modelle sind durch eine variable Passagengeometrie gekennzeichnet, welche aufgrund von individuellen Rotorschaufeln in Umfangsrichtung entsteht. Die statistische Analyse des stochastischen strömungsmechanischen Verhaltens einer Stufe erlaubt Rückschlüsse auf den Einfluss der zu Grunde liegenden geometrischen Parameter sowie die Ableitung allgemeiner Gesetzmäßigkeiten für eine nicht–axialsymmetrische Stufenkonfigurationen. Für alle drei untersuchten Stufen wird eine generelle Tendenz bestimmt, wonach die zufällige Kombination individueller Schaufeln zu einer verringerten Streuung von Performancegrößen führt. Dem entgegen kann für den Fall transsonischer Strömung auch eine vergrößerte Streubreite und somit ein Systemverhalten vergrößerter Variabilität resultieren, was auf die ungleiche Aufteilung des Massenstroms zwischen den individuellen Passagen zurückgeführt werden kann.

Eine probabilistische dreidimensionale CFD–Simulation zur Bestimmung von Performance und Robustheit des gesamten mehrstufigen Hochdruckverdichters erfolgt unter Einbeziehung der geometrischen Variabilität aller Rotorreihen. Hierbei zeigen sowohl die stochastischen Ergebnisgrößen als auch die Sensitivitäten gegenüber den stochastischen Eingangsgrößen eine wesentliche Abhängigkeit von dem untersuchten Betriebspunkt. Während die Ergebnisse der schwach angedrosselten Betriebspunkte eine geringe Streuung aufweisen und sensitiv gegenüber den Parametern Vorderkantendicke und Staffelungswinkel sind, zeigen die Ergebnisse der stark angedrosselten Betriebspunkte eine bis Faktor 4 vergrößerte Streuung verbunden mit einer vorrangigen Sensitivität gegenüber dem Parameter maximale Wölbung. Die Verbesserung von Performance und Robustheit des Verdichters wird durch die Optimierung einer einflussreichen Stufe erreicht. Das entwickelte parametrische Verdichterschaufelmodell ermöglicht sowohl die Erstellung von DoE–Varianten als auch die Überlagerung der geometrischen Variabilität, womit ein integraler Ansatz zur Durchführung einer Robustheitsoptimierung gegeben ist. Der verbesserte Verdichter mit integrierter robust optimierter Stufe zeigt die gewünschte Steigerung von Performance, reduzierter Ergebnisgrößenstreuung sowie vergrößerter Stabilitätsreserve.

Inhaltsverzeichnis

Abbildungsverzeichnis

Tabellenverzeichnis

Symbolverzeichnis

Lateinische Symbole

$\dot{m}$	Massenstrom
$\dot{m}_{red}$	reduzierter Massenstrom
$\mathbf{A}$	Amplitudenmatrix
$\mathbf{b}$	stochastischer Eingangsgrößenvektor
$\mathbf{P}$	Parametermatrix
$\mathbf{V}$	Matrix der Eigenvektoren
$\mathbf{X}$	Matrix der Koordinaten
$\mathbf{y}$	stochastischer Ergebnisgrößenvektor
$\vec{v}$	Eigenvektor
$\vec{x}$	Koordinatenvektor
A	Konstante
a	Amplitude
ax	axiale Position
b	stochastische Eingangsgröße
c	Sehnenlänge
c_p	Druckbeiwert, spezifische Wärmekapazität bei konst. Druck
I	Wichtigkeitsmaß
L	Bogenlänge
m	Anstieg
$m, r\,\theta$	Stromlinien–Koordinaten
M_{rel}	relative Machzahl
N	Anzahl
N_b	Anzahl an stochastischen Eingangsgrößen
N_{node}	Anzahl an Knotenpunkten
N_{sim}	Anzahl der deterministischen Simulationen
N_y	Anzahl an stochastischen Ergebnisgrößen
P	geometrischer Parameter
p	Druck, Wahrscheinlichkeit
q	Wichtungsfunktion
R	Rotor
r	Radius, Pearson'scher Korrelationskoeffizient
r, θ, z	zylindrische Koordinaten
R^2	Bestimmtheitsmaß
S	empirische Standardabweichung, Stator

s	Spannweitenkoordinate
T	Temperatur, Teilung der Verdichtergitter
t	Profildicke
tan	tangentiale Position
v	Strömungsgeschwindigkeit im Absolutsystem
w	Profilwölbung
w	Strömungsgeschwindigkeit im Relativsystem
x, y, z	kartesische Koordinaten
y	stochastische Ergebnisgröße
y_P	Totaldruckverlustbeiwert

Griechische Symbole

α	absoluter Strömungswinkel, Irrtumswahrscheinlichkeit
β	relativer Strömungswinkel, Winkel der Wölbungsverteilung
χ	Exponent, Bogenlängenverhältnis
Δ	Differenz
η	isentroper Wirkungsgrad
λ	Staffelungswinkel, Eigenwert, Verhältnis statistischer Größen
μ	Mittelwert
π	Totaldruckverhältnis
ρ	Spearman'scher Rangkorrelationskoeffizient
σ	Standardabweichung
ξ	normierter reduzierter Massenstrom

Altdeutsche Symbole

$\vec{\mathfrak{P}}$	Schaufelparametervektor

Tiefgestellte Indizes

$(..)_\eta$	isentroper Wirkungsgrad
$(..)_\pi$	Totaldruckverhältnis
$(..)_{ax}$	axiale Komponente
$(..)_a$	Index gemittelter Bereiche in Spannweitenrichtung
$(..)_d$	Druckseite
$(..)_f$	Übergangsradius zwischen Schaufelblatt und Plattform (engl.: fillet)
$(..)_{hb}$	hinterer Bereich des Profils
$(..)_{hk}$	Hinterkante
$(..)_{in}$	Größe am Einlass
$(..)_i$	Index in oberflächennormaler Richtung, Index der Reihen
$(..)_j$	Index in Spannweitenrichtung
$(..)_k$	Index in azimutaler Richtung

$(..)_{max}$	Maximalwert
$(..)_m$	Mode
$(..)_n$	Index der Punkte, Index der Anzahl
$(..)_{out}$	Größe am Auslass
$(..)_p$	Index der Passagen, der Parameter, des Polynomansatzgrades
$(..)_q$	Index der Profilparameter
$(..)_r$	radiale Komponente
$(..)_{sl}$	Stromlinie
$(..)_{ST}$	Index der Stufe
$(..)_s$	Saugseite
$(..)_{tan}$	tangentiale Komponente
$(..)_t$	Profildicke, Totalgröße
$(..)_{vb}$	vorderer Bereich des Profils
$(..)_{vk}$	Vorderkante
$(..)_w$	Profilwölbung

Hochgestellte Indizes

$(..)^{avg}$	gemittelte Größe
$(..)^{cfd}$	CFD–Netz
$(..)^{des}$	Designparameter
$(..)^{map}$	Kennfeld
$(..)^{org}$	originale Geometrie bzw. Basisgeometrie
$(..)^{par}$	parametrisches Modell
$(..)^{pca}$	hauptkomponentenbasiertes Modell
$(..)^{real}$	Realisierung (probabilistisches Sample)
$(..)^{ref}$	Referenzgeometrie
$(..)^{res}$	Residuen
$(..)^{scan}$	gescannte Geometrie
$(..)^{sca}$	Streuparameter
$(..)^{seh}$	Sehnenlinie
$(..)^{ske}$	Skelettlinie
$(..)^{var}$	variierte Geometrie
$(..)^{ziel}$	Zielgeometrie

Mathematische Symbole

$(..)^*$	normierte Größe
$(..)^T$	Transponierte der Matrix
$\overline{(..)}$	Mittelwert
$\widetilde{(..)}$	Approximation, probabilistisches Sample

$Cov(..,..)$	Kovarianz zweier Vektoren

Abkürzungen

2D, 3D	zweidimensional, dreidimensional
CAD	Computer–Aided Design
CAE	Computer–Aided Engineering
CFD	Computational Fluid Dynamics
CoI	Wichtigkeitsmaß (engl.: Coefficient of Importance)
DoE	Design of Experiment
DS	Descriptive Sampling
FE	Finite–Elemente
GQ	GAUSS Quadratur
HK	Hinterkante
IGV	Eintrittsleitschaufel (engl.: Inlet Guide Vane)
KOS	Koordinatensystem
LHS, oLHS	Latin Hypercube Sampling, optimiertes LHS
MCS	Monte–Carlo Simulation
MOM	Momentenmethode
mSRS	mehrdimensionales Simple–Random Sampling
NIPCM	nicht–intrusive Polynomchaosmethode
OP	Betriebspunkt (engl.: Operating Point)
PAR	Parametrisches Modell
PCA	Hauptkomponentenanalyse (engl.: Principal Component Analysis)
SoP	Statistics on Passage
SPM	Sigma–Point Methode
SRS	Simple–Random Sampling
SVD	Singulärwertzerlegung (engl.: Singular Value Decomposition)
VK	Vorderkante

1. Einleitung

1.1. Motivation

Eine üblicherweise getroffene Vereinfachung bei der Auslegung technischer Systeme besteht in der Verwendung nominaler Werte für zumeist unsichere Designparameter. Wenngleich diese Annahme besonders in der frühen Phase des Auslegungsprozesses vorteilhaft ist, um den Prozess aufzusetzen, kann das Vernachlässigen der Variabilität einflussreicher Größen zu einer ungenauen Prognose des Bauteilverhaltens führen. Zur Sicherstellung der gewünschten Funktionsweise werden daher üblicherweise auf Erfahrungswerten beruhende Sicherheitsfaktoren bzw. konservative Annahmen eingeführt, die wiederum in überdimensionierten Bauteilen resultieren können. Eine Alternative sind probabilistische Methoden, die es erlauben Unsicherheiten simulatorisch zu berücksichtigen und somit eine realitätsnähere Abbildung des wirklichen Systems zu erreichen. Hierbei werden Streuungen des Prozesses sowie von Geometrie– als auch Materialparametern in Form eines statistischen Modells erfasst und in das Simulationsmodell integriert. Die Kombinationen aller streuenden Eingangsgrößen führt auf das tatsächliche, den Streuungen zu Grunde liegende Systemverhalten, welches nicht mehr einer Punktlösung entspricht, sondern in Form von stochastischen Ergebnisgrößen abgebildet wird. Ergänzend erlauben probabilistische Analyseverfahren die Identifikation einflussreicher Eingangsgrößen, womit bereits in der Auslegungsphase das Verständnis über das reale Systemverhalten signifikant erweitert wird. Ein Optimierungsprozess, der diese Methoden integriert, erlaubt es darüber hinaus, robust optimierte Bauteile zu entwickeln, welche sich weniger sensitiv gegenüber den nicht vermeidbaren Streuungen der beschreibenden Parameter zeigen.

Die Anwendung dieser probabilistischen Simulationsverfahren zur Bewertung des Einflusses realer Geometrie auf das strömungsmechanische Verhalten von Verdichtern ist relativ neu, weswegen vglw. wenige Veröffentlichungen vorliegen. Pionierarbeit leistete Garzon [40] in seiner PhD–Thesis mit der hauptkomponentenbasierten Untersuchung dieser Fragestellung. Er behandelt die gesamte Prozesskette von der Quantifizierung der Variabilität durch Vermessung mit Koordinatenmessmaschinen über Integration des Variabilitätsmodells in 2D–CFD Simulationen bis hin zur statistischen Analyse der stochastischen Ergebnisse. Darüber hinaus wurden einige weitere Arbeiten veröffentlicht, die jedoch zumeist auf theoretischen Annahmen hinsichtlich der geometrischen Variabilität beruhen bzw. auf die Modellierung weniger unsicherer Eingangsgrößen limitiert sind. Die Anwendbarkeit dieser Prozesse auf praktische Fragestellungen mit vielen, mitunter nichtlinear voneinander abhängigen Eingangsgrößen wird daher als ungewiss eingeschätzt.

Potential zur effizienten Digitalisierung von Bauteilen bietet die optische Messtechnik, welche in den letzten Jahren große Fortschritte gemacht hat und mittlerweile als weit verbreitete und etablierte Technologie betrachtet werden kann. Mit optischen 3D–Scannern ist ein auf wenige Mikrometer präzises Computermodell der gesamten Oberfläche innerhalb von wenigen Minuten verfügbar. Diese Technologie wurde genutzt, um reale Bauteile in die CAE–Welt zu überführen [34, 136, 150] und direkt zu simulieren. Für strömungsmechanische Fragestellungen scheint dieser Ansatz jedoch nicht anwendbar, da die Systemgrenzen mitunter sehr groß sind. So müssten unter Umständen alle Schaufeln eines Verdichters gescannt werden, um sein virtuelles Pendant zu erstellen. Die Simulation dieses Modells liefert im besten Fall jedoch nicht mehr als eine realitätsnähere Punktlösung.

Einen wesentlich erweiterten Ansatz bieten probabilistische Methoden. An Stelle der direkten Simulation konkreter Bauteile, zielen sie auf die Quantifizierung der geometrischen Variabilität des gesamten

Prozesses und bestimmen hiermit stochastische Ergebnisgrößen. Ein Novum dieser Arbeit stellt die Einbindung optischer Messverfahren in diesen Prozess dar. Dies erfolgt anhand eines Algorithmus zur Parametrisierung der digitalisierten Schaufeln. Wird dieser Algorithmus auf eine repräsentative Stichprobe gefertigter Bauteile angewendet, so stellt er Parameter bereit, welche wiederum die geometrische Variabilität der Fertigung repräsentativ beschreiben. Als ein wesentlicher Vorteil dieser Herangehensweise gilt, dass die Anwendung der Streuungsinformation nicht auf die vermessene Schaufel begrenzt ist. Vielmehr kann durch die parameterbasierte Formulierung auch eine Übertragung der Streuungen auf ähnliche Anwendungen erfolgen. So können bspw. ähnliche Bauteile oder gleich zu fertigende neue Designs bereits in der Auslegungsphase hinsichtlich ihrer Robustheit bewertet werden. Methodisch erfolgt eine solche Bewertung durch eine probabilistische Simulation, bei der eine beliebig große Population virtueller Schaufeln als Abbild der vermessenen Schaufeln erstellt wird. Diese wichtige Eigenschaft erlaubt es in dieser Arbeit, nicht–axialsymmetrische Untersuchungen von Verdichterstufen mit bis zu 4000 Realisierungen der Verdichterschaufel durchzuführen — obwohl nur etwa 150 Exemplare vermessen wurden. In analoger Weise kann anhand von 200 virtuellen Realisierungen die Robustheitsuntersuchung eines mehrstufigen Hochdruckverdichters erfolgen — obwohl die Streuungen nur für drei der zehn Rotorreihen bestimmt wurden. Die deterministische Berechnung dieser Realisierungen stellt jeweils die stochastischen Ergebnisgrößen der nicht–deterministischen Systemantwort bereit. Eine statistische Analyse bestimmt die Sensitivitäten dieser Ergebnisgrößen gegenüber der geometrischen Variabilität, bewertet die Streuung der Systemantwort, ermöglicht ein besseres Verständnis über das System und ebnet so den Zugang zu einer robusten Optimierung.

1.2. Gliederung

Im weiteren Verlauf von Kapitel 1 wird eine Übersicht zum Stand der Technik gegeben, das Thema der Arbeit vertieft sowie der wissenschaftlich Beitrag der Arbeit skizziert.

Kapitel 2 behandelt die erforderlichen Grundlagen der Arbeit. Hierbei wird ein Überblick zur Digitalisierung realer Bauteile gegeben, es werden statistische und probabilistische Methoden vorgestellt sowie ausgewählte Elemente der strömungsmechanischen Simulation von Axialverdichtern diskutiert.

Kapitel 3 präsentiert das entwickelte parametrische Verdichterschaufelmodell, welches sowohl der Quantifizierung der geometrischen Variabilität dient als auch die Überführung digitalisierter Schaufeln in die numerische Simulation ermöglicht.

Kapitel 4 beschreibt statistische Methoden zur Quantifizierung geometrischer Variabilität digitalisierter Schaufelsätze anhand von zwei Ansätzen. Es wird sowohl die Einbindung des entwickelten parametrischen Modells präsentiert, als auch ein hauptkomponentenbasierter Ansatz abgeleitet. Für beide Modelle wird eine Prozesskette zur probabilistischen Simulation vorgestellt.

Kapitel 5 behandelt die nicht–axialsymmetrische Simulation der drei vermessenen Verdichterstufen. Hierzu wird das parametrische probabilistische Simulationsmodell um die Möglichkeit erweitert, eine individuelle Beschaufelung innerhalb einer Reihe abzubilden. Diese nicht–axialsymmetrischen Modelle ermöglichen Erkenntnisse zum Einfluss individueller Passagengeometrie und zum strömungsmechanischen Verhalten individuell beschaufelter Rotoren.

Kapitel 6 bewertet die Robustheit und Performance eines mehrstufigen Verdichters, indem das parametrische Variabilitätsmodell bei allen Rotorreihen Anwendung findet. Dieses Kapitel widmet sich weiterhin der Steigerung von Robustheit und Performance des Verdichters, was anhand der Robustheitsoptimierung einer Stufe realisiert wird.

Kapitel 7 gibt eine Zusammenfassung über die durchgeführten Arbeiten und zeichnet einen Ausblick hinsichtlich einer möglichen Weiterführung der Arbeit.

1.3. Stand der Technik

Die nachfolgend vorgestellte Literaturrecherche fasst den Stand der Technik von probabilistischen, aerodynamischen Performanceuntersuchungen realer Bauteilgeometrie zusammen. Einleitend zum Thema der Quantifizierung und Bewertung des Einflusses geometrischer Unsicherheiten auf das strömungsmechanische Verhalten gibt Abschnitt 1.3.1 einen Überblick zu deterministischen Studien. Dieser klassische Ansatz erlaubt die isolierte Bewertung ausgewählter geometrischer Merkmale, von denen bekannt ist bzw. erwartet wird, dominanten Einfluss auf das Systemverhalten zu haben. Der zu untersuchende Designparameter wird hierbei zumeist in den Grenzen der Realisierbarkeit variiert und die Systemantwort analysiert. Wenngleich probabilistische Ansätze diese Erkenntnisse implizit handhaben können, empfiehlt es sich, die deterministischen Studien als Referenz zu berücksichtigen.

Die probabilistische Simulation erweitert gegenüber dem deterministischen Ansatz das Untersuchungsgebiet durch die Einbeziehung beliebig vieler stochastischer Eingangsgrößen. Als Vorarbeit einer solchen Simulation ist die Bewertung der Variabilität erforderlich, um stochastische Eingangsgrößen zu abstrahieren. Dies kann anhand der in Abschnitt 1.3.2 vorgestellten Charakterisierung der Unsicherheit in der numerischen Simulation erfolgen. Innerhalb dieser Arbeit werden ausschließlich geometrische Unsicherheiten betrachtet. Abschnitt 1.3.3 gibt hierfür einen Überblick und stellt verschiedene statistische Modelle zur Beschreibung geometrischer Abweichungen von Bauteilen vor. Die in Abschnitt 1.3.4 und 1.3.5 beschriebenen probabilistischen Simulationsverfahren ermöglichen generalisierte quantitative Aussagen über das Systemverhalten durch die Berechnung stochastischer Ergebnisgrößen. Die behandelten Verfahren basieren auf unterschiedlichen Ansätzen und haben daher jeweils andere präferierte Anwendungsbereiche. Die Diskussion betrachtet vorrangig die erforderliche Anzahl an Simulationen, welche die jeweiligen Methoden benötigen und bewertet wie präzise die statistischen Eigenschaften der Ergebnisgrößen bestimmt werden. Aufbauend auf ein probabilistisches Simulationsmodell kann die in Abschnitt 1.3.6 ausgeführte robuste Auslegung eines Bauteils erfolgen. Diese probabilistischen Verfahren zielen auf das Erreichen eines Systemverhaltens, welches möglichst insensitiv gegenüber der nicht vermeidbaren Variabilität ist.

1.3.1. Strömungsmechanische Simulation realer Geometrie

Die Ausformung der **Vorderkante** (VK) war Gegenstand vieler Untersuchungen. Walraevens und Cumpsty [168] können in dem Strömungsfeld einer elliptischen VK gegenüber einer kreisrunden VK geringere Ablösetendenzen nachweisen. Wheeler et al. [172] bestätigen den Vorteil der elliptischen VK im Bezug auf die Interaktion von Nachläufen. Untersuchungen zur optimalen VK–Geometrie wurden von Hamakhan und Korakianitis [58] fokussiert auf die Krümmungsverteilung durchgeführt. Goodhand und Miller [52] leiten eine Designvorschrift für die Vorderkante zur Vermeidung von Impulsspitzen (spike) der Oberflächendruckverteilung ab. Im Anschluss weiten Goodhand und Miller [53] die Untersuchung auf den Einfluss von Oberflächenrauhigkeit auf Grund betriebsbedingter Alterung der Schaufeln aus. Sie zeigen, dass die Transition der Grenzschicht wesentlich durch Rauhigkeit und Form der VK beeinflusst wird und bis zu 2% geringere Stufenwirkungsgrade hervorrufen kann. Gbadebo et al. [45] bestätigen diese Erkenntnisse und zeigen, dass sich der Stufenwirkungsgrad sehr sensitiv gegenüber der Oberflächenrauhigkeit im Bereich der VK sowie im Bereich des minimalen statischen Oberflächendrucks zeigt. Müller [108] leitet in seiner Dissertation die Ausformung einer VK mit Wulst ab, womit die Reduzierung von Sekundärverlusten ermöglicht wird.

Eine umfassende Untersuchung des **Filleteinflusses** erfolgt von Curlett [26], wobei er die generellen gegenläufigen Einflüsse eines Fillets diskutiert. Demnach wirkt sich der vergrößerte Profilwiderstand durch gestiegene Profildicke negativ aus. Dem entgegen kann eine verringerte Interaktion zwischen den Grenzschichten auf Profil und Kanalwand eine geringere Neigung zur Ablösung hervorrufen, wodurch weiterhin die Profillastverteilung sowie die Sekundärströmungen beeinflusst werden. Im konkreten

Fall konnte er zeigen, dass sich der Fillet für CDA–Profile (controlled diffusion airfoil) signifikant negativ auswirken kann und auf das notwendige Maß zu begrenzen ist. Dem entgegen konnte für Doppelkreisbogen–Profile (double circular arc airfoil) keine Verschlechterung des Wirkungsgrades festgestellt werden. Goodhand und Miller [53] zeigen, dass der Fillet die Ausdehnung der Profilablösung beeinflussen kann, wenngleich sein Einfluss gegenüber der VK als nachrangig bestimmt wurde.

Als einer der einflussreichsten Designparameter gilt der Spalt zwischen Rotorschaufel und Gehäuse. Um die **Spaltströmung** gering zu halten besteht das Ziel die Spalte möglichst klein auszuformen. Das Gesamtkonzept macht es dennoch erforderlich den Einfluss variabler Spalte bspw. im Rahmen einer Robustheitsbewertung zu quantifizieren. Domercq und Escuret [33] bestätigen dies und weisen einen signifikanten Beitrag der variablen Spaltströmung sowohl auf das Stufenmatching als auch auf das Totaldruckverhältnis des untersuchten Hochdruckverdichters nach. Aktuerk und Camci [2] erzielen durch eine angepasste Profilkontur nahe der Schaufelspitze eine vorteilhafte Druckverteilung auf der Saugseite, womit die Spaltströmung reduziert werden kann.

Zur **Modellierung nichtaxialsymmetrischer Effekte** ist es erforderlich die generell übliche Modellierung einer Passage zu erweitern, um passagenübergreifende Vorgänge in Umfangsrichtung untersuchen zu können. So bestätigten di Mare et al. [30] einen merklichen Einfluss nichtaxialsymmetrisch konfigurierter Spalte auf die Performance von Rotoren. Wilson et al. [174] untersuchen Variationen des Staffelungswinkels von Mehrpassagenmodellen mit bis zu 0.2° und bestimmen besonders für den Auslegungspunkt einen wesentlichen Einfluss auf die Performance. Cumpsty [25] führt dies auf die stark sensitive transitorische Strömung der Passage zurück, welche durch die Variation der Staffelung in manchen Passagen im Unter– und in anderen im Überschall erfolgt.

1.3.2. Unsicherheit in der numerischen Simulation

Der Begriff Unsicherheit reflektiert im Ingenieurbereich verschiedene Aspekte und bedarf einer genauen Charakterisierung. Eine begriffliche Trennung zwischen einer **Unsicherheit** und einem **Fehler** wird in der AIAA–Richtlinie G–077-1998 [1] vorgenommen. Als Fehler wird „die erkennbare Unzulänglichkeit im Simulationsprozess, die sich nicht durch mangelndes Wissen begründet" bezeichnet. Eine Unsicherheit ist hingegen definiert als „eine mögliche Unzulänglichkeit im Simulationsprozess, die sich durch mangelndes Wissen begründet".[1] Innerhalb eines europäischen Projekts zur nicht–deterministischen CFD Simulation (NODESIM–CFD, Non–Deterministic Simulation for CFD based Design Methodologies, Hirsch und Dinescu [65]) wurde mit dem Fokus der numerischen Strömungssimulation eine geringfügig abweichende Formulierung gewählt. Gemäß den Ausführungen von Hirsch [64] wird als Fehler „die Abweichung zwischen der wirklichen Strömung und jener des Experimentes bzw. der numerischen Simulation mit präzise festgelegten Eingangsbedingungen" verstanden. Dem entgegen steht die Unsicherheit als das „Unvermögen der Eingangsvariable (geometrischer oder strömungsmechanischer Natur) einer CFD Berechnung einen exakten Wert zuzuweisen — durch unvollständige oder überschlägige Kenntnis".[2]

Beide begriffliche Definitionen charakterisieren die Unsicherheit als ungewisse Eingangsbedingung des numerischen Simulationsmodells und begründen sie mit einem zu geringen Wissensstand. Mit dem Ziel der Verringerung der Unsicherheit der Simulation ergibt sich die Aufgabe, verbesserte Methoden zur Gewinnung vertiefender Erkenntnisse über die unsicheren Eingangsgrößen zu entwickeln. Hierzu führt Oberkampf et al. [123] eine Unterscheidung von Unsicherheiten aleatorischer und epistemi-

[1]Original text in AIAA–guideline G–077–1998 [1]: An error is "a recognizable deficiency in any phase or activity of modeling and simulations that is not due to lack of knowledge." An uncertainty is "a potential deficiency in any phase or activity of modeling and simulations that is due to lack of knowledge."

[2]Original text presented by Hirsch [64]: An error is considered "the difference between the 'real world' flow and an experimental or numerical simulation of it, for a precisely prescribed set of input conditions." An uncertainty is an "inability to prescribe the exact value of a CFD calculation input variable (be that geometrical or fluid mechanical) due to an incomplete or approximate knowledge."

scher Natur ein. Demnach begründen sich **epistemische Unsicherheiten** durch mangelndes Wissen bzw. Information über das Gesamtsystem und gelten folglich reduzierbar. So kann, wie Roy und Oberkampf [140] ausführen, für eine bessere Kenntnis des Systems eine verringerte Unsicherheit des prognostizierten Systemverhaltens erwartet werden. Dies führt zu dem theoretischen Grenzfall, dass epistemische Unsicherheiten prinzipiell eliminierbar sind, sofern ausreichend Wissen über das System zur Verfügung steht. **Aleatorische** oder nicht reduzierbare **Unsicherheiten** sind hingegen der modelleigenen Zufälligkeit unterworfen. Sie bilden die Variabilität des Systems ab und werden üblicherweise über ihre Wahrscheinlichkeitsverteilung modelliert. Die Beschreibung dieser stochastischen Eigenschaften erfolgt üblicherweise anhand von Verteilungsfunktionen, wofür Methoden zur Quantifizierung erforderlich sind.

Im Hinblick auf das Thema dieser Arbeit soll die Klassifizierung von Unsicherheiten anhand des Beispiels von Roy und Oberkampf [140] aufgegriffen werden, welches sich der Länge eines gefertigten Bauteils widmet. Sie beschreiben den Übergang der eindeutig aleatorischen Größe zu einer Kombination aus epistemischer und aleatorischer Unsicherheit, wenn der Stichprobenumfang zu gering ist. Dies kann bspw. auf unterschiedliche Fertigungshintergründe zurück geführt werden, wodurch neben der prozessbedingt zu erwartenden Streuung auch eine Mittelwertverschiebung hinzukommt. Somit betonen sie die Wichtigkeit einer ausreichend großen repräsentativen Stichprobe für die statistische Bewertung aleatorischer Größen.

1.3.3. Statistisches Modell geometrischer Variabilität

Als Vorarbeit einer probabilistischen Simulation sind die **statistischen Eigenschaften geometrisch unsicherer Eingangsgrößen** zu bestimmen bzw. abzuschätzen. Wie Gumbert et al. [56] ausführen, ist die Quantifizierung dieser Größen häufig keine triviale Angelegenheit, da sie neben Daten gefertigter Bauteile auch Know–How hinsichtlich der Parametrisierung erfordert. Da keine Kenntnisse über die Streuung der Fertigung vorliegen, realisieren Gumbert et al. die gekoppelte probabilistische CFD–FE Simulation unter der Annahme unabhängiger und normalverteilter geometrischer Abweichungen. Lavainne [89] führt 3D CFD–Sensitivitätsstudien zur Performance eines Verdichters hinsichtlich Variationen der Schaufelgeometrie einer Stufe durch. Die Variationen der modellierten Schaufeln sind in Ermangelung vermessener Bauteile anhand der Fertigungstoleranzen abgeleitet worden. Brown et al. [15] verwenden zur probabilistischen Simulation geometrischer Variabilität von Verdichterschaufeln repräsentative Daten, welche jedoch nicht auf wirklichen Messungen beruhen. Vielmehr wurden die zu Grunde liegenden Abweichungsfelder von Messungen vergleichbarer Anwendungen [10] auf die konkrete Fragestellung übertragen. Sowohl Schillings et al. [149] als auch Bayer und Roos [5] wenden zur geometrischen Robustheitsbewertung ein GAUSSsches Zufallsfeld an. In Ermangelung von Messungen werden die charakterisierenden Freiwerte eines solchen Zufallsfeldes (die Standardabweichung sowie eine exponential verteilte Korrelationsfunktion mit charakteristischer Länge) in beiden Studien auf realistische Werte abgeschätzt. Alle diskutierten Annahmen schätzen die Abweichungen der realen Geometrie nur ab. Für eine präzise Quantifizierung geometrischer Variabilität ist jedoch die Vermessung einer repräsentativen Stichprobe gefertigter Bauteile unabdingbar. Dies kann bspw. mit einer Koordinatenmessmaschine oder einem optischen 3D–Scanner erfolgen [14, 34, 66, 150].

Zur Parametrisierung digitalisierter Turbomaschinenschaufeln haben Ristic et al. [136] ein Modell zum Update der CAD–Geometrie über Anpassung der NURB–Kontrollpunkte vorgestellt. Ein ingenieurmäßig intuitiver Ansatz ist die Modellierung realer Bauteile durch **Identifikation üblicher Designparameter**. So kann ein auf Auslegungsparametern basierendes Modell, wie bspw. das von Gräsel et al. [55], zur Abbildung realer Bauteile angewendet werden. Die Anwendung AUTOBLADE FITTING [118] beinhaltet Routinen, ein solches 3D–Schaufelmodell mit dem Netz einer realen Schaufel in Deckung zu bringen und dabei ca. 100 Parameter radial gestapelter Profilschnitte und zugeordneter Stapelungsgesetze zu identifizieren. Beide Methoden ermöglichen die Erstellung eines parametrischen numerischen Modells realer Bauteile zur numerischen Simulation in der regulären CAE–Umgebung. Für eine probabilistische Untersuchung sind diese Ansätze durch die hohe Anzahl vermutlich stark korrelierter Parameter eher ungeeignet. Weiterhin ist fraglich, ob die fest vorgegebene Topologie der geometrischen Modelle die Abweichungen realer Bauteile hinreichend genau beschreiben kann.

Eine Alternative stellen Verfahren dar, die reale Bauteile nicht selbst erfassen sondern auf die **Bewertung der geometrischen Abweichung** gegenüber einer Referenz zielen. Häcker [57] führt hierzu einen Prozess zur effizienten Beschreibung gemessener Koordinaten von Profilschnitten realer Verdichterschaufeln ein und nutzt die Hauptkomponentenanalyse (Principal Component Analysis, PCA) zur Auswertung. Die PCA überführt die hochdimensionalen Abweichungsfelder von Profilschnitten in wenige charakteristische Eigenvektoren mit zugeordneten Amplituden, was diese Methode zur Analyse **generalisierter geometrischer Unsicherheiten** empfiehlt. Die probabilistische Simulation der Abweichungsfelder ist durch Modellierung weniger Amplituden effizient möglich. Dieser Ansatz wurde sowohl für festkörpermechanische Fragestellungen, bspw. Sinha et al. [155], Beachkofski und Grandhi [6], als auch zur probabilistischen strömungsmechanischen Simulation, bspw. Garzon und Darmofal [42], Lamb [80] oder Duffner [35], erfolgreich angewandt. Ergänzend zur PCA können im Vorfeld definierte ausgewählte geometrische Ausprägungen an Bauteilen erfasst werden, womit die Variabilität in Form von Parametern dieser Merkmale repräsentiert wird. Liegt eine Messserie und somit ein Histogramm dieser Parameter vor, kann die Identifikation der zu Grunde liegenden Verteilung mit Schätzung der statistischen Parameter erfolgen, wie Huyse und Thacker [69] ausführen. Garzon und Darmofal [43] haben auf diesem Weg einflussreiche geometrische Abweichungscharakteristika an realen Bauteilen identifiziert, deren statistische Ausprägung abgeschätzt und innerhalb der aerodynamischen Robustheitsoptimierung berücksichtigt.

1.3.4. Intrusiver und nicht–intrusiver Ansatz zur probabilistischen Simulation

Probabilistische Simulationsmethoden oder Methoden der Unsicherheitssimulation dienen der *Propagation* unsicherer Eingangsparameter zur Berechnung der stochastischen Ergebnisgrößen. Es wurden sowohl intrusive als auch nicht–intrusive Ansätze entwickelt. **Intrusive Verfahren** basieren häufig auf der Polynomchaosmethode und erfordern die Implementierung zusätzlicher Gleichungen in den Solver. Die zusätzlichen Gleichungen benötigen zwar extra Rechenzeit, stellen jedoch die zusätzliche Information der Ergebnisgrößenstreuung in einer einzelnen Berechnung bereit. Daher beinhaltet der intrusive Ansatz Potential zur Simulation beliebig vieler (geometrisch) unsicherer Eingangsgrößen und kann für diese Anwendungen gegenüber nicht–intrusiven Ansätzen merklich effizienter sein [32, 91]. Als Limitation führen Kino und le Maître [77] auf, dass der Bedarf an Arbeitsspeicher mit der Anzahl unsicherer Parameter steigt. Intrusive, nicht–deterministische strömungsmechanische Analysen wurden bspw. von Lacor und Smirnov [79], le Maître et al. [90] sowie Xiu et al. [179] vorgestellt. Die Arbeiten von Dinescu et al. [31] und Onorato et al. [124] bewerten intrusive gegenüber nicht–intrusiven Verfahren hinsichtlich der Anwendbarkeit auf probabilistische aerodynamische Untersuchungen, wobei gezeigt werden kann, dass beide Ansätze vielmals übereinstimmende Ergebnisse liefern.

Als größte Einschränkung intrusiver Ansätze gilt, dass ihre Umsetzung viel Zeit sowie Programmier– und Validierungsaufwand erfordert und es einer Menge Know–How bedarf. Da sie darüber hinaus zwingend Zugang zum Quelltext der Anwendung erfordern, sind sie eher in akademischen Bereichen verortet und zwingend mit der Softwareentwicklung vernetzt. Im allgemeinen Fall sind, wie auch Dodson und Parks [32] ausführen, obige Bedingungen nicht erfüllt. Daher sind **nicht–intrusive Verfahren** häufig die Methode der Wahl — so auch im Rahmen dieser Arbeit. Nicht–intrusive Ansätze lösen die probabilistische Problemstellung durch mehrmalige Ausführung der deterministischen Berechnung. Als signifikanter Vorteil gilt, dass diese Berechnungen mit dem regulären Solver erfolgen und somit kein extra Programmieraufwand entsteht und auch kein Bedarf zur Validierung eines eigens entwickelten Solvers gegeben ist.

1.3.5. Probabilistische Simulationsverfahren

In diesem Abschnitt soll ein Überblick über ausgewählte nicht–intrusive probabilistische Simulationsverfahren gegeben werden:

- Monte–Carlo Simulation
- Ersatzmodellbasierte Monte–Carlo Simulation
- Stochastische Expansionsmethoden
- Momentenmethoden
- Sigma–Point Verfahren.

Diese Auswahl ist nicht vollständig und beschränkt sich auf Verfahren zur Robustheitsbewertung. Methoden zur Bestimmung kleiner Wahrscheinlichkeiten, wie bspw. Zuverlässigkeitsverfahren, werden ausgeklammert. Es wird für jedes Verfahren das zugrunde liegende Konzept präsentiert, die wesentlichen Vor– und Nachteile zur Simulation generalisierter geometrischer Unsicherheiten diskutiert und die Anwendbarkeit auf Fragestellungen mit vielen unsicheren Variablen bewertet.

Monte–Carlo Simulation

Das wichtigste und am häufigsten angewandte probabilistisches Simulationsverfahren ist die Monte–Carlo Simulation (MCS). Hierfür spricht, dass Monte–Carlo Verfahren das klassische Zufallsexperiment abbilden und keine speziellen Modellannahmen erfordern. Folglich konvergieren die Ergebnisgrößen mit steigender Anzahl an Berechnungen gegen die exakte stochastische Lösung [141, 169]. Durch diese Eigenschaft stellt die MCS die generelle Referenz bei der Validierung alternativer probabilistischer Verfahren dar, bspw. [22, 67, 94, 103, 117, 132, 176].

Bei einer MCS wird der Raum der Eingangsparameter durch Samplingverfahren diskretisiert und in Form von Realisierungen dieser Parameter abgebildet. Durch die Nähe zum klassischen Zufallsexperiment ergibt sich der Vorteil, dass die Anzahl an erforderlichen Realisierungen (und somit deterministischen Berechnungen) nicht von der Anzahl an stochastischen Parametern sondern nahezu nur von dem gewünschten Konfidenzintervall der Ergebnisgrößen abhängt [76, 104, 137, 178]. Monte–Carlo Methoden stellen daher für Probleme mit vielen Parametern ($N_b \approx 10$ nach Xiu et al. [180] bzw. $N_b \approx 20$ nach Crestaux et al. [24]) den vorteilhaftesten bzw. den einzig wirtschaftlichen Ansatz dar. Nach Huyse und Walters [70] reichen bereits 100 oder weniger deterministische Berechnungen aus, um Mittelwert und Standardabweichung der Ergebnisgrößen hinreichend genau abzuschätzen. Dies gilt besonders, wenn der Fokus nicht auf Versagenswahrscheinlichkeiten sondern auf (relative) Robustheitsbewertungen gerichtet ist.

Die Konvergenz der klassischen MCS mit Simple Random Sampling (SRS) beträgt $1/\sqrt{N_{sim}}$, womit eine weitere genaue Stelle der Ergebnisgrößenstatistik die 100–fache Anzahl an Simulationen erfordert. Nach Loeven et al. [98] kann über **varianzreduzierende Verfahren** wie Latin Hypercube Sampling (LSH) eine Steigerung auf $1/N_{sim}$ erzielt werden. Bucher [18] bestätigt für die Güte von Korrelationskoeffizienten eine mögliche Reduktion an Simulationen um Faktor 10 bei LHS gegenüber SRS. Um diese verbesserte Konvergenz auch für die interessanten mehrdimensionalen Anwendungen zu erzielen, ist die Einhaltung der **multidimensionalen Homogenität** erforderlich. Durch Aufprägen einer Korrelationsmatrix kann sichergestellt werden, dass die Realisierungen unkorrelierter Eingangsgrößen voneinander unabhängig sind [27, 72, 159]. Gleichzeitig wird die gezielte Vorgabe von Korrelationsbeziehungen und somit die Berücksichtigung gewünschter Abhängigkeiten zwischen den Eingangsgrößen ermöglicht. Für diese Form der MCS wurde der Begriff **optimales Latin Hypercube Sampling (oLHS)** eingeführt. Besonders für eine sehr hohe Anzahl an probabilistischen Eingangsgrößen $N_b > 100$ stellt oLHS einen effizienten Ansatz dar. Wenngleich, wie Bucher [18] anschaulich zeigt, oLHS auch keine vollständig gleichmäßige Füllung des mehrdimensionalen Variablenraumes bietet, kann dennoch eine wesentlich homogenere Zuordnung erzielt werden. Deutsch et al. [29] betonen die Wichtigkeit multidimensionaler Homogenität hinsichtlich einer reduzierten Anzahl an erforderlichen Realisierungen. Stein [159] erklärt die erzielbare Varianzreduktion von oLHS gegenüber mehrdimensionalen SRS als abhängig von der Additivität des untersuchten funktionalen Zusammenhangs und somit problemspezifisch. Dies führt zu dem allgemeinen Schluss, dass die Performance von oLHS nicht schlechter, aber vielmals wesentlich besser ist als jene von SRS [17, 41, 62, 101, 102, 135, 137].

Im Vergleich mit den, auf einem Versuchsplan basierenden, Design of Experiment Methoden (DoE) ordnen Iman und Helton [71] den oLHS–Ansatz als sehr schwach besetzten Teilfaktor–Versuchsplan ein, der die effiziente Untersuchung von komplexen hochdimensionalen Systemen ermöglicht. Dies verdeutlicht die Arbeit von Bischoff et al. [8] zur Untersuchung des Sekundärluftsystems mit über 200 stochastischen Eingangsgrößen. Iman und Helton [71] zeigen durch mehrmalige Durchführung der gleichen propabilistischen Simulation, dass bei 150 stochastischen Variablen mit 200 oLHS Designs reproduzierbare Ergebnisse erzielt werden können. Sallaberry et. al [145] fassen die Erkenntnis vieler Studien zusammen, wonach die erforderliche Anzahl an Simulation bei oLHS häufig kleiner ist als anfangs angenommen. Helton et al. [62] konkretisieren, dass zur Bewertung des generellen Systemverständnis mit oLHS häufig wenige Simulationen ausreichen, wofür sie folgende vorrangige Gründe anführen:

- vollständige Homogenität der eindimensionalen Verteilungen,
- Vermeidung von Scheinkorrelationen durch Einstellung der gewünschten Eingangsgrößenkorrelation,
- üblicherweise wenige einflussreiche Eingangsgrößen je Ergebnisgröße, welche bei Erfüllung obiger Punkte detektiert werden können.

Durch die angesprochenen Eigenschaften sticht die oLHS–MCS als effizientes Werkzeug zur Untersuchung hochdimensionaler Systeme hervor, das auch korrelierte Eingangsgrößen unterstützt. Im Hinblick auf den Schwerpunkt dieser Arbeit soll noch die häufige Verwendung der MCS zur Bewertung generalisierter geometrischer Unsicherheiten hervorgehoben werden, was die Veröffentlichungen strukturmechanischer [6, 15, 60, 61] oder strömungsmechanischer Problemstellungen [35, 42, 80] belegen.

Ersatzmodellbasierte Monte–Carlo Simulation

Da die Konvergenz der MCS verglichen mit anderen probabilistischen Methoden niedrig ist, sind zur präzisen Simulation (auch wenn nur ein einzelner stochastischer Eingangsparameter vorliegt) viele deterministische CAE–Berechnungen durchzuführen. Ein **analytisches Ersatzmodell** oder Metamodell, welches das Systemverhalten in Abhängigkeit der stochastischer Eingangsgrößen möglichst gut abbildet, kann eine Alternative sein. Diese analytische Beziehung kann sehr schnell ausgewertet werden und stellt daher eine ideale und häufig angewandte Kombination zur Anwendung einer MCS dar, bspw. [22, 43, 78, 92, 103, 130, 139, 167]. Durch die nahezu beliebig große Anzahl möglicher Berechnungen kann die stochastische Systemantwort des Ersatzmodells sehr präzise bestimmt werden.

Als Ersatzmodelle finden je nach Anwendungsfall approximierende Ansätze wie Regressionspolynome oder interpolierende Ansätze wie Kriging oder radiale Basisfunktionen Verwendung [18, 133, 154]. Peter und Marcelet [130] bewerten die genannten Ersatzmodelle hinsichtlich der Auslegung von Turbomaschinen und wenden sie für realistische Testfälle erfolgreich an. Chalot et al. [22] und Martinelli und Duvigneau [103] bewerten alternative probabilistische Methoden gegenüber einer mittels ersatzmodellbasierter MCS präzise bestimmten Referenzlösung. Die Berechnung von Versagenswahrscheinlichkeiten kann, wie Roos et al. [137] zeigen, effizient über die Auswertung von Ersatzmodellen erfolgen, was bspw. Voigt et al. [167] anwenden. Jones [74] ergänzt ferner die mit Ersatzmodellen einhergehenden erweiterten Analysemöglichkeiten im Postprocessing, welche ebenfalls zur Attraktivität dieser Methodik beitragen.

Stochastische Expansionsmethoden

Die Idee der stochastischen Expansionsmethoden geht auf die Arbeit von Wiener [173] zurück und basiert auf der Entwicklung der stochastischen Systemantwort durch orthogonale Polynome der Eingangsparameter. Diese Polynome sind anhand der Verteilungsfunktion der stochastischen Eingangsgrößen auszuwählen, wofür bspw. Xiu und Karniadakis [178] einen Überblick geben. Als Stärke dieses Propagationsansatzes gilt die **exponentielle Konvergenz**, wodurch eine sehr präzise Bestimmung der Verteilungsfunktion stochastischer Ergebnisgrößen ermöglicht wird [24, 54, 99, 180]. Den stochastischen Expansionsmethoden lassen sich sowohl nicht–intrusive Polynomchaosmethoden (NIPCM) als auch stochastische Kollokationsmethoden (SCM) zuordnen. Der prinzipielle Unterschied beider Ansätze besteht in der Berechnung der Koeffizienten der Polynome. Im Falle von NIPCM kann dies durch Projektion der Systemantwort auf den orthogonalen stochastischen Ansatzraum bzw. durch Regression mittels der Methode der kleinsten Quadrate erfolgen. Dem gegenüber beschreibt SCM das Systemverhalten durch ein Lagranges Interpolationspolynom [50, 125]. Vergleichende Studien zeigen, dass SCM bei Verwendung gleicher Stützstellen für viele Anwendungsfälle schneller konvergiert und folglich einen geringeren numerischen Aufwand als NIPCM erfordern kann [37, 38].

Für stochastische Expansionsmethoden gilt, dass die erreichbare Approximationsgüte von der verwendeten Polynomordnung abhängt. Während bei SCM die Ordnung durch die Anzahl an Stützpunkten festgelegt ist, gibt bei NIPCM die Ordnung (N_p) und die Anzahl an stochastischen Parametern (N_b) die Anzahl Expansionstermen zu $N_t = (N_b + N_p)!/(N_b!\, N_p!)$ vor. Zur Bestimmung der Freiwerte dieser Terme wurden verschiedene Ansätze abgeleitet. Wie Eldred et al. [37] ausführen, folgt im allgemeinen Fall (Quadraturansatz bei voll besetztem Gitter) für die Anzahl an erforderlichen deterministischen Berechnungen $N_{sim} = (N_p + 1)^{N_b}$. Hiermit einher geht mit N_b eine starke Zunahme durchzuführender Berechnungen, weswegen sich der Quadraturansatz nur für Probleme geringer Dimension ($N_b \leq 5$) eignet [47, 177]. Reduzierte numerische Anforderungen können durch Verwendung von Dünngitterverfahren (sparse grids) [93, 117, 156] erreicht werden. Alternativ bietet die Regression des überbestimmten Systems anhand der Punkt–Kollokationsmethode (üblicherweise $N_{sim} = 2\, N_t$ Berechnungen) [67] oder die probabilistische Kollokationsmethode ($N_{sim} = N_t$ Berechnungen der GAUSSschen Quadraturpunkte) [99] einen effizienteren Zugang. Dennoch steigt der numerische Aufwand für die genannten stochastischen Expansionsmethoden exponentiell über N_b an und begründet den sogenannten *curse of dimensionality* — den **Fluch der hohen Dimensionalität** [24, 36, 37, 96]. Die effiziente Anwendbarkeit stochastischer Expansionsmethoden wird daher von Xiu et al. [180] auf $N_b \approx 10$ und Nobile et al. [117] auf $N_b \approx 11$ begrenzt, wenngleich bspw. Wan et al. [170] zeigen, dass zum Zwecke präziser Ergebnisgrößenstatistik auch bis zu 38 unsichere Größen mittels NIPCM simuliert werden können. Zur effizienten Simulation erweitern Loeven und Bijl [96] die stochastischen Kollokationsmethoden um ein Framework, wobei sie empfehlen, nur die einflussreichsten stochastischen Parameter einer vorangestellten Sensitivitätsanalyse zu berücksichtigen. Für die beispielhaft gezeigte Anwendung waren für den Quadraturansatz mit $N_p = 2$ durch Verringerung von insgesamt $N_b = 8$ auf $N_b = 3$ wichtige Parameter statt $N_{sim} = 6561$ nur $N_{sim} = 27$ Berechnungen (sowie zusätzlich 17 Berechnungen zur Sensitivitätsanalyse) erforderlich. Als alternativer Ansatz ist nach Ghisu et al. [47] die Reduktion der Dimension durch die Modellierung einer geringen Anzahl aussagekräftiger Hauptkomponenten an Stelle der regulären Eingangsgrößen vielmals möglich, womit die Anwendbarkeit von stochastischen Expansionsmethoden für die Mehrheit praktischer Fragestellungen gegeben ist [48, 49].

Stochastische Expansionsmethoden fanden zur Propagation unsicherer geometrischer Parameter und Randbedingungen vielmals Anwendung. So untersuchen Pecnik et al. [128] den Umschlag von laminarer auf turbulente Strömung durch variable Parameter des Transitionsmodells. Loeven et al. [99] und Chassaing und Lucor [23] untersuchen ein NACA–Profil hinsichtlich unsicherer Zuströmrandbedingungen. In vertiefenden Studien berücksichtigen Loeven und Bijl geometrische Designparameter (max. Dicke, max. Wölbung und Wölbungsrücklage) [95] sowie Überlagerungen beider Arten von Unsicherheiten zu insgesamt acht unsicheren Parametern [96]. Hosder et al. [67] untersuchen Überschallströmung um eine Ecke variablen Winkels sowie eine transsonische Profilumströmung mit stochastischen Zuströmbedingungen und bestätigen die NIPCM–Ergebnisse anhand einer präzisen MCS. Gopinathrao et al. [54] und Loeven und Bijl [97] quantifizieren den Einfluss eines variablen Totaldrucks am Einlass auf die Performance des transsonischen Rotor 37. Morini et al. [110] untersuchen den gleichen Rotor hinsichtlich Ablagerungen durch simulierte Dickenzunahme der Schaufeln verbunden mit Rauhigkeitsänderungen. Sie können aus der Literatur stammende experimentelle Werte zur Reduktion von Performance, Druckaufbau und Durchfluss bestätigen. Büche et al. [16] bewerten den isolierten sowie den überlagerten Einfluss von stochastischen Oberflächenrauheiten an drei Bauteilen auf den Wirkungsgrad eines Radialverdichters. Schillings [148] bewertet den strömungsmechanischen Einfluss von Oberflächenvariationen für ein 3D–Flügelmodell, welches durch die hohe Anzahl von 2.5 Mio Gitterpunkten numerisch sehr aufwendig ist und vereinfachende Annahmen erfordert. Die stochastische Systemantwort konnte durch Limitierung auf die 15 einflussreichsten Hauptkomponenten und Anwendung eines stark reduzierten Dünngitterverfahren gelöst werden.

Momentenmethoden

Die Momentenmethoden (engl. Methods of Moments, MOM) basieren auf einer abgeschnittenen Taylorreihe der Ergebnisgröße um ihren Mittelwert entwickelt nach den unabhängigen stochastischen Variablen. Diese Reihe erlaubt die Berechnung von Mittelwert, Standardabweichung sowie den höheren statistischen Momenten der Ergebnisgröße [22, 103, 126, 169]. Im allgemeinen Fall kann die Berechnung der Ableitungsterme der Taylorreihe über finite Differenzen erfolgen. Bei Verwendung zentraler Differenzenquotienten sind zwei zusätzliche Berechnungen pro stochastischer Eingangsgröße erforderlich, womit für die insgesamt durchzuführenden Berechnungen $N_{sim} = 2\,N_b + 1$ folgt. Ein wesentlich effizienterer und numerisch meist stabilerer Ansatz ist gegeben, wenn analytische Differentiale um den Mittelwert vorliegen. Eine Möglichkeit hierfür bieten die Methoden der **automatischen Differentiation**, bspw. TAPENADE [59] oder ADIFOR [21]. Hierbei wird eine existierende Anwendung so erweitert, dass neben dem eigentlichen Ergebnis auch die partiellen Ableitungen nach den Eingangsvariablen berechnet werden. Konsequenterweise erfordern diese effizienten Momentenmethoden Zugang zu dem Quelltext, da sie einen angepassten Solver erfordern und zählen folglich zu den intrusiven Verfahren. Padulo et al. [125] sowie Walters und Huyse [169] diskutieren die gesteigerte Genauigkeit im Falle nichtlinearen Systemverhaltens bei Berücksichtigung höherer Ableitungen und erachten sie im allgemeinen Fall als wesentlich. Hiermit geht für die MOM zweiter Ordnung die Erfordernis einher, auch die zweiten Ableitungen (Hesse-Matrix) anhand automatischer Differentiation zu bestimmen, bspw. anhand den von Rumpfkeil und Mavriplis [142] bzw. Ghate und Giles [46] ausgeführten Methoden. Wie Martinelli und Duvigneau [103] zeigen, erfordern diese effizienten MOM einen sehr geringen numerischen Aufwand von lediglich einer vollständigen CFD Berechnung ($N_{sim} = 1$) verbunden mit dem zusätzlichen Aufwand zur Behandlung der Ableitungen, der linear mit der Anzahl probabilistischer Eingangsvariablen ansteigt. Auf einen fundamentalen Nachteil der Momentenmethoden verweisen Chalot et al. [22]. Demnach sind die berechneten statistischen Momente im Falle nicht–normalverteilter Ergebnisgrößen nicht aussagekräftig genug, um die gesuchte Wahrscheinlichkeit zu bestimmen oder gar die gesamte Form der Verteilung abzuleiten.

Für viele Problemstellungen ist die Kenntnis der statistischen Momente jedoch ausreichend. So kann die Robustheit eines Systems vielmals anhand der Standardabweichung abgeschätzt werden. Besonders für Optimierungen stellen die anhand MOM bereitgestellten statistischen Momente verknüpft mit automatischer Differentiation einen sehr effizienten Ansatz dar [11, 36, 44]. Martinelli und Duvigneau [103] setzen die MOM zur probabilistischen Bewertung des NACA–0012 Profils hinsichtlich unsicherer Randbedingungen der Zuströmung ein. Die Ergebnisse zeigen gegenüber alternativen Methoden im Allgemeinen eine gute Übereinstimmung — jedoch nicht für den transsonischen Testfall, was auf Probleme der automatischen Differentiation für die vorliegende Diskretisierung zurück geführt werden konnte. Die Studien von Chalot et al. [22] bestätigen für das lineare System gleiche Ergebnisse von den

MOM erster und zweiter Ordnung mit der Referenz. Für eine auf einem RAE2822 Profil aufgebrachte allgemeine geometrische Deformation weisen sie ein nichtlineares Systemverhalten nach und zeigen, dass die Modellierung solcher Systeme mindestens eine MOM zweiter Ordnung erfordert.

Sigma–Point Verfahren

Die Sigma–Point Verfahren setzen auf dem Integrationsansatz der GAUSSschen Quadratur (GQ) auf. GQ ist eine Methode der numerischen Integration, welche das Integral als Summe gewichteter Funktionswerte an ausgewählten Auswertungspunkten approximiert. Sowohl Lage als auch Gewicht dieser Punkte sind dabei in Abhängigkeit der zu integrierenden Funktion zu wählen [51, 161]. Padulo et al. [125, 126] geben einen umfassenden Überblick über GQ–Verfahren fokussiert auf die Anzahl erforderlicher deterministischer Berechnungen und die erreichbare Konvergenzrate. Als sehr effizienter Ansatz stechen dabei die Sigma–Point Methoden (SPM), die auf GQ–Verfahren aufsetzen, hervor. Die SPM skalieren linear mit der Anzahl an stochastischen Variablen und benötigen nur $N_{sim} = 2\,N_b + 1$ deterministische Berechnungen. Hinsichtlich des numerischen Aufwands entsprechen die SPM somit den im Vorfeld diskutierten MOM erster Ordnung in Verbindung mit finiten Differenzen. Als Vorteil für die SMP gilt, wie Padulo et al. [126] zeigen, die höhere Genauigkeit. Weiterhin erreichen sie eine höhere Stabilität (gegenüber den MOM mit finiten Differenzen) und erlauben zugleich eine unkompliziertere Implementierung (vgl. MOM mit automatischer Differentiation). Als Ergebnis liefern die SPM den Mittelwert und die Standardabweichung der Ergebnisgröße, weswegen die für die MOM aufgeführten Schwachstellen hinsichtlich nicht normalverteilten Systemverhaltens auch für die SPM gelten.

Zusammenfassende Bewertung probabilistischer Verfahren

Der Überblick probabilistischer Verfahren soll mit Kriterien zusammengefasst werden, die unter anderem die Wahl des geeigneten probabilistischen Verfahrens definieren:

- Stochastische Eingangsgrößen: Anzahl stochastischer Eingangsgrößen, (lineare/nichtlineare) Korrelation unter den Eingangsgrößen, Verteilungsart (normalverteilt/nicht normalverteilt), Genauigkeit mit der die Verteilungsparameter bekannt sind...
- Zielstellung bzw. gesuchte Ergebnisgrößen: Anzahl an Ergebnisgrößen, Eintrittswahrscheinlichkeit oder Robustheitsbewertung, Sensitivitäten, geforderte Konfidenzintervalle der Ergebnisse, (erwartete) Verteilungsart der Ergebnisgrößen...
- Zeitliche Vorgaben: erlaubter Zeitrahmen, Rechenzeit des deterministischen Modells, Möglichkeit zur Parallelisierung, Anzahl zur Verfügung stehender Lizenzen und Rechner...
- Vorwissen zum Systemverhalten: Wichtigkeit der Parameter, Quereinflüsse unter den Eingangsgrößen, Systemverhalten mathematisch beschreibbar (Ersatzmodell), experimentelle Daten...

Diese Aufstellung soll betonen, dass die Wahl des passenden probabilistischen Verfahrens an viele Aspekte der konkreten Anwendung geknüpft ist und schlussendlich zumeist einen Kompromiss darstellt.

1.3.6. Probabilistische Auslegungsverfahren

Die Prozesse zur probabilistischen Auslegung beinhalten neben den zu optimierenden klassischen Designparametern ebenfalls unsichere Parameter zur Abbildung von Fertigungsabweichungen oder Schwankungen von Betriebsparametern. Diese unsicheren Parameter erweitern die Zielstellung der Optimierung, wodurch zusätzliche statistische Bewertungskriterien zu erfüllen sind. Eine Unterscheidung dieser Kriterien kann hinsichtlich der Methoden **robustes Design** und **zuverlässigkeitsorientiertes Design** erfolgen [22, 135, 138, 183]. Während robustes Design vorrangig auf ein gegenüber unvermeidbaren geringen Änderungen der stochastischen Parameter möglichst insensitives Systemverhalten zielt, streben die zuverlässigkeitsbasierten Methoden zumeist eine Versagenswahrscheinlichkeit an, die geringer als ein festgelegter Grenzwert ist. Als statistisches Bewertungskriterium der Robustheit bietet sich unter anderem die Standardabweichung der Ergebnisgröße an [182]. Die Versagenswahrscheinlichkeit kann im Zufallsexperiment anhand der relativen Häufigkeit des Unterschreitens eines Zielwertes abgeschätzt werden [137]. Der wesentliche Mehrwert dieser Verfahren liegt in dem Übergang von der Punktlösung zur Betrachtung eines Zielbereiches, wie Huyse et al. [68] bei der robusten Auslegung des NACA–0012 Profils gegenüber variablen Zuströmmachzahlen zeigen. Sie betonen die wesentliche Erkenntnis, dass die robusten Formulierungen eine glattere Geometrie mit allmählicheren Übergängen forcieren. Dies bestätigt die Untersuchung von Garzon und Darmofal [43]. Sie zeigen, dass sich das robust optimierte Profil bei Vorgabe eines minimalen mittleren Verlustes wenig von dem der deterministischen Optimierung unterscheidet — entgegen dem bei geforderter minimaler Streuung des Verlustes, wofür eine wesentlich glattere Kontur ermittelt wurde.

In der üblichen Implementierung beinhaltet die robuste Optimierung gegenüber der deterministischen Optimierung eine weitere Schleife zur Berechnung der statistischen Eigenschaften des jeweiligen deterministischen Designs. Prinzipiell ist es möglich diese beiden Schleifen separat zu betrachten. In diesem Fall ist das probabilistische Tool in die deterministische Design–Umgebung einzubinden — z.B. das von Demeulenaere et al. [28] vorgestellte FINE^{TM}/Design3D als Kombination von FINE^{TM}/Turbo und Autoblade^{TM}. Integrierte Ansätze wurden bspw. von Ghisu et al. [48, 49] oder Milli und Shahpar [107] vorgestellt, wobei letzterer auf PADRAM[3] nach Shahpar und Lapworth [153] aufsetzt, welches implizit die Berücksichtigung ausgewählter Realgeometrieeffekte ermöglicht [75, 78, 146]. Bei beiden Ansätzen erfolgt im allgemeinen Fall für alle untersuchten Kombinationen an Designparametern ein Durchlauf der inneren probabilistischen Schleife zur Berechnung der statistischen Bewertungskriterien. Dieser Sachverhalt begründet die übliche Begrifflichkeit des **Doppelloop** über beide Arten an Parametern, welcher besagt, dass sich die Anzahl deterministischer Berechnungen als Produkt der Anzahl beider Schleifen ergibt. Unter Umständen kann so, wie Dodson und Parks [32] ausführen, für die robuste Auslegung gegenüber der deterministischen Optimierung der 1000–fache numerische Aufwand entstehen.

Möglichkeiten zur Reduktion des Aufwandes wurden bereits unter Abschnitt 1.3.5 diskutiert und bestehen im Wesentlichen in der Anwendung angepasster effizienter nicht–deterministischer Methoden (vorrangig NIPCM, MOM, SPM) bzw. durch MCS eines sehr schnell auswertbaren analytischen Ersatzmodells. So wendet Schillings [148] NIPCM zur robusten 2D Optimierung des transsonischen Profils RAE2822 an, wobei sie neben unsicheren Zuströmbedingungen auch geometrische Unsicherheiten in Form von PCA–basierten Abweichungsfeldern berücksichtigt. Dodson und Parks [32] propagieren unsichere Größen ebenfalls durch NIPCM und zeigen, dass das robust optimierte verglichen mit einem deterministisch optimiertem NACA–0009 Profil gegenüber Variationen der Kantendicke weniger sensitiv ist. Ghisu et al. [50] realisieren eine robuste Optimierung des gesamten Kernverdichters, indem drei unsichere Betriebsparameter mittels NIPCM Berücksichtigung finden. Das erzielte Design zeigt gegenüber deterministisch optimierten Designs besonders unter off–design Betriebsbedingungen Vorteile. Gumbert et al. [56] berücksichtigen geometrische Unsicherheiten in ihrer gekoppelten robusten FE–CFD Optimierung, wobei die Ergebnisgrößenstatistik durch MOM bereitgestellt wird. Putko et al. [132] nutzen MOM erster und zweiter Ordnung in Verbindung mit einem quasi 1D Euler Programm zur robusten Optimierung einer Düsenströmung. Huyse et al. [68] führen eine robuste Auslegung des NACA–0012 Profils gegenüber variablen Machzahlen der Zuströmung mit MOM zweiter Ordnung durch. Lian und Kim [92] führen eine gekoppelte FE–CFD Robustheitsoptimierung der transsonischen Rotor 67 Schaufel für zwei stochastische Materialparameter und 32 Designvariablen durch. Die probabilistische Bewertung erfolgt durch eine MCS eines Ersatzmodells basierend auf einer polynomialen Antwortfläche. Garzon und Darmofal [43] führen eine robuste Optimierung eines Verdichterschaufelprofils unter Berücksichtigung gemessener geometrischer Variabilität durch. Dabei verwenden sie ein Ersatzmodell basierend auf etwa 40 . . . 100 Stützstellen zur Bestimmung der stochas-

[3]Parametric Design and Rapid Meshing

tischen Systemantwort. Lamb und Darmofal [80, 81] berücksichtigen gemessene geometrische Variabilität bei dem Vergleich eines originalen mit einem robust neu ausgelegten Verdichterschaufelprofils, welches sich als weniger sensitiv gegenüber den Abweichungen zeigt. Die stochastische Ergebnisgröße konnte anhand eines direkten Monte–Carlo Ansatzes bestimmt werden, da der deterministische Solver nur einige Sekunden Zeit zur Berechnung benötigt. Kumar et al. [78] führen mittels MCS eines Kriging–Ersatzmodells die Optimierung einer Fan–Schaufel gegenüber Erosion durch. Sie wählen dabei eine probabilistische Mehrkriterienoptimierung hinsichtlich minimalem Mittelwert und Standardabweichung des Totaldruckverlustes.

1.4. Zielstellung und Beitrag der Arbeit

1.4.1. Zielstellung

Im Rahmen der Arbeit sollen die folgenden Punkte behandelt werden:

- Digitalisierung von insgesamt 450 repräsentativen Rotorschaufeln eines zehnstufigen Verdichters und Quantifizierung der Abweichungen dieser Schaufeln gegenüber der jeweiligen Referenzgeometrie anhand eines geometrischen Variabilitätsmodells
- Bestimmung des Einflusses einer nicht–axialsymmetrischen Beschaufelung auf das strömungsmechanische Verhalten von Verdichterstufen.
- Bewertung und Verbesserung der Robustheit des untersuchten Verdichters unter Berücksichtigung der geometrischen Variabilität aller Rotorschaufeln.

1.4.2. Auswahl des probabilistischen Simulationsverfahrens

Sowohl die Bestimmung des Einflusses einer nicht–axialsymmetrischen Beschaufelung auf die Performance einer Verdichterstufe als auch die Bewertung und Verbesserung der Robustheit des gesamten Verdichters erfolgt durch probabilistische dreidimensionale CFD–Simulationen. Die geometrische Variabilität der Rotorschaufeln wird durch ein im Rahmen der Arbeit entwickeltes parametrisches Verdichterschaufelmodell quantifiziert, das regulär 16 Parameter pro Schaufel erfordert. Die CFD–Modelle der Verdichterstufen weisen bis zu 15 vernetzte und geometrisch variable Passagen auf. Das Modell des Verdichters besteht aus zehn Stufen mit jeweils geometrisch variabler Rotorreihe. Die probabilistische Untersuchung solch hochdimensionaler Problemstellungen richtet die folgenden Anforderungen an das probabilistische Simulationsverfahren:

- Modellierung von sehr vielen (bis zu 240) korrelierten und nicht normalverteilten stochastischen Eingangsgrößen
- Bestimmung von Verteilungen und statistischen Parametern stochastischer Ergebnisgrößen sowie Sensitivitäten gegenüber den Eingangsgrößen
- Relative Bewertung probabilistischer Simulationen mit unterschiedlicher Anzahl an Eingangsgrößen aber gleicher Anzahl an deterministischen Berechnungen

In Abschnitt 1.3.5 wurden verschiedene übliche probabilistische Simulationsverfahren hinsichtlich ihrer Stärken und Schwächen diskutiert. Im Hinblick auf die formulierten Anforderungen zeigt sich, dass das Monte–Carlo Simulationsverfahren (MCS) bei Verwendung des optimierten Latin Hypercube Sampling (oLHS) in der Lage ist, diese Aufgabe am effizientesten zu lösen. Die MCS ist nahezu unabhängig von der Anzahl und nicht limitiert hinsichtlich der Art an stochastischen Eingangsgrößen. Sie bestimmt die Vektoren der stochastischen Ergebnisgrößen vollständig und nicht anhand statistischer Kennwerte. Statistische Analyseverfahren erlauben die Bestimmung von Sensitivitäten der Ergebnisse auf die Eingangsgrößen. Für die geforderte Anzahl an stochastischen Eingangsgrößen ist die vglw. geringere

Konvergenzrate der MCS von nachrangiger Bedeutung, da alle alternativen nicht sampling–basierten Verfahren mit der Anzahl an Parametern skalieren und zumeist mehr Berechnungen benötigen.

1.4.3. Wissenschaftlicher Beitrag

Während der Bearbeitung der Aufgabenstellung sind mehrere Modelle entwickelt, Simulationen durchgeführt und Erkenntnisse gesammelt worden, die in Veröffentlichungen, an denen der Autor mitwirkte, eingeflossen sind [66, 82, 83, 84, 85, 86, 87, 88]. Diese Veröffentlichungen sowie ergänzende und verbindende Themen repräsentieren den Inhalt dieser Arbeit. Der wissenschaftliche Beitrag der Arbeit soll in den nachfolgenden Gliederungspunkte prägnant zusammengefasst werden:

- Die in der Arbeit entwickelten Methoden zur parameterbasierten Auswertung digitalisierter Verdichterschaufeln erlauben eine effiziente Quantifizierung geometrischer Variabilität und somit die Integration der schnellen, präzisen und berührungslosen optischen Messtechnik in die nicht–deterministischen Simulationsverfahren.
- Das entwickelte Verdichterschaufelmodell nutzt designähnliche Parameter zur Beschreibung realer Bauteile, wodurch es deren ingenieurmäßige Bewertung erlaubt und einen intuitiven Zugang zu Sensitivitäten von Performancegrößen bietet.
- Das geometrische Variabilitätsmodell resultiert aus der Anwendung des Verdichterschaufelmodells auf einen Satz vermessener Schaufeln. Es quantifiziert die Streuung des untersuchten Schaufelsatzes in Form von stochastischen geometrischen Parametern.
- Die gewählte Delta–Parameter Formulierung beschreibt die geometrischen Variationen in Verbindung mit der Originalgeometrie. Dies reduziert die Anzahl erforderlicher Parameter, wodurch wenige Parameter zur Erfassung der Variabilität der gemessenen Schaufeln ausreichen.
- Die Arbeit präsentiert die Integration des geometrischen Variabilitätsmodells in eine probabilistische Untersuchung der aerodynamischen Performance nicht axialsymmetrisch beschaufelter Rotoren in Hochdruckverdichterstufen. Entgegen der generellen Tendenz, dass die zufällige Kombination individueller Schaufeln zu einer verringerten Streuung von Performancegrößen führt, kann für den Fall transsonischer Strömung, begründet durch die ungleiche Teilung des Massenstroms zwischen den individuellen Passagen, auch eine vergrößerte Streubreite festgestellt werden.
- Das Verdichterschaufelmodell nutzt einen festen Satz an Parametern, womit durch Interpolation von drei vermessenen Rotorreihen ein Variabilitätsmodell aller Reihen des Rotors abgeleitet werden kann. In einer probabilistischen Simulation wird mit diesem Modell der Einfluss der variablen Rotorgeometrie auf das strömungsmechanische Verhalten eines zehnstufigen Hochdruckverdichters bestimmt. Es kann nachgewiesen werden, dass Betriebspunkte hoher Belastung eine starke relative Streuung der Performancegrößen aufweisen, welche zumeist durch wenige einflussreiche geometrische Parameter der vorderen Stufen dominiert wird.
- In der Arbeit wird ein Ansatz zur effizienten robusten Optimierung von Verdichterschaufeln abgeleitet, der, verglichen mit üblichen Verfahren, einen wesentlich schnelleren Zugang bietet. Da das geometrische Variabilitätsmodell designähnliche Parameter nutzt und Streuungsinformation analog bereitstellt, kann eine robuste Optimierung ohne den üblicherweise erforderlichen Doppelloop über Design– und Streuparameter realisiert werden.
- Es wird gezeigt, dass die optimale Latin Hypercube Sampling Monte–Carlo Simulation (oLHS MCS) die effiziente probabilistische Untersuchung von sehr komplexen Systemen mit bis zu 240 teilweise korrelierten stochastischen Variablen erlaubt. In der Arbeit wird dieser Ansatz sowohl zur Bestimmung des nicht–deterministischen strömungsmechanischen Systemverhaltens als auch zur Identifikation einflussreicher stochastischer Eingangsgrößen erfolgreich angewandt.

2. Grundlagen

2.1. Digitalisierung von Bauteilen

2.1.1. Koordinatenmessmaschinen

Die geometrische Erfassung realer Bauteile erfolgt traditionell mittels Koordinatenmessmaschinen. Diese Geräte nutzen das taktile Messprinzip zur Erfassung von Koordinaten auf der Oberfläche der zu vermessenden Objekte. Sie erreichen, wie Wiora [175] ausführt, durch die zu Grunde liegenden ausgereiften Prozesse eine sehr hohe Genauigkeit von bis zu $10\mu m$. Dementsprechend ordnet Bremer [13] den taktilen Messprozess als vorteilhaft hinsichtlich Präzision ein. Er empfiehlt für eine effiziente Vermessung von Bauteilen ein Konzept zur kontinuierlichen taktilen Messung, womit gegenüber der punkteweisen Abtastung der Oberfläche eine höhere Geschwindigkeit bei nahezu gleicher Genauigkeit erreicht wird. Koordinatenmessmaschinen finden zur Vermessung von 2D bzw. entlang virtuellen Stromlinien verlaufenden quasi–3D Schnitten von Verdichterschaufeln vielmals Anwendung [35, 40, 81, 155].

2.1.2. 3D–Scanner

Mit zunehmender Reife der optischen Messtechnik finden 3D–Scanner, wie Frankowski et al. [39] aufzeigen, gesteigerte Verbreitung in verschiedensten technischen Bereichen. Unter anderem beschreibt Rastogi [134] ausführlich die Anwendung optischer Messtechnik in der Industrie und Wiora [175] entwickelt ein Gerät für den Einsatz im Automobilbau. Auch für die Vermessung von Turbomaschinenschaufeln hat die Bedeutung der optischen Messtechnik in den vergangenen Jahren stark zugenommen. Während Bremer [13] dieses Verfahren im Jahr 2000 als zu ungenau einschätzte, zeigen die Veröffentlichungen der letzten Jahre die gestiegene Bedeutung optischer Verfahren. So verwenden Duó et al. [34] optisch digitalisierte Verdichterschaufeln zur Untersuchung des Einflusses von Einschlägen auf deren strukturdynamisches Verhalten. Bemerkenswert ist, dass nicht nur die Lage sondern auch die Form des Einschlages aus der Auswertung der gewonnenen Punktewolken resultiert. Schoenenborn et al. [150] führen eine Mistuning–Analyse von Blisks durch und bewerten optische Verfahren als erforderlich, um adequate 3D–Messungen für diese komplex geformten Triebwerksbauteile zu erhalten. Mit zunehmender Verbreitung der optischen Messtechnik, die auch durch die weit verbreitete Anwendung digitaler Fotographie gestützt wird, sind optische 3D Scanner mittlerweile preisgünstig verfügbar. Unterstützend wirkt ebenfalls die gestiegene Leistungsfähigkeit der digitalen Rechentechnik, welche die Handhabung der mit digitalisierten Objekten einhergehenden umfangreichen Datenmengen ermöglicht. Als Vorteile der optischen Messtechnik gelten nach Wiora [175] besonders:

- die schnelle Erfassung der kompletten Oberfläche,
- das berührungslose Messprinzip,
- die Möglichkeit einen Reverse–Engineering–Prozess an die Messung anzuschließen.

Die 3D–Scanner nutzen das optische Streifenprojektionsverfahren, wobei das zu vermessende Objekt, wie Abb. 2.1 zeigt, mit Mustern heller und dunkler Steifen beleuchtet wird. Bei der üblichen Konfiguration mit zwei Kameras werden die Muster der beiden 2D–Ansichten zu den 3D–Koordinaten der beleuchteten Oberfläche zusammengeführt. Durch Überlagerung mehrerer triangulierter 3D–Ansichten ist die gesamte Bauteiloberfläche des zu vermessenden Objektes innerhalb von Minuten digitalisiert. Die Entwicklung effizienter und schneller Algorithmen zur Triangulation der dreidimensionalen Punktewolke ist Gegenstand aktueller Arbeiten, wie bspw. der Artikel von Peng und Gupta [129] aus dem Jahr 2007 zeigt. Einen zusammenfassenden Überblick über die Grundlagen sowie Anwendungssbereiche optischer Messverfahren gibt sowohl Luhmann [100] als auch Wiora [175].

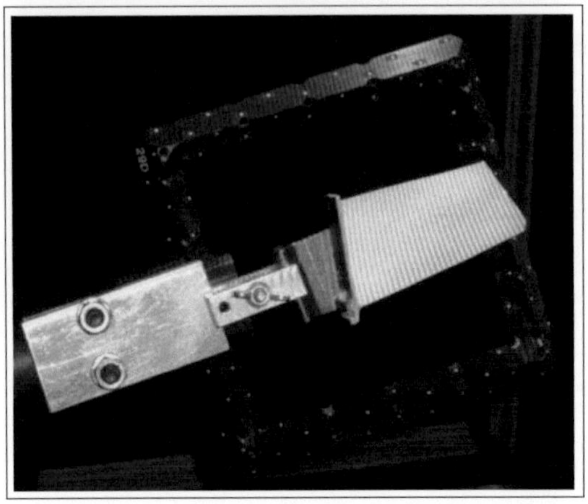

Abb. 2.1. Projektion von Streifenmustern auf die Oberfläche einer Verdichterschaufel.

Die erreichbare Genauigkeit der optischen Messung wird, wie Wiora [175] beschreibt, prinzipiell durch die Auflösung der Kameras sowie durch die Wellenlänge des verwendeten Lichts begrenzt. Bremer [14] ergänzt Probleme der optischen Messtechnik, die hinsichtlich glänzender Oberflächen entstehen können. In diesem Fall ist es erforderlich, eine wenige μm dünne TiO_2–Beschichtung aufzusprühen, die Reflexionen vermeidet. Neuartig entwickelte Dreikamerasysteme, die zudem blaues anstelle von weißem Licht verwenden, zeigen sich auch weniger empfindlich gegenüber reflektierenden Oberflächen. Die erzielbare Punktedichte und somit die Genauigkeit des optischen Messverfahrens ist weiterhin stark abhängig von dem verwendeten Messfeld, welches wiederum durch die Größe des zu messenden Objektes vorgegeben wird. Folglich können mit dem gleichen System Kleinteile präziser vermessen werden. Zur Quantifizierung der Messgenauigkeit bieten sich neben der Vermessung exakt gefertigter Referenzkörper besonders Wiederholungsmessungen der zu untersuchenden Objekte an. Aktuelle Systeme erreichen für einen Anteil von etwa 95% der gemessenen Punkte eine Reproduzierbarkeit von unter $10\mu m$ auf geraden und unter $25\mu m$ auf stark gekrümmten Oberflächen. Holtzhausen et al. [66] geben in ihrer Untersuchung eine über alle Punkte gemittelte Abweichung von 4 bis $5\mu m$ an.

Die optischen 3D–Scanner bilden die Oberfläche der gescannten Objekte durch eine unstrukturierte Punktewolke ab, aus welcher ein Polygonnetz mit Dreieckselementen erstellt werden kann. Die räumliche Anordnung dieser Punkte ist dabei zufällig. Sie hängt von Randbedingungen ab, zu denen unter anderem die Oberflächenkrümmung, Reflexion auf der Oberfläche und Auflösung der Kamera zählen. Abbildung 2.2(b) zeigt die digitalisierten Punkte einer optisch vermessenen Verdichterschaufel, wobei Elemente mit einer Kantenlänge größer $100\mu m$ farblich hervorgehoben sind. Es ist zu erkennen, dass besonders im Bereich der Vorder– und Hinterkante Elemente größerer Kantenlänge und somit schlechterer Qualität vorliegen. Gleiches gilt häufig für die beschatteten Bereiche auf der Saugseite nahe des Übergangsradius zwischen Schaufelblatt und Plattform (Fillet).

2.1.3. Automatischer Prozess zur optischen Vermessung

Zur automatischen optischen Vermessung größerer Serien von Bauteilen ist ein automatisierter Aufbau erforderlich. Holtzhausen et al. [66] präsentieren einen vollständig systematischen Prozess zur

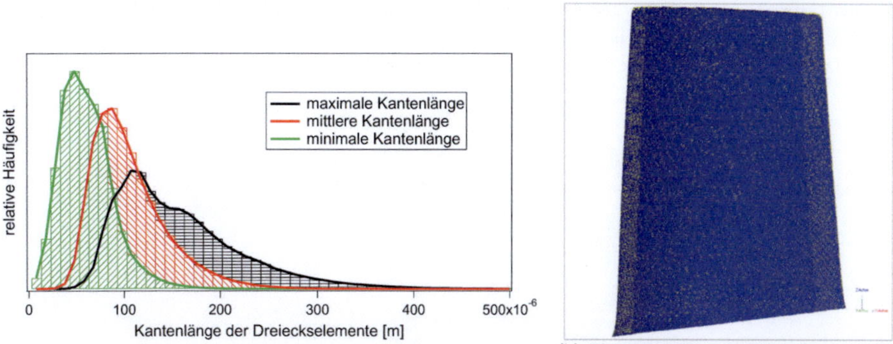

(a) Histogramme der Elementkantenlänge.

(b) Elemente mit einer Kantenlänge größer $100\mu m$ sind hell hervorgehoben.

Abb. 2.2. Statistische Eigenschaften des Polygonnetzes einer gescannten Verdichterschaufel.

Digitalisierung von Turbomaschinenschaufeln. Sie zeigen, dass sich optische Messverfahren eignen, die gesamte Oberfläche einer großen Anzahl an Schaufeln in kurzer Zeit zu digitalisieren. Der Prozess umfasst folgende Punkte:

1. Auftragen der TiO_2–Schicht zur Vermeidung von Reflexionen der metallischen Oberfläche
2. Einspannen der Schaufel in die Aufnahme
3. Anfahren der Ausrichtungen nach vordefinierten Messplan durch eine motorisierte Mehrachseinheit und Erfassung dieser Ansicht
4. Zusammenführung der Ansichten zur gesamten Punktewolke
5. Entfernung von Ausreißern und Anwendung des Rauschfilters
6. Registrierung der Messung anhand von Referenzflächen mit der Referenzgeometrie
7. Export der Punktewolke (üblicherweise vtx–Format) sowie des triangulierten Polygonnetzes (Dreieckselemente) der Oberfläche (üblicherweise ply– oder stl–Format)
8. Qualitätsbewertung des Scans

Holtzhausen et al. [66] betonen die Wichtigkeit der Qualitätsbewertung der Scans und empfehlen hierfür das triangulierte Polygonnetz zu verwenden. Dieses Netz erlaubt über die Kantenlänge der Elemente einen automatisierten Zugang zur statistischen Qualitätsbewertung der Messung. So können Bereiche geringer Punktedichte oder Löcher im Netz lokalisiert und mangelhafte Scans identifiziert werden. In Abb. 2.2(a) wird dieser Zusammenhang beispielhaft durch Histogramme der minimalen, mittleren und maximalen Kantenlänge dargestellt. Es ist zu erkennen, dass die Werte von wenigen μm bis hin zu $500\mu m$ variieren. Liegen die Elemente hoher Kantenlänge in relevanten Bereichen, sollte neu digitalisiert werden (vgl. Abb. 2.2(b)).

2.1.4. Flächenhafte Abweichungsfelder

Kommerzielle Software (bspw. *Geomagic Studio*[1] oder *GOM Inspect Professional*[2]) ermöglicht die Berechnung flächenhafter 3D–Abweichungen eines digitalisierten Objektes zu einer beliebigen Referenz bspw. der CAD–Geometrie. Zur Berechnung dieser Abweichungen werden zu vordefinierten Punkten der Referenzgeometrie korrespondierende Punkte auf dem gemessenen Oberflächennetz bestimmt. Die

[1] http://www.geomagic.com/de/products/studio/overview
[2] http://www.gom.com/de/3d-software/gom-inspect-professional.html

Zuordnung kann über den minimalen Abstand oder anhand des lokalen Normalenvektors der Referenz erfolgen. Als Ergebnis folgt, wie in Abb. 2.3 anhand einer gescannten Verdichterschaufel dargestellt, der Vektor des räumlichen Abstandes $\Delta\vec{x}$ mit seinen Komponenten Δx, Δy und Δz.

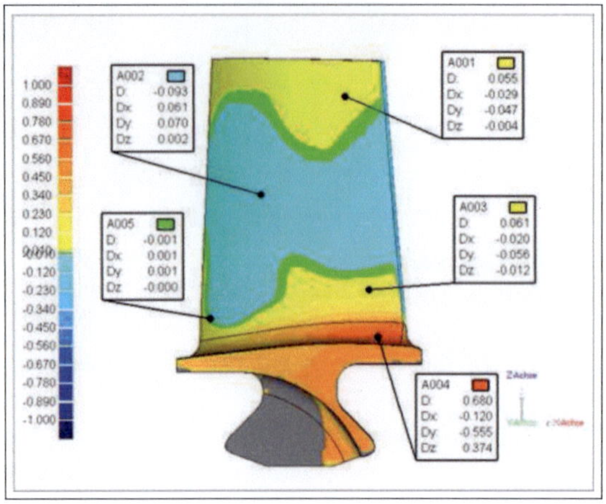

Abb. 2.3. Flächenhafte 3D–Abweichung von digitalisiertem Objekt zu Referenzgeometrie.

Es soll hervorgehoben werden, dass sich diese Herangehensweise vorrangig zur globalen Bewertung flächiger Abweichungen beider Geometrien eignet. Ergänzend zu dieser qualitativen Einschätzung ist die lokale Abfrage quantitativer Abweichungen möglich. Für eine reproduzierbare parametrische Bewertung digitalisierter Schaufeln — also zur Erstellung des parametrischen Modelles für die probabilistische Analyse — ist dieser Ansatz jedoch weniger geeignet.

2.2. Statistische Grundlagen

2.2.1. Stochastische Variable

Als stochastische Variablen (Zufallsvariablen) werden diejenigen verstanden, die einen zufälligen Wert annehmen können. Zur Berücksichtigung streuender Größen in der numerischen Simulation werden die einzelnen Werte einer diskreten Zufallsvariable in einem Vektor

$$\mathbf{b} = (b_1, b_2, ..., b_N)^T \tag{2.1}$$

mit dem Stichprobenumfang N zusammengefasst. Ein Element b_i wird als Realisierung des Vektors $\mathbf{b}$ bezeichnet. Die empirische Verteilungsfunktion $F(b)$

$$F(b) = \sum_{i=1}^{b_i \leq b} f(b_i) \tag{2.2}$$

der diskreten Zufallsvariable beschreibt die Wahrscheinlichkeit für Realisierungen innerhalb eines Bereiches von $-\infty$ und b durch Aufsummieren der zugeordneten Wahrscheinlichkeitsdichtefunktion $f(b_i)$.

2.2.2. Statistische Parameter stochastischer Variablen

Zur Charakterisierung von stochastischen Variablen finden statistische Parameter Verwendung. Der arithmetische Mittelwert

$$\bar{b} = \frac{1}{N} \sum_{i=1}^{N} b_i \tag{2.3}$$

dient als Lagemaß und die Stichprobenstandardabweichung bzw. empirische Standardabweichung

$$S(\mathbf{b}) = \sqrt{\frac{1}{N-1} \sum_{i=1}^{N} (b_i - \bar{b})^2} \tag{2.4}$$

als Maß für die Streuung der stochastischen Variable. Die Elemente einer stochastischen Variable $\mathbf{b}$ bilden üblicherweise die Stichprobe der Grundgesamtheit ab. Ist die Stichprobe repräsentativ, erlauben die statistischen Parameter ($\bar{b}$ und $S(\mathbf{b})$) die Bestimmung der Verteilungsparameter (μ und σ) einer als normalverteilt angenommenen stetigen Verteilungsfunktion zur Beschreibung der Grundgesamtheit. Die Schätzung dieser Verteilungsparameter ist durch den endlichen Stichprobenumfang mit Unsicherheiten behaftet, welche durch ein Konfidenzintervall mit der Irrtumswahrscheinlichkeit α und somit der Vertrauenswahrscheinlichkeit (1-α) abgebildet werden. Für das Konfidenzintervall des Mittelwertes wird nach Sachs und Hedderich [143]

$$\mu = \bar{b} \pm t_{N-1;1-\alpha/2} \frac{S(\mathbf{b})}{\sqrt{N}} \tag{2.5}$$

angegeben, wobei $t_{N-1;1-\alpha/2}$ auf das Quantil der t–Verteilung verweist. Zur Bewertung dieses Intervalls erfolgt die Normierung durch die empirische Standardabweichung

$$\frac{\Delta\mu}{S(\mathbf{b})} = 2 \frac{t_{N-1;1-\alpha/2}}{\sqrt{N}} \,, \tag{2.6}$$

um eine relative Einschätzung des symmetrischen Konfidenzintervalls zu erlauben. Wie Tab. 2.1 zeigt, wird für einen Stichprobenumfang von $N = 500$ und einer Irrtumswahrscheinlichkeit von $\alpha = 0.05$ der Mittelwert auf unter 10% der Standardabweichung genau bestimmt. Da die Standardabweichung in den untersuchten Anwendungen häufig eine oder mehrere Größenordnungen kleiner als der Mittelwert ist, kann für diesen Stichprobenumfang von einer präzisen Bestimmung des Mittelwerts selbst ausgegangen werden. Für das Konfidenzintervall der Standardabweichung wird von Sachs und Hedderich [143]

$$S(\mathbf{b})\sqrt{\frac{(N-1)}{\chi^2_{N-1;1-\alpha/2}}} \leq \sigma \leq S(\mathbf{b})\sqrt{\frac{(N-1)}{\chi^2_{N-1;\alpha/2}}} \tag{2.7}$$

angegeben. Analog zur Bewertung des Mittelwerts wird das durch die linke und rechte Grenze resultierende Intervall

$$\frac{\Delta\sigma}{S(\mathbf{b})} = \sqrt{\frac{(N_b-1)}{\chi^2_{n-1;\alpha/2}}} - \sqrt{\frac{(N_b-1)}{\chi^2_{n-1;1-\alpha/2}}} \tag{2.8}$$

normiert auf die empirische Standardabweichung betrachtet, um die in Tab. 2.1 dargestellte relative Bewertung zu erhalten. Demnach wird die Standardabweichung bei Verwendung einer Irrtumswahrscheinlichkeit von $\alpha = 0.05$ und einer $N = 200$ Messwerte umfassenden Stichprobe zu etwa 9.9% genau bestimmt.

Tab. 2.1. Relatives Konfidenzintervall von Mittelwert und Standardabweichung.

	$0.5\,\Delta\mu/S(\mathbf{b})$ [%]			$0.5\,\Delta\sigma/S(\mathbf{b})$ [%]		
N	$\alpha = 0.01$	$\alpha = 0.05$	$\alpha = 0.1$	$\alpha = 0.01$	$\alpha = 0.05$	$\alpha = 0.1$
10	102.8	71.5	58.0	83.0	56.9	45.8
20	64.0	46.8	38.7	48.2	35.0	28.8
50	37.9	28.4	23.7	27.5	20.5	17.1
100	26.3	19.8	16.6	18.8	14.2	11.9
200	18.4	13.9	11.7	13.1	9.9	8.3
500	11.6	8.8	7.4	8.2	6.2	5.2
1000	8.2	6.2	5.2	5.8	4.4	3.7

2.2.3. Korrelationskoeffizient

Der lineare Zusammenhang zwischen zwei stochastischen Variablen $\mathbf{b_1}$ und $\mathbf{b_2}$ kann durch die Korrelation quantifiziert werden. Der empirische Korrelationskoeffizient nach Bravais und Pearson (siehe bspw. Sachs und Hedderich [143])

$$r = r_{b_1 b_2} = \frac{Cov(\mathbf{b_1}, \mathbf{b_2})}{S(\mathbf{b_1})\, S(\mathbf{b_2})} \tag{2.9}$$

bestimmt lineare Zusammenhänge über das Verhältnis der Kovarianz

$$Cov(\mathbf{b_1}, \mathbf{b_2}) = \frac{1}{N-1} \sum_{i=1}^{N} (b_{1,i} - \bar{b}_1)\, (b_{2,i} - \bar{b}_2) \tag{2.10}$$

zu dem Produkt der empirischen Standardabweichung nach Gl. (2.4) beider Vektoren. Der Rangkorrelationskoeffizient nach Spearman [158] wird analog Gl. (2.9), jedoch mit den Rängen der Vektoren

$$\rho = \rho_{b_1 b_2} = \frac{\sum\limits_{i=1}^{N} (rg(b_{1,i}) - \overline{rg}(b_1))\ (rg(b_{2,i}) - \overline{rg}(b_2))}{\sqrt{\sum\limits_{i=1}^{N} (rg(b_{1,i}) - \overline{rg}(b_1))^2}\ \sqrt{\sum\limits_{i=1}^{N} (rg(b_{2,i}) - \overline{rg}(b_2))^2}} \tag{2.11}$$

gebildet. Das Ersetzen der ursprünglichen Werte durch die Ränge entspricht der Überführung der Vektoren in eine Intervallskalierung und ermöglicht die Bestimmung von monotonen Zusammenhängen, also auch von monoton nichtlinearen Abhängigkeiten stochastischer Variablen. Zudem erweist sich diese normierte Skalierung als weniger sensitiv gegenüber Ausreißern.

Die Korrelationskoeffizienten nach Gl. (2.9) und (2.11) können Werte zwischen -1 und 1 annehmen. Koeffizienten nahe diesen Grenzen verweisen auf einen starken linearen (Pearson/Spearman) bzw. monoton nichtlinearen Zusammenhang (Spearman) der stochastischen Variablen. Werte nahe Null zeigen an, dass keine lineare Korrelation vorliegt. Zur Bestimmung von nichtlinearen Zusammenhängen kann bspw. das in Abschnitt 2.3.3 vorgestellte Wichtigkeitsmaß oder das von Bischoff et al. [8] eingeführte nichtlineare Korrelationsmaß Anwendung finden. Hierbei werden die Abhängigkeiten abschnittsweise über den Rangkorrelationskoeffizient bewertet, womit auch die Detektierung nicht–monotoner Zusammenhänge möglich ist. Eine vertiefende Diskussion zur Anwendbarkeit und Interpretation der vorgestellten Korrelationskoeffizienten bietet die Dissertation von Voigt [165].

2.2.4. Identifikation von Verteilungsfunktionen

Der Wert einer stetigen Verteilungsfunktion (z.B.: Normalverteilung, Lognormalverteilung, Weibullverteilung und Gleichverteilung, siehe bspw. Sachs und Hedderich [143]) bestimmt sich aus dem Integral der Wahrscheinlichkeitsdichtefunktion

$$\widetilde{F}(b) = \int_{-\infty}^{b} \widetilde{f}(t)\,\mathrm{d}t \tag{2.12}$$

und kann Werte zwischen 0 (für $b = -\infty$) und 1 (für $b = \infty$) annehmen. Für den Fall diskreter Zufallsvariablen bestimmt sich die empirische Verteilungsfunktion $F(b)$, wie in Gl. (2.2) angegeben, durch Aufsummieren der diskreten Wahrscheinlichkeitsdichtefunktion $f(b_i)$.

Anpassungstests parametrischer Funktionen

Die Identifikation der Parameter einer Normalverteilung einer diskreten Zufallsvariablen kann anhand Gl. (2.3) und (2.4) erfolgen. Zur vergleichenden Bewertung der Approximationsgüte beliebiger Verteilungsfunktionen $\widetilde{F}(b)$ zu einer empirischen Verteilungsfunktion $F(b)$ eines Vektors diskreter Zufallszahlen $\mathbf{b}$ sind statistische Tests durchzuführen, wie z.B. der Kolmogorow–Smirnow (KS) Anpassungstest. Hierbei wird der maximale Abstand beider Verteilungsfunktionen, der KS–Wert mit

$$KS = \max|\widetilde{F}(b_i) - F(b_i)| \tag{2.13}$$

berechnet. Für KS–Werte nahe Null kann von einer sehr guten Übereinstimmung der Verteilungen ausgegangen werden. Eine vertiefende Beschreibung des Tests kann Sachs und Hedderich [143] entnommen werden. Als Modifikation des KS–Tests ist der Anderson–Darling (AD) Anpassungstest zu nennen [3]. Der AD–Test weist gegenüber dem KS–Test eine höhere Sensitivität auf, da die Ränder der Verteilung mit einer höheren Gewichtung bewertet werden. Hierzu sind für die getesteten stetigen Verteilungen angepasste kritische Werte erforderlich, welche bspw. Stephens [160] für gängige Funktionen bereitstellt. Die Durchführung von AD–Anpassungstests kann unter anderem mit der kommerziellen Software *MiniTab* erfolgen.

Nicht–parametrische Funktionen

Die Approximation einer nicht–parametrischen Dichtefunktion ermöglicht die analytische Beschreibung beliebiger diskreter stochastischer Variablen, z.B. über den von Parzen [127] vorgestellten Parzen–Window Ansatz. Bei Verwendung einer Normalverteilung als Kernelfunktion gilt nach Bishop [9]

$$\widetilde{f}(b_i) = \frac{1}{N}\sum_{k=1}^{N}\frac{1}{(2\pi\sigma^2)^{N_b/2}}\exp\left(-\frac{\|b_i - b_{ik}\|^2}{2\sigma^2}\right) \tag{2.14}$$

für die Approximation einer N_b-dimensionalen Dichtefunktion mit k zur Indizierung der N Elemente der stochastischen Variablen b_i. Der Parameter σ erfüllt die Aufgabe eines Glättungsparameters und orientiert sich an der Standardabweichung der stochastischen Variable. Beispielhaft zeigt Abb. 2.4(a) die Approximation einer bimodalen Zufallsvariable und Abb. 2.4(b) die zu zwei nicht–trivial korrelierten stochastischen Variablen abgeleitete Dichtefunktion.

2.3. Probabilistische Simulationsverfahren

Probabilistische Simulationsverfahren realisieren die Unsicherheitssimulation und dienen folglich der Propagation unsicherer Größen in das deterministische Simulationsmodell zur Bestimmung der probabilistischen Ergebnisgrößen. Mit ihnen lassen sich verschiedene Eigenschaften eines Systems ermitteln:

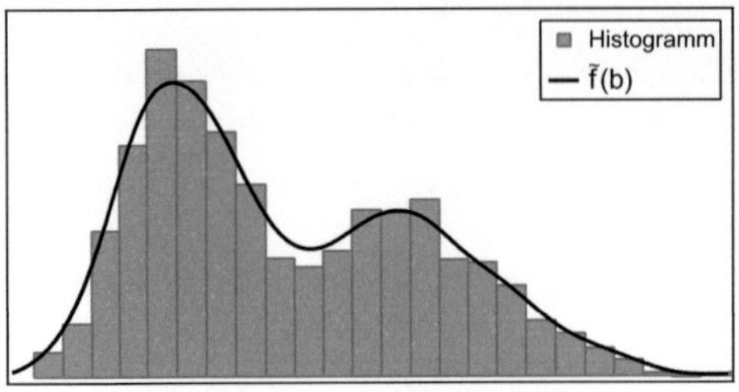

(a) Eindimensionale Approximation

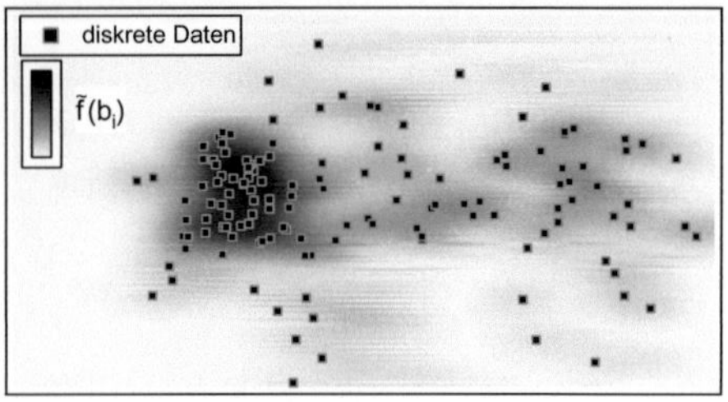

(b) Zweidimensionale Approximation

Abb. 2.4. Nicht–parametrische Approximation von Verteilungsfunktionen.

- Allgemeines Kennenlernen des Systems,
- Realitätsnahe Analyse des Systemverhaltens (Robustheitsbewertung),
- Identifikation einflussreicher Eingangsgrößen,
- Eintretenswahrscheinlichkeiten von Ereignissen, so z.B. Ausfallwahrscheinlichkeiten.

Der besonders interessante Punkt dabei ist, dass sich diese Erkenntnisse über das System bereits in der Auslegungsphase gewinnen lassen.

2.3.1. Probabilistisches Modell

Das probabilistische Modell beschreibt Zusammenhänge zwischen stochastischen Eingangsgrößen $\mathbf{b_1}$, $\mathbf{b_2}$, ... $\mathbf{b_{N_b}}$ und stochastischen Ergebnisgrößen $\mathbf{y_1}$, $\mathbf{y_2}$, ... $\mathbf{y_{N_y}}$. Es liegt, wie auch Abb. 2.5 verdeutlicht, im Wesen des probabilistischen Ansatzes, dass diese Größen nicht in einer deterministischen sondern in einer statistischen Verbindung zueinander stehen.

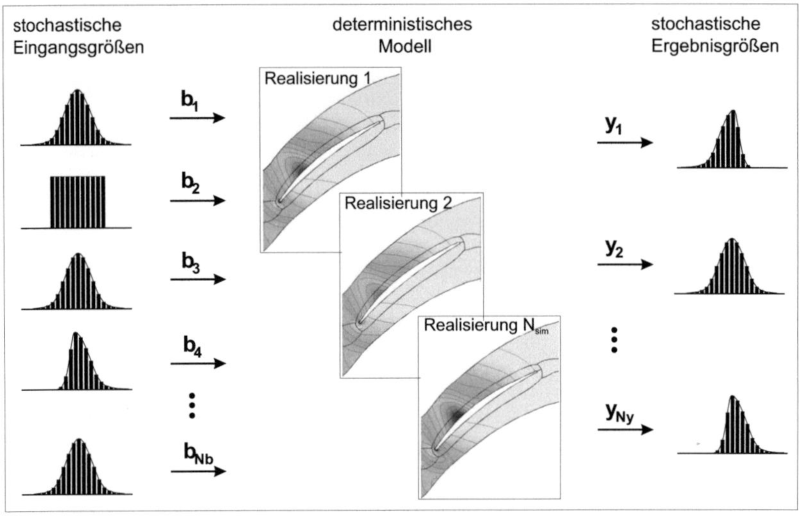

Abb. 2.5. Probabilistisches Modell mit eingebettetem deterministischen Modell.

Das eingebettete deterministische Modell beschreibt eine eindeutige Zuordnung von unabhängigen deterministischen Modellvariablen auf die abhängigen Variablen der deterministischen Systemantwort. Im einfachsten Fall kann diese Zuordnung durch einen funktionalen Zusammenhang $\mathbf{y} = \Phi(\mathbf{x})$ gegeben sein. Für ingenieurtechnische Fragestellungen erfolgt dies jedoch meist durch ein CAE–Modell der numerischen Struktur– und/oder Strömungsmechanik.

Bei den üblicherweise angewendeten nicht–intrusiven probabilistischen Verfahren (vgl. Abschnitt 1.3.5) werden die stochastischen Ergebnisgrößen durch mehrmaliges Berechnen des eingebetteten deterministischen Modells bestimmt. Der zentrale Punkt der probabilistischen Verfahren besteht in der Bereitstellung der Realisierungen in Form von N_{sim}–dimensionalen diskretisierten stochastischen Eingangsgrößenvektoren. Die Ergebnisse aller analysierten Realisierungen formen die stochastischen Ergebnisgrößen. Die gesuchten statistischen Zusammenhänge zwischen stochastischen Eingangs– und Ergebnisgrößen sind somit durch eine statistische Analyse der Vektoren $\mathbf{y_i}$ gegenüber $\mathbf{b_i}$ gegeben.

2.3.2. Monte–Carlo Simulationsverfahren

Die Monte–Carlo Simulation (MCS) ist als das wichtigste probabilistische Verfahren anerkannt und findet in verschiedensten Wissenschaftsgebieten Anwendung zur wahrscheinlichkeitstheoretischen Lösung aufwendiger bzw. nicht direkt lösbarer Probleme. Sie beinhaltet die wesentliche Eigenschaft, für eine unendlich große Anzahl an Berechnungen N_{sim} gegen die *exakte stochastische Lösung* zu konvergieren, wodurch sie als Referenz für die Bewertung alternativer probabilistischer Verfahren gilt [141, 169]. Im Rahmen dieser Arbeit wird vereinbart, alle sampling–basierten Verfahren der MCS zuzuordnen und zwar unabhängig von der verwendeten Sampling–Methode. Einen umfangreichen Überblick zur MCS beschreibt das Standardwerk von Rubinstein und Kroese [141].

Zur Durchführung einer MCS sind im allgemeinen Fall folgende Schritte erforderlich:

1. **Parametrische Definition:** Festlegen der innerhalb der MCS zu berücksichtigenden stochastischen Eingangsgrößen $b_1, b_2, \dots b_{N_b}$,
2. **Statistisches Modell:** Definition der Verteilungsfunktionen $F(b)$ der stochastischen Eingangsgrößen inkl. der Koppelbeziehungen dieser Variablen untereinander,
3. **Zufallszahlenerstellung:** Erstellung von N_b Zufallszahlenvektoren der Dimension N_{sim} durch Samplingverfahren sowie Einstellung der Koppelbeziehungen zwischen den Eingangsgrößen zur Definition der stochastischen Eingangsgrößenvektoren $\mathbf{b_1}, \mathbf{b_2}, \dots \mathbf{b_{N_b}}$,
4. **Mehrmalige deterministische Berechnung:** Aufprägen der Eingangsgrößen auf das deterministische Modell zur Erstellung von N_{sim} probabilistischen Realisierungen und Berechnung,
5. **Statistische Auswertung:** Zusammenführen der N_{sim} deterministischen Ergebnisse in der stochastischen Systemantwort $\mathbf{y_1}, \mathbf{y_2}, \dots \mathbf{y_{N_y}}$ mit anschließender statistischer Bewertung — unter anderem auch gegenüber den stochastischen Eingangsgrößenvektoren $\mathbf{b_1}, \mathbf{b_2}, \dots \mathbf{b_{N_b}}$.

Die Anstriche 1. und 2. behandeln die erforderlichen Vorarbeiten zur eigentlichen probabilistischen Simulation, was die Identifikation, Klassifizierung sowie Quantifizierung von Unsicherheiten sowie die Definition von Verteilungsfunktionen dieser stochastischen Variablen umfasst. Das Kernstück der MCS ist die, im dritten Anstrich formulierte, Generierung probabilistischer Realisierungen als Abbild der stochastischen Variablen. Alle Realisierungen sind von dem deterministischen Modell zu berechnen und die erhaltenen stochastischen Ergebnisgrößen statistisch auszuwerten (Anstrich 4. und 5.).

Eindimensionale Samplingverfahren

Übliche Methoden zur Erzeugung eindimensionaler Zufallsvariablen sind die in Abb. 2.6 verglichenen Verfahren Simple Random Sampling (SRS) — welches als pure MCS gilt — sowie die varianzreduzierenden Verfahren Latin Hypercube Sampling (LHS) und Descriptive Sampling (DS).

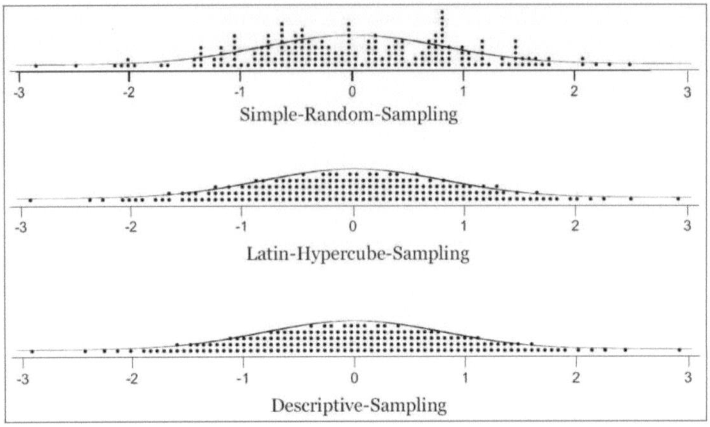

Abb. 2.6. Zufallszahlen verschiedener eindimensionaler Samplingverfahren [165].

SRS ermittelt die einzelnen Realisierungen einer stochastischen Variable rein zufällig und unabhängig voneinander. Dieser Ansatz gewährleistet erst für einen großen Stichprobenumfang die Einhaltung der vorgegeben Verteilungsfunktionen. Neben dem Inversionsverfahren kann SRS anhand des Annahme–Ablehnungsverfahren erfolgen [141, 165].

LHS als varianzreduzierendes Verfahren wurde von McKay [105] vorgestellt und basiert auf der Unterteilung der Verteilungsfunktion $F(b)$ in N_{sim} Bereiche gleicher Wahrscheinlichkeit, wodurch einer größeren Wahrscheinlichkeitsdichte $f(b)$ ein schmalerer Bereich zugeordnet wird. Ein Punkt jedes Bereichs wird als Element i des Zufallszahlenvektors $\mathbf{b_i}$ akzeptiert. **DS** kann als Variante von LHS verstanden werden, welche den Punkt in die Bereichsmitte setzt. Folglich beschreibt DS den Übergang zu vollständig deterministischen und somit reproduzierbaren Zufallszahlen. Beide varianzreduzierende Samplingverfahren erreichen eine perfekt geschichtete Zufallsstichprobe für die Eingangsgrößen [144, 162]. Wie in Abschnitt 1.3.5 ausgeführt, können daher die statistischen Erkenntnisse gegenüber SRS oder dem klassischen Zufallsexperiment mit verbesserter Konvergenz und folglich mit geringerer Anzahl an Simulationen N_{sim} gewonnen werden [18, 63, 98, 135, 137]. Die Schätzungen der Konfidenzintervalle gemäß Gl. (2.5) bzw. (2.7) sind demnach als konservativ zu bewerten.

Mehrdimensionale Samplingverfahren

Die Erstellung mehrdimensionaler Realisierungen kann unter anderem über Quasi–Monte–Carlo (QMC) Methoden, optimales Latin–Hypercube Sampling (oLHS) oder direktes Simple–Random Sampling der mehrdimensionalen Wahrscheinlichkeitsdichtefunktion (mSRS) erfolgen.

QMC Methoden zielen auf die nicht redundante Verteilung der Zufallszahlen im Raum, was eine gleichmäßige und vollständige Diskretisierung hochdimensionaler Probleme sichert [20, 111, 116]. Da die Zufallszahlen gemäß spezieller mehrdimensionaler Sequenzen angeordnet sind, erlaubt die Methode keine angepassten Verteilungen oder gar die Vorgabe definierter Koppelungsbedingungen zwischen den Variablen. Folglich ist die Methode für die Anforderung dieser Arbeit ungeeignet.

Eine Alternative stellen mehrdimensionale varianzreduzierende Samplingverfahren wie das **optimales Latin–Hypercube Sampling (oLHS)** dar. Hierbei können die N_b eindimensionalen Zufallsvariablen $\mathbf{b_i}$ als Randverteilungen einer mehrdimensionalen Zufallsvariable mit gemeinsamer Wahrscheinlichkeitsdichte verstanden werden, der entsprechend der Koppelungsbedingungen Elemente zugeordnet werden. Im allgemeinen Fall können hierfür sog. Copulas verschiedenste, auch nichtlineare Abhängigkeiten definieren [114, 151]. Üblicherweise wird der Korrelationskoeffizient als linearisierter Sonderfall verwendet. Er kann sowohl zur Quantifizierung mittels Gl. (2.9) bzw. (2.11) als auch zur Modellierung von Abhängigkeiten mehrdimensionaler Zufallszahlen Anwendung finden. Für die Einstellung der Korrelationsmatrix bietet sich der Ansatz des *Restricted Pairing* an [27, 72, 159]. Durch diese Herangehensweise kombiniert oLHS die Vorteile eines varianzreduzierenden eindimensionalen Samplingverfahrens mit der Möglichkeit, gewünschte Abhängigkeiten zwischen den Variablen zu definieren. Es werden nicht nur gewünschte lineare Abhängigkeiten zwischen den Eingangsgrößen ermöglicht, sondern es wird auch sichergestellt, dass unabhängige Variablen als unkorrelierte Eingangsgrößen modelliert werden. Die resultierende mehrdimensionale Zufallsvariable weist eine, zur effizienten Untersuchung hochdimensionaler Systeme vorteilhafte, hohe multivariate Homogenität auf.

Sollen die Zufallszahlen beliebige Strukturen zwischen den Randverteilungen erhalten, empfiehlt sich das direkte **Simple–Random Sampling der mehrdimensionalen Wahrscheinlichkeitsdichtefunktion (mSRS)**. Üblicherweise erfolgt die Bestimmung einer solchen Funktion $\widetilde{f}(b_i)$ aus diskreten Daten, was mit Kernelverfahren analog Gl. (2.14) erfolgen kann. Das Sampling der Realisierungen ist über das Annahme–Ablehnungsverfahren möglich [141, 165]. Hierbei werden neben den Zufallszahlen b_i noch zugeordnete Wahrscheinlichkeiten $p(b_i)$ gewürfelt, welche die abzubildende Wahrscheinlichkeitsdichte einschließen. Die innerhalb der Hüllkurve liegenden Punkte mit $p(b_i) < \widetilde{f}(b_i)$ werden als gültige Realisierung akzeptiert. Für einen hinreichend großen Stichprobenumfang weist die generierte mehrdimensionale Zufallsvariable die gleichen (ggf. nicht–trivialen) Strukturen auf wie der zugrunde liegende Datensatz. Ein zu erwähnender Nachteil ist, dass dieser SRS–basierte Ansatz die für oLHS geltende multivariate Homogenität nicht erreicht und somit die verringerten Konfidenzintervalle nicht gelten.

2.3.3. Antwortflächenverfahren

Antwortflächenverfahren (engl.: response surface method, RSM) können als vergleichsweise einfache mathematische Ersatzmodelle zur näherungsweisen Beschreibung komplexer Zusammenhänge verstanden werden. Ein allgemeiner Überblick zu diesen Verfahren kann unter anderem Montgomery [109], Neter et al. [115], Bucher [18], Simpson et al. [154] und Queipo et al. [133] sowie fokussiert auf die strömungsmechanische Auslegung von Turbomaschinen Peter und Marcelet [130] entnommen werden.

Antwortflächen können durch Methoden der mehrdimensionalen Regression eines Polynoms [165, 143], durch lokal gewichtete Regressionsmethoden wie moving least square [12, 112] oder durch interpolierende Methoden wie Kriging [74, 78, 131] und radiale Basisfunktionen [19] bereitgestellt werden. Zur Bestimmung der Freiwerte der Ansatzfunktion ist im Vorfeld die Berechnung von Stützstellen erforderlich. Üblicherweise werden die Kombinationen der Eingangsparameter durch Design of Experiment (DoE) Ansätze über Versuchspläne gewonnen [18, 165]. Alternativ können Samplingverfahren (bspw. oLHS) die Diskretisierung der Eingangsparameter gewährleisten [133]. Besonders für Fragestellungen mit vielen Eingangsgrößen und möglicherweise bestehenden Quereinflüssen stellt diese statistische Herangehensweise einen sehr effizienten Ansatz dar [63, 71, 139]. Abbildung 2.7 gibt in Anlehnung an Simpson et al. [154] einen Überblick hinsichtlich möglicher Kombinationen von Methoden zur Erstellung von Ersatzmodellen (andere Kombinationen sind ebenfalls üblich).

Die Erstellung eines Ersatzmodells verfolgt das Ziel, das wirkliche Systemverhalten bestmöglich durch ein einfacheres mathematisches Modell abzubilden, um sehr schnell die Systemantwort berechnen zu können. Diese Eigenschaft begründet die prinzipielle Motivation zur Verwendung von RSM [103]. Eine Verknüpfung von RSM und Monte–Carlo ermöglicht die effiziente Berechnung der Wahrscheinlichkeit von Ereignissen mit hoher statistischer Sicherheit. Wie Voigt et al. [167] zeigen, ist dieser Ansatz daher auch zur Ermittlung von Ausfallwahrscheinlichkeiten geeignet. Hierbei ist es unabdingbar, die Qualität der Antwortfläche in dem Bereich der Auswertung zu prüfen.

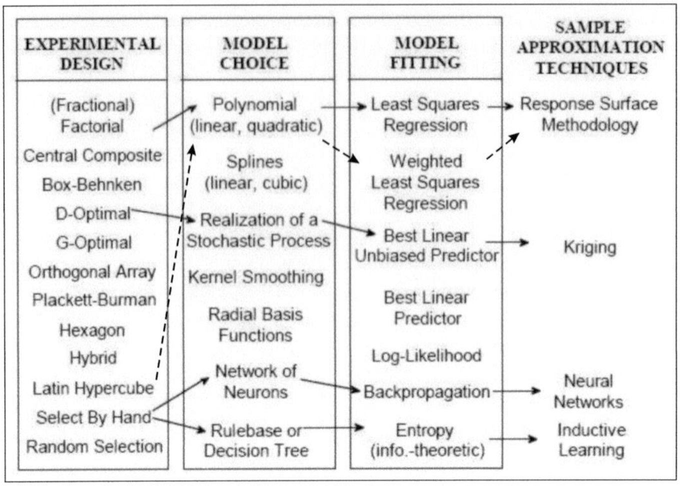

Abb. 2.7. Mögliche Kombinationen von Methoden zur Ersatzmodellerstellung [154].

Polynomiale Regression

Die Regressionsanalyse findet Anwendung, um einen funktionalen Zusammenhang zwischen N_b unabhängigen stochastischen Variablen $\mathbf{b}$ und einer abhängigen Variablen $\mathbf{y}$ zu ermitteln. Die Anzahl der Stützstellen definiert die Dimension N der Variablen. Zur Abbildung des Systemverhaltens erfolgt die Approximation eines Antwortflächenpolynoms. Bucher [18] gibt für ein Polynom erster Ordnung

$$\widetilde{y}(b_i) = A_0 + \sum_{i=1}^{N_b} A_i\, b_i \tag{2.15}$$

und für ein voll besetztes Polynom zweiter Ordnung

$$\widetilde{y}(b_i) = A_0 + \sum_{i=1}^{N_b} A_i\, b_i + \sum_{i=1}^{N_b}\sum_{j=1}^{N_b} A_{ij}\, b_i\, b_j \tag{2.16}$$

als polynomiale Ansatzfunktion an. Die Anzahl an Approximationskonstanten entsprechen $N_A = 1+N_b$ im Fall der ersten Ordnung und $N_A = 1 + 0.5\, N_b\,(N_b+1)$ für die Approximation zweiter Ordnung. Die Berechnung dieser Konstanten erfolgt durch Minimierung des Abstandes der approximierten Systemantwort $\widetilde{\mathbf{y}}$ gegenüber den bekannten Stützstellen

$$(\widetilde{\mathbf{y}} - \mathbf{y})^T\, (\widetilde{\mathbf{y}} - \mathbf{y}) \Longrightarrow \min, \tag{2.17}$$

was üblicherweise durch die Gausssche Methode der kleinsten Quadrate erfolgt. Eine Bewertung der erzielten Systemapproximation kann über das Bestimmtheitsmaß R^2 erfolgen, welches den verbleibenden Approximationsfehler nach Gl. (2.17) gegenüber der Streuung der zu approximierenden Stützstellen

$$R^2 = 1 - \frac{(\widetilde{\mathbf{y}} - \mathbf{y})^T\, (\widetilde{\mathbf{y}} - \mathbf{y})}{(\mathbf{y} - \bar{y})^T\, (\mathbf{y} - \bar{y})} \tag{2.18}$$

bewertet. Im Falle der Approximation ($N_b = 1$) mit einem Polynom erster Ordnung entspricht das Bestimmtheitsmaß dem Quadrat des in Gl. (2.9) definierten Person'schen Korrelationskoeffizienten.

Es quantifiziert den Anteil der Varianz, welcher durch das Ersatzmodell erklärt wird. Eine ideale Abbildung des Systemverhaltens ist demnach für ein Bestimmtheitsmaß von 1 gegeben. Es soll angemerkt werden, dass ein solches Ersatzmodell nicht per se eine gute Prognosefähigkeit aufweist. Ein Grund hierfür kann gegeben sein, wenn die Anzahl an Freiwerten N_A nahezu die Anzahl an Stützstellen N erreicht. In diesem Fall empfiehlt sich die Verwendung des korrigierten Bestimmtheitsmaßes

$$R^2_{adj} = 1 - \frac{N-1}{N-N_A}\,(1-R^2). \tag{2.19}$$

Most und Will [113] diskutieren die, besonders für geringe Anzahl an Stützstellen, zu optimistische Bewertung des (adjungierten) Bestimmtheitsmaßes und verweisen auf Methoden der Kreuzvalidierung zur genaueren Bewertung der Prognosefähigkeit von Ersatzmodellen, vgl. auch Beschorner et al. [7].

Wichtigkeit der Eingangsgrößen

Antwortflächenverfahren ermöglichen einen effizienten Ansatz zur Sensitivitätsanalyse und zur Bestimmung der Wichtigkeit der Eingangsgrößen. So basiert das Wichtigkeitsmaß (engl.: Coefficient of Importance, CoI) nach Bucher [18] auf einem Ersatzmodell zur Abbildung des Systemverhaltens. Der CoI erlaubt eine Bewertung der Einflüsse der unabhängigen stochastischen Variablen $\mathbf{b}$ auf die abhängige Variable $\mathbf{y}$. Die Aussagekraft des CoI ist unmittelbar durch die Qualität der Approximation bestimmt. Folglich können nur Zusammenhänge analysiert werden, die durch das Ersatzmodell abgebildet werden. Als Kriterium kann das Bestimmtheitsmaß nach Gl. (2.18) bzw. Gl. (2.19) dienen. Demnach ist der CoI als aussagekräftig einzuschätzen, wenn Werte ($R^2 > 0.8\ldots0.9$) eine gute Approximationsqualität des Ersatzmodells widerspiegeln. In diesem Fall können ebenfalls quantitative Aussagen, wie die Berechnung des Beitrags einer Eingangsgröße an der Variation der Ergebnisgröße und somit die durch diese Eingangsgröße erklärte Varianz, abgeleitet werden. Gemäß der Definition von Bucher [18] wird der CoI mit

$$I_i = \frac{R^2 - R_i^2}{R^2} \tag{2.20}$$

berechnet. Hierbei bildet R_i^2 das Bestimmtheitsmaß des Ersatzmodells ab, welches bei Vernachlässigung der Eingangsgröße b_i erzielt wird. Je größer der Abfall ($R^2 - R_i^2$), desto wichtiger ist der Eingangsparameter b_i. Um die Interpretation zu erleichtern, empfiehlt es sich die CoI auf 100% zu skalieren, womit der normierte CoI

$$I_i^* = \frac{I_i}{\sum\limits_{i=1}^{N_b} I_i}. \tag{2.21}$$

bekannt ist. Die resultierenden Anteile der Eingangsgrößen an der Ergebnisgrößenstreuung gelten, in Analogie zu vielen alternativen Methoden, exakt nur für unkorrelierte Eingangsgrößen [63, 163]. Dennoch reagiert der CoI weniger sensitiv auf teilweise korrelierte Variablen als der in Abschnitt 2.2.3 vorgestellte Korrelationskoeffizient, welcher durch Scheinkorrelationen zu falschen Rückschlüssen führen kann. Der CoI erlaubt im Falle schwach korrelierter Größen zumindest näherungsweise Aussagen über den unkorrelierten Anteil der Varianz. Es soll ergänzt werden, dass aufbauend auf der Zerlegung der Varianz in einen korrelierten und einen unkorrelierten Anteil auch eine präzise Sensitivitätsanalyse stark korrelierter Größen möglich ist, vgl. Xu und Gertner [181]. Da in dieser Arbeit eher geringe Eingangsgrößenkorrelationen behandelt werden, wird der CoI als Methode der Wahl betrachtet und vielmals verwendet.

2.3.4. Probabilistisches Simulationstool „ProSi"

Das probabilistische Simulationstool *ProSi* wurde an der TU Dresden am Institut für Strömungsmechanik entwickelt. Es beinhaltet den Preprocessor *ProSi Pre*, *ProSi Exe* zur Durchführung und

Verwaltung der deterministischen Berechnungen sowie den Postprozessor *ProSi Post* zur Auswertung der probabilistischen Simulation. Eine Beschreibung zu *ProSi* kann dem Manual [166] sowie der Dissertation von Voigt [165] entnommen werden. Als Kurzzusammenfassung des Programms sollen die wichtigsten innerhalb dieser Arbeit angewandten Funktionalitäten kurz umrissen werden.

Prosi Pre verfügt über die in Abschnitt 2.3.2 beschriebenen oLHS Methoden zur effizienten Generierung von Zufallszahlen unter Berücksichtigung ihrer Korrelationsstruktur. *ProSi Exe* erlaubt die auf verschiedenen Rechnern eines Netzwerks verteilte Durchführung der deterministischen Berechnungen, womit eine wesentliche Beschleunigung der probabilistischen Simulation erreicht und der zeitliche Mehraufwand reduziert werden kann. *Prosi Post* ist zur Auswertung probabilistischer Simulationen entwickelt worden. Es unterstützt die Auswertung der vielfachen deterministischen Ergebnisse durch Histogramme, empirische Verteilungsfunktionen sowie Streudiagramme. Mit *Prosi Post* können außerdem Zusammenhänge zwischen den stochastischen Variablen analysiert werden. Zum einen liefert die Matrix der in Abschnitt 2.2.3 eingeführten Korrelationskoeffizienten einen Überblick über die linearen und monoton nichtlinearen Zusammenhänge. Zum andern erlaubt die in Abschnitt 2.3.3 beschriebene Matrix der Wichtigkeitsmaße die Analyse nichtlinearer Einflüsse der probabilistischen Eingangsgrößen auf das Systemverhalten.

2.4. Strömungsmechanische Simulation von Axialverdichtern

In diesem Abschnitt soll kurz der Ansatz der numerischen Strömungsmechanik (CFD) im Hinblick auf aerodynamische Untersuchungen von Axialverdichtern vorgestellt werden. Im Vordergrund stehen hierbei Besonderheiten, welche sich bei der probabilistischen CFD Simulationen durch den Monte–Carlo Ansatz ergeben. Einen Schwerpunkt des Abschnittes bildet die Herleitung von anwendungsbezogenen quantitativen Auswertungsmethoden, wie sie für eine automatisierte probabilistische Simulation erforderlich sind.

2.4.1. CFD Softwareanwendung FINE^{TM}/Turbo

Die Untersuchung des strömungsmechanischen Verhaltens der Verdichter und Verdichterstufen erfolgt numerisch, wobei die kommerzielle CFD Softwareanwendung FINE^{TM}/Turbo (Fully Integrated Numerical Environment) von Numeca International in Version 8.5-1 [121] Anwendung findet.

Preprocessor

Das Programmpaket beinhaltet den Preprocessor AutoGrid [119] für standardisierte turbomaschinenspezifische Anwendungen und IGG [122] zur Erstellung von Rechennetzen im erweiterten Funktionsumfang. Ein Großteil der Netzerstellung dieser Arbeit konnte innerhalb von AutoGrid erfolgen. Es wurde die O4H–Topologie gewählt, welche einen um die Schaufeloberfläche umlaufenden O–Block mit vier angrenzenden H–Blöcken verwendet. Die Spalte an Nabe und Gehäuse sind durch eine Butterfly–Topologie vernetzt worden, womit ein umlaufender O–Block mit einbeschriebenem H–Block den Spalt abbildet. Es gilt, dass eine präzisere Lösung der Strömungsmechanik für eine höhere Netzauflösung gegeben ist. Der Fokus dieser Arbeit zielt auf den strömungsmechanischen Einfluss geringer Variationen der Schaufelgeometrie. In einer Voruntersuchung konnten Lange et al. [86] zeigen, dass ein vglw. grobes Netz mit ca. 300.000 Knoten pro Schaufelreihe in der Lage ist, diese Änderungen mit ausreichender Genauigkeit zu erfassen. Folglich wurde diese Knotenanzahl für die im Rahmen der Arbeit erstellten Rechennetze übernommen. Am Beispiel einer vernetzten Verdichterstufe ist in Abb. 2.8 die Kanalansicht sowie die meridionale Ansicht zur Verdeutlichung der realisierten Netzauflösung gezeigt.

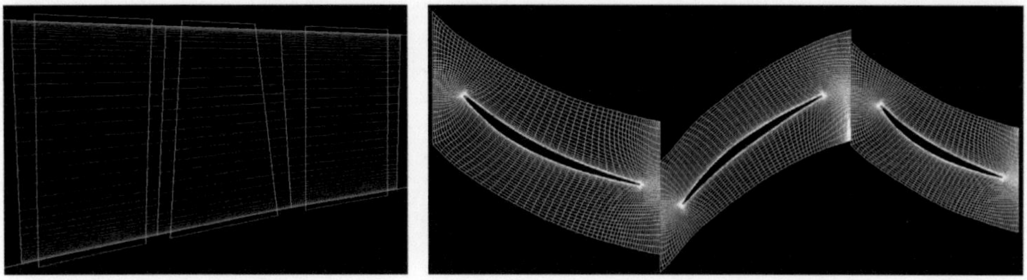

(a) Kanalansicht (b) Meridionale Ansicht

Abb. 2.8. CFD–Netz einer Verdichterstufe.

Solver

Das Modul FINE^{TM}/Turbo [121] ergänzt das numerische Netz um Rand– und Anfangsbedingungen und verwaltet die strömungsmechanische Berechnung. Die Randbedingungen können als konstante Werte oder Verteilungen an Ein– und Auslassebene des Netzes vorgegeben werden. Die beste Konvergenzrate wurde bei der Verwendung radialer Verläufe der Totalgrößen Temperatur $T_t(r)$ und Druck $p_t(r)$ sowie den Strömungswinkeln $\frac{v_r}{|v|}(r)$, $\frac{v_{tan}}{|v|}(r)$ und $\frac{v_{ax}}{|v|}(r)$ am Einlass und der Vorgabe des statischen Drucks am Auslass $p(r)$ erreicht.

Der Solver Euranus löst die Reynolds–gemittelten dreidimensionalen Navier–Stokes Gleichungen, die die physikalischen Gesetzmäßigkeiten zur Erhaltung von Impuls, Energie und Masse beschreiben. Zum Schließen des Gleichungssystems kommt ein Turbulenzmodell zur Anwendung. Es wurde das Eingleichungsmodell von Spalart und Allmaras [157] ausgewählt und für alle Berechnungen dieser Arbeit verwendet. Es ist im Bereich Aerodynamik der Turbomaschine als robustes Modell anerkannt, womit für die probabilistische Simulation wenig modellbedingte Konvergenzprobleme zu erwarten sind. Die Lösung des resultierenden Gleichungssystems erfolgt durch ein explizites iteratives Verfahren, mit dem Ziel eine mathematische Beschreibung der Strömung anhand der Felder für Geschwindigkeit, Temperatur und Druck zu berechnen. Im Postprocessing können hieraus alle weiteren Feldgrößen sowie für Verdichter und Verdichterstufen typische Kennzahlen abgeleitet werden. Im Hinblick auf die Verdichteraerodynamik sind, wie in Abschnitt 2.4.2 ausgeführt, zumeist integrale Größen, welche zwischen Ein– und Auslassebene bilanzieren von Interesse.

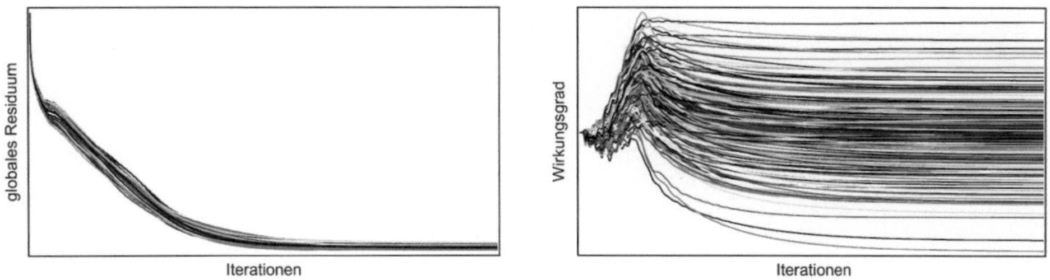

(a) Verlauf des globalen Residuums (b) Verlauf einer globalen Ergebnisgröße

Abb. 2.9. Konvergenzverlauf einer probabilistischen CFD–Simulation mit 200 Berechnungen.

Bei dem angesprochenen expliziten Lösungsverfahren nimmt mit zunehmender Anzahl an durchgeführten Iterationen das Residuum der Lösung bis zu einem minimalen Wert ab. Im Hinblick auf die durchgeführten probabilistischen Simulationen ist es von vorrangiger Bedeutung, die Simulationen bis zur vollständig auskonvergierten Lösung zu berechnen. Nur so ist sichergestellt, dass die ggf. geringen Änderungen der Ergebnisse zwischen den unterschiedlichen Realisierungen durch die Numerik korrekt erfasst und nicht Konvergenzfehler ausgewertet werden. Erklärend ist hierzu in Abb. 2.9(a) das globale Residuum von 200 probabilistischen Realisierungen geplottet. Es ist zu erkennen, dass bereits nach etwa der Hälfte der durchgeführten Iterationen kaum noch eine Verringerung der ohnehin sehr homogen verlaufenden Residuen erreicht wird. Dennoch zeigt Abb. 2.9(b), dass auch nach diesem Punkt noch z.T. wesentliche Änderungen der Ergebnisgröße zu verzeichnen sind. Erst nach allen durchgeführten Iterationen sind die Verläufe annähernd gradientenfrei und somit die Lösungen hinreichend genau bestimmt.

Postprozessor

Als Postprozessor bietet NUMECA das Modul CFView [120] an. Es ermöglicht die grafische Auswertung der Simulationsergebnisse und ist dem Verständnis der Strömung sowie der Visualisierung der Strömungsergebnisse dienlich. Besonders im Hinblick auf die durchgeführten probabilistischen Untersuchungen verschiebt sich der Fokus des Postprocessing jedoch weg von der grafischen Analyse und hin zu spezifischen quantitativen Kriterien. Die hierfür einwickelten Methoden werden im nachfolgenden Abschnitt 2.4.2 vorgestellt.

2.4.2. Benutzerdefiniertes Postprocessing

Probabilistische Prozesse erfordern über das übliche und zumeist grafische Postprocessing hinaus quantitative Methoden, die zu jeder deterministischen Lösung repräsentative Kennwerte ableiten. Ein automatischer Ansatz ist bei der z.T. hohen Anzahl an deterministischen Berechnungen unerlässlich und bildet die Basis für die statistische Auswertung der probabilistischen Simulation.

Koordinatensysteme

Innerhalb der Arbeit findet die NUMECA–typische Beschreibungsweise Verwendung. Hierbei gilt die z–Achse als Rotationsachse. Abbildung 2.10 zeigt die drei angewendeten Koordinatensysteme. Ergänzend zu dem dreidimensionalen kartesischen und zylindrischen Verdichterkoordinatensystem bietet das meridionale Stromlinienkoordinatensystem die Möglichkeit einer längenkonformen Auswertung auf der Stromlinie.

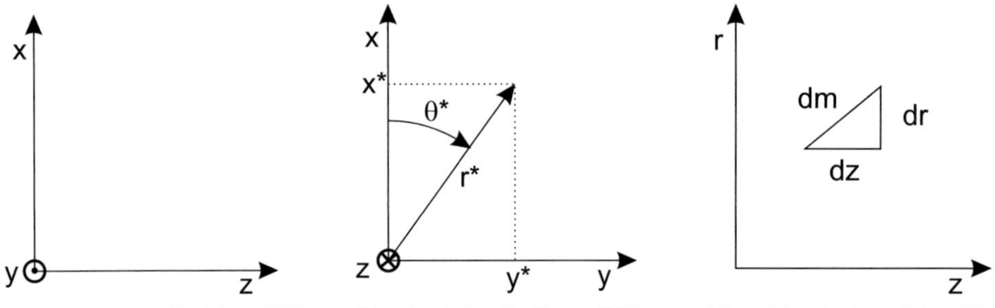

(a) kartesisches Verdichter–KOS (b) zylindrisches Verdichter–KOS (c) meridionales Stromlinien–KOS

Abb. 2.10. Koordinatensysteme.

Bilanzebenen

Die Erläuterung der strömungsmechanischen Auswertealgorithmen erfolgt anhand der Skizze einer Verdichterstufe in Abb. 2.11. Hier sind der Einlass „inlet“, der Auslass „outlet“ sowie die beiden Mischungsebenen (engl. mixing plane) zwischen den stehenden und rotierenden Blöcken „MP_1“ und „MP_2“ abgebildet. Diese r(z) Linien bilden die Bilanzebenen der nachfolgend beschriebenen Auswertung.

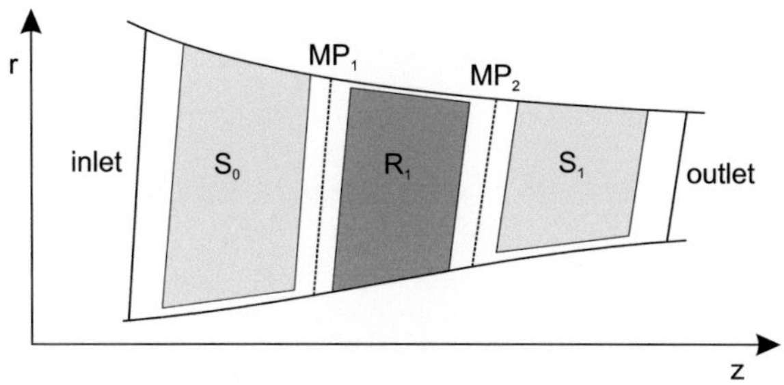

Abb. 2.11. Bilanzebenen der Verdichterstufe.

Stromlinienbasierte Auswertung

Die Auswertung strömungsmechanischer Größen entlang einer angenommenen Stromlinie gleichen Massenstroms ist für viele Fragestellungen vorteilhaft. Hierzu wird eine Referenzdiskretisierung am Einlass, welche durch die Indizes j bekannt ist auf den Auslass zu den Indizes sl übertragen. Als Kriterium zur Bestimmung eines zu j^* gehörenden Wertes sl, welcher folglich kein Integerwert ist, gilt das Erreichen des gleichen kumulierten Massenstroms

$$\sum_{j}^{sl} \dot{m}_{out,j} = \sum_{j}^{j^*} \dot{m}_{in,j} \Longrightarrow sl. \tag{2.22}$$

Durch Anwendung von Gl. (2.22) auf alle j am Einlass folgt ein korrespondierender Vektor $\vec{sl}$ der Dimension N_j. Zur stromlinienbasierten Auswertung ist die Ergebnisgröße am Einlass mit dem Index j zu dem gemäß sl_j interpolierten Wert der Ergebnisgrößenverteilung am Auslass ins Verhältnis zu setzen. An die stromlinienbasiert abgeleiteten Vektoren schließt sich die Berechnung gemittelter Werte an. Im Rahmen der Arbeit erfolgt diese Mittelung nicht energetisch, sondern vereinfacht auf Basis des Massenstroms. Für eine Ergebnisgröße y folgt

$$y = \frac{1}{\dot{m}} \sum_{j}^{N_j} \dot{m}_j \, y_j \, . \tag{2.23}$$

Der Genauigkeitsverlust gegenüber der exakten energetischen Mittlung wird im Hinblick auf den Schwerpunkt der Arbeit (Bewertung des Einflusses der geometrischen Variabilität) als vernachlässigbar eingeschätzt.

Abgeleitete Stufenergebnisse

Zur stufenbasierten Auswertung findet die in Abb. 2.11 eingeführte Konvention mit „MP_1“ als Einlassebene nachfolgend bezeichnet als „in“ und „outlet“ als Auslassebene nachfolgend bezeichnet als

„out“ Verwendung. Zur Berechnung sind für beide Ebenen als Bezug jeweils das ruhende (zu dem Stator gehörende) System zu wählen. Das **Stufentotaldruckverhältnis** ergibt sich durch das Verhältnis des Totaldrucks am Auslass zum Einlass

$$\pi_j = \frac{p_{t,out,sl}}{p_{t,in,j}}. \tag{2.24}$$

Ausgehend von π_j entlang einer Stromlinie schließt sich die massenstromgemittelte Berechnung des Stufentotaldruckverhältnisses an

$$\pi_{ST} = \frac{1}{\dot{m}} \sum_{j}^{N_j} \dot{m}_j \, \pi_j \, . \tag{2.25}$$

Der **isentrope Stufenwirkungsgrad** entlang der Stromlinie gilt unter der Annahme einer konstanten spezifischen Wärmekapazität

$$\eta_j = \frac{\Delta T_{t,is,j}}{\Delta T_{t,j}} \tag{2.26}$$

mit den Änderungen der Totaltemperatur

$$\Delta T_{t,j} = T_{t,out,sl} - T_{t,in,j} \tag{2.27}$$

sowie der Änderung der Totaltemperatur des isentropen Vergleichsprozesses

$$\Delta T_{t,is,j} = T_{t,in,j} \left[\pi_j^{\frac{\kappa-1}{\kappa}} - 1 \right] . \tag{2.28}$$

Das hierbei erforderliche Verhältnis der Totaldrücke auf den gleichen Stromlinien ist durch Gl. (2.24) bekannt. Ausgehend von dem Wirkungsgrad η_j erfolgt die massenstromgemittelte Berechnung des repräsentativen skalaren Wertes

$$\eta_{ST} = \frac{1}{\dot{m}} \sum_{j}^{N_j} \dot{m}_j \, \eta_j \tag{2.29}$$

für den Stufenwirkungsgrad.

Abgeleitete Reihenergebnisse

Zur reihenbasierten Auswertung gelten die in Abb. 2.11 eingeführten Mischungsebenen. Als Bilanzgrenzen des Rotors wird „MP_1“ als „in“ und „MP_2“ als „out“ verwendet. Im Falle des Stators liegt „in“ bei „MP_2“ und „out“ bei „outlet“. Für die nachfolgend abgeleiteten Gleichungen sind zur Berechnung des Rotors für beide Ebenen die Werte aus dem rotierenden System und für den Stator die Werte aus dem ruhenden System zu verwenden.

Die **Strömungsumlenkung** wird anhand der Strömungswinkel zwischen tangentialer und axialer Komponente des Geschwindigkeitsvektor definiert, womit

$$\beta = \arctan\left(\frac{w_{tan}}{v_{ax}}\right) \quad \text{bzw.} \quad \alpha = \arctan\left(\frac{v_{tan}}{v_{ax}}\right) \tag{2.30}$$

für die Winkel an Ein– und Auslass im Relativsystem β sowie im Absolutsystem α gilt. Die Strömungsumlenkung ist anhand der Differenzwinkel

$$\Delta\beta_j = \beta_{out,sl} - \beta_{in,j} \quad \text{bzw.} \quad \Delta\alpha_j = \alpha_{out,sl} - \alpha_{in,j}. \tag{2.31}$$

zwischen Auslass– und Einlassebene definiert. Die massenstrombasierte radiale Mittelung führt auf die repräsentativen Mittelwerte

$$\Delta\beta = \frac{1}{\dot{m}} \sum_{j} \Delta\beta_j \, \dot{m}_j \quad \text{bzw.} \quad \Delta\alpha = \frac{1}{\dot{m}} \sum_{j} \Delta\alpha_j \, \dot{m}_j \, . \tag{2.32}$$

Der **Totaldruckverlustbeiwert** vergleicht den Totaldruckverlust über eine Reihe entlang einer Stromlinie bezogen auf den dynamischen Druck am Einlass

$$y_{p,j} = \frac{p_{t,in,j} - p_{t,out,sl}}{p_{t,in,j} - p_{in,j}}, \tag{2.33}$$

woraus durch massenstrombasierte radiale Mittelung der gemittelte Totaldruckverlustbeiwert

$$y_p = \frac{1}{\dot{m}} \sum_{j}^{N_j} \dot{m}_j \, y_{p,j} \tag{2.34}$$

folgt. Der **Druckbeiwert** beschreibt den statischen Druck auf der Schaufeloberfläche für den Index k normiert auf den dynamischen Druck am Einlass

$$c_{p,k} = \frac{p_k}{p_{tin} - p_{in}}. \tag{2.35}$$

Weitergehend erlaubt die Differenz von Druck– zu Saugseitenwerten gleicher Sehne

$$\Delta c_{p,k} = c_{p,k,d} - c_{p,k,s} \tag{2.36}$$

die Berechnung eines entlang der Sehne aufgelösten Kennwertes zur Belastung des Profils.

2.4.3. Statistisches Postprocessing

Der Gedanke des statistischen Postprocessing oder *Statistics on Passage* (SoP) ist es, strömungsmechanische Simulationen durch Felder statistischer Kennwerte auszuwerten. Die Methodik wurde von Lange et al. [88] eingeführt und geht auf vergleichbare statistische Ansätze zum Postprocessing strukturmechanischer Simulation zurück, wie bspw. Statistics on Structure (SoS) von Bayer und Roos [4].

Die Basis der SoP–Auswertung sind die N_{node}–dimensionalen Strömungsfelder der N_{sim} probabilistischen Realisierungen. Im Falle eindimensionaler Feldgrößen — bspw. dem statischen Druck p — formen die resultierenden Daten eine Matrix

$$\mathbf{p} = \begin{bmatrix} p_{1,1} & \cdots & p_{1,N_{sim}} \\ \vdots & \ddots & \vdots \\ p_{N_{node},1} & \cdots & p_{N_{node},N_{sim}} \end{bmatrix}, \tag{2.37}$$

welche für jede Realisierung die Werte aller Zellen zusammenfasst. Aus dieser Matrix wird für jede Zeile eine N_{sim}-dimensionale stochastische Variable extrahiert, die hinsichtlich ihrer statistischen Eigenschaften auszuwerten ist. Hierzu zählen neben dem Mittelwert nach Gl. (2.3) und der Standardabweichung nach Gl. (2.4) auch Quantile oder Korrelationskoeffizienten nach Gl. (2.11) des Vektors mit den stochastischen Eingangsgrößen. Die ermittelten statistischen Kennwerte sind für jede Zelle des Netzes bekannt und werden als Ergebnisgrößenfelder hinterlegt. Ein „3D–Viewer“ erlaubt die grafische Auswertung dieser Felder.

Zur Verdeutlichung der SoP–Methode dient Abb. 2.12. Hier ist eine probabilistische CFD–Simulation anhand der Ergebnisgröße statischer Druck auf einem Schnitt konstanter Spannweitenkoordinate ausgewertet worden. Von den N_{sim} berechneten Realisierungen wurden beispielhaft drei ausgewählt, um die Datenbasis zu repräsentieren. Als Ergebnisse werden die statistischen Plots des Mittelwertes, der Standardabweichung sowie des Korrelationskoeffizienten gegenüber einer Eingangsgröße gezeigt. Der Mehrwert dieses Ansatzes soll anhand des Feldes der Standardabweichung erläutert werden. So ist direkt ersichtlich, in welchem Bereich des Rechengebietes sich die Feldgröße stark ändert und wo sie sich annähernd konstant verhält.

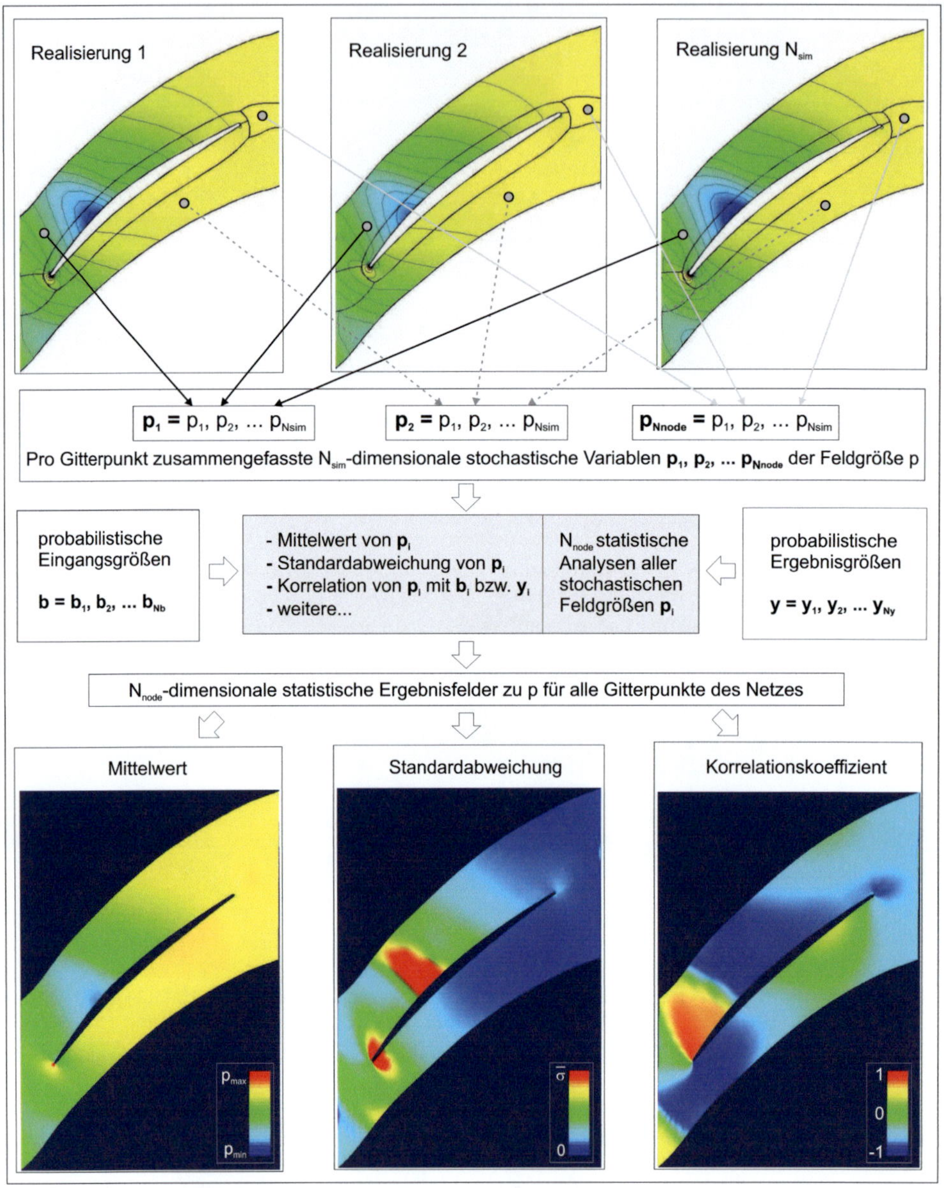

Abb. 2.12. Statistisches Postprocessing probabilistischer CFD–Simulationen mit SoP.

3. Parameterbasiertes geometrisches Modell realer Verdichterschaufeln

3.1. Profilschnitte

Die Vermessung der Verdichterschaufeln erfolgt anhand des in Abschnitt 2.1 beschriebenen Verfahrens der optischen Messtechnik. Als Ergebnis dieses Digitalisierungsprozesses liegt die Punktewolke, bzw. das triangulierte Polygonnetz, registriert mit der Referenzgeometrie und somit in dem Koordinatensystem des Verdichters vor. Die Punkte der diskreten Schaufeloberfläche weisen vorerst keine Strukturierung auf. Ein Vektor $\vec{x}_n$ mit $N_n \approx 10^6$ dreidimensionalen Elementen beschreibt die Geometrie. Die Einteilung in Profilschnitte ermöglicht die radiale Strukturierung der Punktewolke. Dass dieser Schritt im Postprocessing der eigentlichen Messung erfolgt, gilt als Vorteil des optischen gegenüber dem taktilen Messprinzip, bei dem mit zeitlich vertretbarem Aufwand nur Punkte entlang vorher definierter Kurven aufgenommen werden können. Die entwickelte Methode ist flexibel hinsichtlich der Anzahl sowie des Verlaufes der Profilschnitte, der durch einen beliebigen analytischen Zusammenhang $r_j(z)$ definiert wird. Üblich ist es, den Verlauf der Stromlinie j durch lineare Interpolation von Nabenkontur $r^{s0}(z)$ und Gehäusekontur $r^{s1}(z)$ zu gewinnen, womit

$$r_j(z) = s_j\, r^{s0}(z) + (1 - s_j)\, r^{s1}(z) \tag{3.1}$$

gilt. Jedem Profilschnitt wird dabei eine Spannweitenkoordinate s_j zugeordnet, welche als dimensionslose radiale Koordinate zwischen Nabe und Gehäuse

$$s_j = \frac{r_j - r^{s0}}{r^{s1} - r^{s0}} \tag{3.2}$$

verstanden werden kann. Durch Rotation der Kurve $r_j(z)$ entsteht eine Rotationsfläche, anhand der die Profilschnitte extrahiert werden. Jeder Punkt des Profilschnittes entspricht dem Durchstoßpunkt des Vektors zweier geeigneter Punkte der Punktewolke durch die Rotationsfläche. Liegt allein die Punktewolke vor, so sind geeignete Punkte anhand ihres Abstandes zueinander und ihrer Lage relativ zur Rotationsfläche auszuwählen. Im Falles eines triangulierten Polygonnetzes können Punkte eines gemeinsamen Dreiecks verwendet werden. Die eigentliche Berechnung des Durchstoßpunktes sollte iterativ erfolgen. Hierbei wird die Rotationsfläche um den erwarteten Durchstoßpunkt linearisiert und anhand der algebraischen Grundaufgabe ein verbesserter Durchstoßpunkt durch die Ebene abgeleitet. Als Ergebnis der Iteration ist ein Punkt der Profillinie $\vec{x}_k = [x_k,\, y_k,\, z_k]^T$ bekannt.

Der beschriebene Ansatz ermöglicht die Überführung der Punktewolke in eine durch Profilschnitte strukturierte Beschreibung. Abbildung 3.1 verdeutlicht dies durch die Projektion einer gemessenen Schaufel mit $N_j = 49$ äquidistant verteilten Profilschnitten in die rz-Ebene. Jeder Profilschnitt wird durch etwa $N_k \approx 500$ Punkte repräsentiert. Die berechneten Punkte eines Profilschnittes befinden sich auf der dreidimensionalen Rotationsfläche des Verdichterkoordinatensystems.

3.2. Konforme Abbildung

Die konforme Abbildung der 3D–Koordinaten in eine zweidimensionale Beschreibung ermöglicht eine vereinfachte und effizientere Datenhaltung sowie die Anwendung einfacherer und robusterer Algorith-

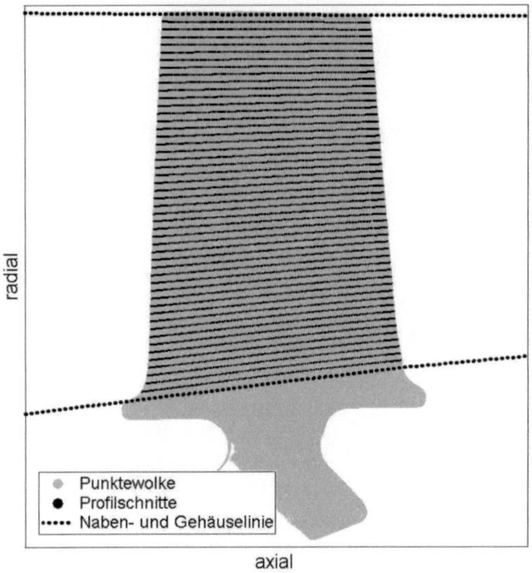

Abb. 3.1. Punktewolke und Profilschnitte einer gescannten Schaufel im Verdichter–KOS.

men. Diese Abbildungsvorschrift erlaubt die längenkonforme Überführung von verbundenen Punkten und ist somit auf geschlossene Profilschnitte mit identischem Anfangs– und Endpunkt anwendbar.

Die **Transformation** der Profilschnitte von dem kartesischen 3D–KOS $[x_k, y_k, z_k]$ in das 2D–Stromlinienkoordinatensystem erfolgt unter Erhaltung der wirklichen Längen. Für diese konforme Abbildung wird die meridional verlaufende Koordinate m sowie die orthogonal orientierte Koordinate $r\theta$ eingeführt (vgl. Abb.2.10(c)). Die meridionale Koordinate ist mit

$$\mathrm{d}m^2 = \mathrm{d}r^2 + \mathrm{d}z^2 \tag{3.3}$$

definiert. Für die Transformation diskreter Punkte folgt mit dem Winkel θ sowie der radialen Koordinate r des zylindrischen KOS

$$\theta_k = \arctan\frac{y_k}{x_k} \quad \text{und} \quad r_k = \sqrt{y_k^2 + x_k^2} \tag{3.4}$$

die Koordinate m_k über

$$\begin{aligned} r\theta_k &= r_k\,\theta_k \\ m_k &= m_{k-1} \pm \sqrt{(r_k - r_{k-1})^2 + (z_k - z_{k-1})^2} \quad (+ \text{ für } \Delta z_k > 0; - \text{ für } \Delta z_k < 0)\,, \end{aligned} \tag{3.5}$$

wobei die meridionale Koordinate m_{k-1} des vorherig transformierten Profilpunktes bereits gegeben ist. Folglich sind die Koordinaten des Profilpunktes sowohl im Zylinderkoordinatensystem $[z_k,\ r_k,\ \theta_k]$ als auch im 2D–Stromlinienkoordinatensystem $[r\theta_k,\ m_k]$ bekannt.

Zur **Rücktransformation** eines Profils, welches ausschließlich im 2D–Stromlinienkoordinatensystem vorliegt, gilt es Gl. (3.5) umzukehren. Das Ziel ist es, die unbekannten Koordinaten x_k, y_k, z_k, r_k sowie θ_k der 3D–Koordinatensysteme anhand der bekannten Koordinaten m_k und $r\theta_k$ zu bestimmen. Aufbauend auf der Definition der meridionalen Koordinate nach Gl. (3.3) folgt für die axiale Koordinate

$$z_k = z_{k-1} \pm \sqrt{(m_k - m_{k-1})^2 - (r_k - r_{k-1})^2} \quad (+ \text{ für } \Delta m_k > 0; - \text{ für } \Delta m_k < 0)\,, \tag{3.6}$$

wobei z_{k-1} als axiale Koordinate des vorangegangenen Profilpunktes bereits bekannt ist. Die radialen Komponenten sind durch den Verlauf der Stromlinie $r = r_j(z)$ gegeben. Die Lösung des resultierenden Gleichungssystems ist allgemeingültig nur durch einen iterativen Ansatz, d.h. durch initiale Schätzung und iterative Verbesserung von z_k gegeben. Die verbleibenden Koordinaten werden über

$$\begin{aligned} \theta_k &= r\theta_k / r_k \\ x_k &= r_k \cos\theta_k \\ y_k &= r_k \sin\theta_k \end{aligned} \tag{3.7}$$

bestimmt. Als Ergebnis dieser Transformation sind die Punkte des Profilschnittes sowohl im kartesischen $[x_k, y_k, z_k]$ als auch im zylindrischen $[z_k, r_k, \theta_K]$ Koordinatensystem bekannt.

3.3. Symmetrische Profilzerlegung

Die symmetrische Zerlegung des Profilschnittes basiert auf der Berechnung der Skelettlinie, welche das Profil in die druckseitige und saugseitige Hälfte teilt. Hierfür wurde ein zweistufiger Algorithmus entwickelt. Eingangs erfolgt die Berechnung der Rollradienmittelpunkte, welche den Verlauf der approximierten Skelettlinie vorgeben. Anschließend greift ein Algorithmus zur Rückführung jedes Profilpunktes auf den zu Grunde liegenden Skelettlinienpunkt zur Bestimmung der inversen Skelettlinie.

3.3.1. Rollradienmethode

Auf Basis der Punkte des Profilschnittes $\vec{x}_k$ erfolgt mit der Rollradienmethode (RRM) zunächst die Berechnung einer approximierten Skelettlinie. Hierbei werden innerhalb des Profils, wie von Schröder [152] beschrieben, imaginäre Kreise mit zunehmenden Radius abgerollt. Schneiden sich die Trajektorien der Kreismittelpunkte, ist ein Skelettlinienpunkt der Rollradienmethode bestimmt, wie Abb. 3.2 verdeutlicht. Weiterhin ist die Profildicke als Durchmesser des Rollkreises bekannt. Hiermit lassen

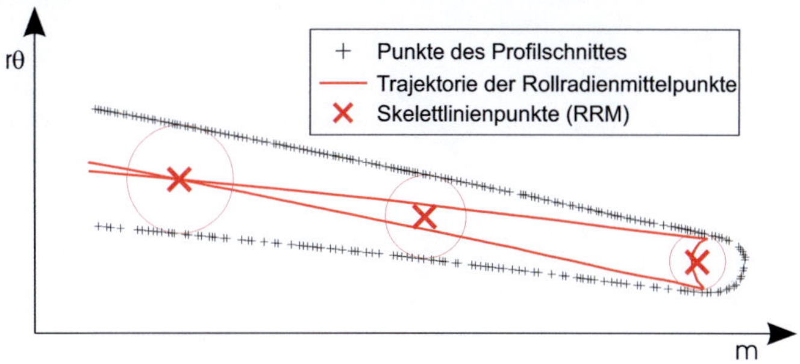

Abb. 3.2. Skelettlinienpunkt als Schnittpunkt der Trajektorie eines Rollradius.

sich die maximale Dicke sowie die Dickenrücklage ableiten. Der Wert der maximalen Dicke kann recht gut bestimmt werden. Seine Rücklage hingegen ist vergleichsweise ungenau, da auf Grund von schleifenden Schnitten im Bereich der maximalen Profildicke die Positionen unscharf werden. Aus den Schnittpunkten der kleinsten Kreise können weiterhin die minimale Profildicke und somit die Radien von Vorder- und Hinterkante abgeschätzt werden. Für eine detailliere Auflösung der Parameter ist jedoch eine sehr hohe Anzahl der Iterationen erforderlich, wodurch die Lösung sehr zeitaufwendig wird. Weiterhin ist die RRM ein symmetrisches Modell, d.h. elliptische Vorder- oder Hinterkanten werden nicht erkannt. Die Methode stellt jedoch eine robuste Möglichkeit dar, einen ersten numerischen Zugang zum Profilschnitt zu schaffen.

3.3.2. Algorithmus zur inversen Skelettlinenberechnung

Zum Zwecke höherer Genauigkeit soll aufbauend auf dem Verlauf der Rollradienmittelpunkte zu jedem Punkt des Profilschnittes $\vec{x}_k$ der korrespondierende Punkt der Skelettlinie $\vec{x}_k^{ske}$ bestimmt werden. Die Diskretisierung des gemessenen Profilschnittes bestimmt somit die Diskretisierung der Skelettlinie. Folglich kann diese Herangehensweise als inverse Methode verstanden werden, da sie der Zerlegung des Profils gemäß der klassischen Beschreibung von Verdichterprofilen z.B. nach Traupel [164] entspricht.

Der inverse Algorithmus baut auf einer mit geringer Anzahl an Iterationen ($N_i \approx 10$) vorangegangenen Berechnung mit der Rollradienmethode auf. Die Koordinaten der dabei berechneten Rollradienmittelpunkte dienen als Stützpunkte eines Polynoms, welches die approximierte Skelettlinie definiert. Hierbei ist zu beachten, dass über den gesamten Bereich der Sehne Stützpunkte bekannt sind, um eine erfolgreiche Approximation zu gewährleisten. Im Rahmen dieser Arbeit fand ein Polynom vierter Ordnung

$$\widetilde{r\theta}(m) = A_0 + A_1\, m + A_2\, m^2 + A_3\, m^3 + A_4\, m^4 \tag{3.8}$$

Anwendung, welches sich für verschiedene untersuchte Verdichterprofile als geeignet zeigte. Die weitreichende Anwendbarkeit kann z.T. dadurch begründet werden, dass im weiteren Verlauf der Berechnung nicht die Kurve an sich sondern lediglich der Anstieg dieser Approximation $(\mathrm{d}\widetilde{r\theta}/\mathrm{d}m)$ Verwendung findet. In diesem Zusammenhang rückt die Eigenschaft eines geschlossenen Polynoms in den Vordergrund. Es bildet eine global vermittelnde Approximation und bleibt insensitiv gegenüber einzelnen Ausreißern. Diese stabilisierende Eigenschaft ist bei alternativ möglichen Spline–basierten Approximationen nur bedingt gegeben.

Die Berechnung der Skelettlinie der inversen Methode basiert darauf, einen Zusammenhang der Profilpunkte von Druck- und Saugseite herzustellen. Da die Punkte des Profilschnittes zufällig verteilt sind, existiert diese Zuordnung nicht. Somit ist es erforderlich, den jeweiligen Partner des Profilpunktes auf der gegenüber liegenden Seite durch lokale Approximation der Profilkontur zu interpolieren. Hierzu wird eine durch $\vec{x}_k$ verlaufende und normal zur approximierten Skelettlinie $\widetilde{r\theta}(m)$ orientierte lineare Funktion bestimmt. Der Schnittpunkt dieser Funktion mit der approximierten Profilkontur auf der gegenüberliegenden Seite legt den Partner des untersuchten Profilpunktes fest. Er soll mit $\vec{x}_{k^*}$ bezeichnet werden. Die Koordinaten des Skelettlinienpunktes sind nun über den Mittelpunkt des Vektors beider Profilpunkte

$$\vec{x}_k^{ske} = \frac{1}{2}\,(\vec{x}_k + \vec{x}_{k^*}) \tag{3.9}$$

definiert. Weiterhin entspricht der Betrag des Vektors zwischen den Profilpunkten

$$t_k = |\vec{x}_k - \vec{x}_{k^*}| \tag{3.10}$$

der Profildicke. In Abb. 3.3 ist die Zusammenführung von Druck– und Saugseitenpunkt durch den inversen Skelettlinienalgorithmus beispielhaft anhand eines gemessenen Profilschnittes gezeigt.

Die Annahmen des inversen Skelettlinienalgorithmus sind erfüllt, wenn Profillinie und approximierte Skelettlinie nahezu parallel verlaufen. Dies gilt für Verdichterprofile über einen weiten Bereich der Sehnenlänge, nicht jedoch in der Nähe von Vorder- und Hinterkante. In diesem Teilbereich des Profils verlaufen die Normale der approximierten Skelettlinie und die Profillinie nahezu parallel. Die erforderliche Genauigkeit wird durch die resultierenden schleifenden Schnitte nicht mehr erreicht. Als Ausweg bietet sich die Extrapolation der bekannten Skelettlinie in den Vorder– und Hinterkantenbereich an. Für die untersuchten Verdichterprofile zeigt sich, dass diese Genauigkeitsprobleme nur auf einen

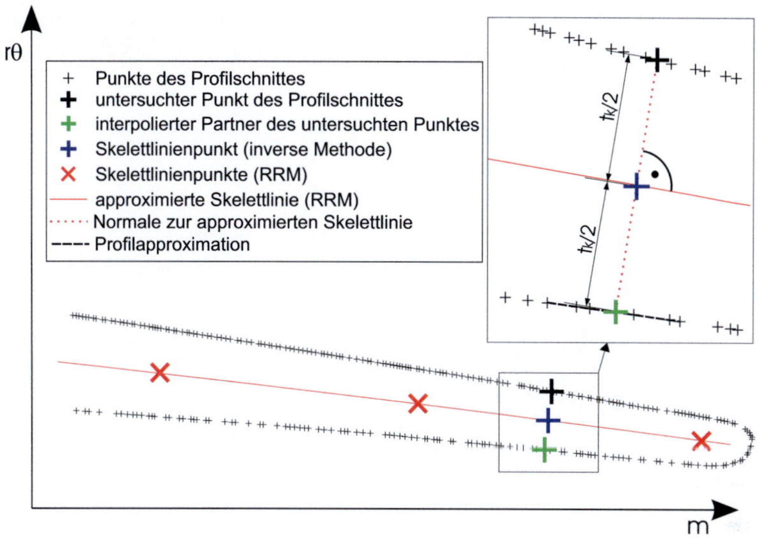

Abb. 3.3. Skizze zum inversen Skelettlinien-Algorithmus.

sehr geringen Teil der Sehnenlänge zutreffen. Der beeinflusste Bereich kann aus dem Verhältnis der summierten Radien an Vorder- und Hinterkante zur Sehnenlänge mit

$$\frac{r_{vk} + r_{hk}}{c} \approx 1 \dots 2\% \tag{3.11}$$

geschätzt werden. Im Bereich der Extrapolation wird das Lot vom Profilpunkt auf die Extrapolation der vorher berechneten Skelettlinienpunkte gefällt. Der dadurch definierte Fußpunkt wird als zum Profilpunkt gehöriger Skelettlinienpunkt akzeptiert. Folglich ist die Forderung, die Skelettlinienpunkte aller Profilpunkte zu ermitteln, erfüllt.

Aus der vollständig bekannten Skelettlinie kann die Sehenlinie abgeleitet werden, welche im Stromlinienkoordinatensystem als gerade Verbindung vom ersten zum letzten Punkt der Skelettlinie definiert ist. Für jeden Punkt der Skelettlinie $\vec{x}^{ske}$ wird der korrespondierende Sehnenlinienpunkt $\vec{x}^{seh}$ durch Fällen des Lotes auf die Sehnenlinie ermittelt. Abb. 3.4 zeigt beispielhaft die Profilkontur sowie die invers berechnete Skelett- und Sehnenlinie. Es ist deutlich zu erkennen, dass die Diskretisierung des Profils die Punkteverteilung der beiden berechneten Linien vorgibt. Aufbauend auf den Koordinaten der Skelett- und Sehnenlinie ist die Profilwölbung als Betrag des Vektors zwischen beiden Punkten

$$w_k = \left| \vec{x}_k^{ske} - \vec{x}_k^{seh} \right| \tag{3.12}$$

bekannt. Die Kurve, die sich bei Darstellung der Profilwölbung über der Sehnenlinie ergibt, wird als Wölbungsverteilung und die der Profildicke analog als Dickenverteilung bezeichnet.

3.3.3. Bewertung des Algorithmus zur symmetrischen Profilzerlegung

Die Berechnung der inversen Skelettlinie stellt den zentralen Punkt bei der Zerlegung des Profilschnittes dar. Mit dem zweistufigen Algorithmus ist ein robuster und hoch auflösender Ansatz entwickelt worden. Der Abgleich beider Skelettlinien erlaubt, wie Abb. 3.5 zeigt, eine Möglichkeit zur Kontrolle

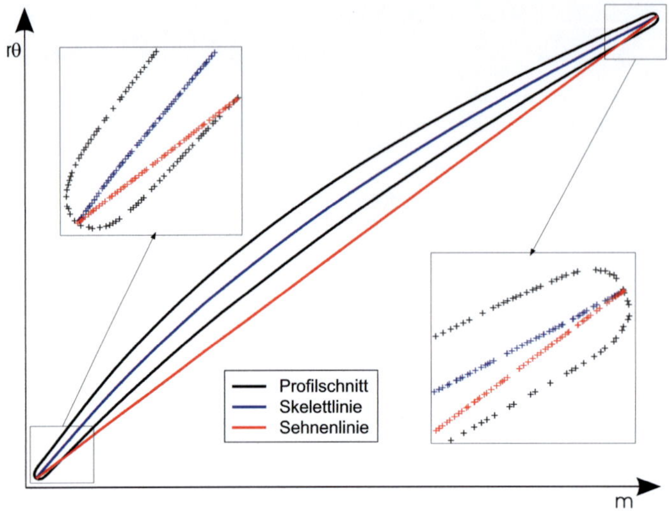

Abb. 3.4. Vom Profilschnitt abgeleitete inverse Skelett– und Sehnenlinie.

der berechneten Skelettlinie. Für schlanke Verdichterprofile sollten beide Kurven nahezu perfekt übereinander liegen. Weiterhin ermöglicht die Dickenverteilung die Validierung des inversen Verfahrens. Da die Punkte nach dem Sortieren gemäß aufsteigender Sehnenlänge ihren Ursprung abwechselnd auf der Druck- und Saugseite haben, kann eine zackig verlaufende Dickenverteilung auf Probleme bei der symmetrischen Zerlegung und somit einer nicht mittig berechneten Skelettlinie hinweisen.

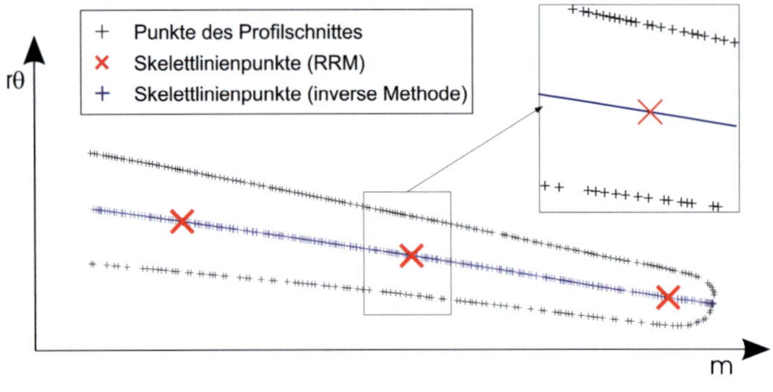

Abb. 3.5. Skelettlinienpunkte der Rollradienmethode und der inversen Methode.

Wesentliche Verbesserungen der inversen Methode bestehen in der insgesamt detaillierteren Auflösung. Insbesondere nahe der Vorder– und Hinterkante können somit Geometrien besser aufgelöst und analysiert werden. Diese Verbesserungen erlauben die in Abschnitt 3.4 hergeleitete detaillierte inverse parametrische Beschreibung von Verdichterprofilen.

3.4. Identifikation geometrischer Parameter

Die Analyse der in Abschnitt 3.3.2 abgeleiteten Dicken– und Wölbungsverteilung sowie der inversen Skelett– und Sehnenlinie erlaubt die Identifikation geometrischer Parameter des zu Grunde liegenden realen Profilschnittes. Die verwendeten Parameter ähneln klassischen Profilparametern und repräsentieren häufig die Basis im Auslegungsprozess — wenngleich die 3D–Geometrie der Schaufel schlussendlich zumeist durch geschlossene Freiformflächen beschrieben wird [136]. So hat sich neben der NURBS–basierten Beschreibung von individueller Druck– und Saugseitenkontur, besonders für Verdichterprofile, die klassische Methode der Überlagerung von Dicken- und Wölbungsverteilung auch in aktuellen Applikationen zur Auslegung etabliert [55]. Der Parametersatz des entwickelten Modells orientiert sich an dieser klassischen Profilbeschreibung. Die $N_q = 18$ Profilparameter

$$\vec{P} = P_q = [ax, tan, \lambda, c, w_{max}, x_{w,max}, t_{max}, x_{t,max}, t_{vk}, x_{t,vk}, t_{hk}, x_{t,hk}, \beta_{vk}, \beta_{hk}, \Delta t_{vb}, x_{t,vb}, \Delta t_{hb}, x_{t,hb}]^T \tag{3.13}$$

sind durch Lage, Länge und Anstieg der Sehnenlinie (Abschnitt 3.4.1), durch Eigenschaften der Dicken– und Wölbungsverteilung (Abschnitt 3.4.2) sowie einer optionalen Korrektur der Dickenverteilung (Abschnitt 3.5.5) definiert. Neben den Profilparametern werden zwei Parameter zur Beschreibung der Filletgeometrie (Abschnitt 3.4.4) verwendet. Tabelle 3.1 fasst die gesamten geometrischen Parameter des Modells zusammen.

Tab. 3.1. Die geometrischen Parameter.

Parameterindex	Symbol	Einheit	Kurzwort	Bezeichnung
1	ax	m	axPos	axiale Position des Profilschnittes
2	tan	m	tanPos	tangentiale Position des Profilschnittes
3	λ	Grad	staAng	Staffelungswinkel
4	c	m	chord	Sehnenlänge
5	w_{max}	m	camMax	maximale Wölbung
6	$x_{w,max}$	%	pCamber	Wölbungsrücklage
7	t_{max}	m	thickMax	maximale Dicke
8	$x_{t,max}$	%	pThick	Dickenrücklage
9	t_{vk}	m	thickLE	Vorderkantendicke
10	$x_{t,vk}$	%	pThickLE	Sehnenposition der VK–Dicke
11	t_{hk}	m	thickTE	Hinterkantendicke
12	$x_{t,hk}$	%	pThickTE	Sehnenposition der HK–Dicke
13	β_{vk}	Grad	angLE	VK-winkel der Wölbungsverteilung
14	β_{hk}	Grad	angTE	HK-winkel der Wölbungsverteilung
15	Δt_{vb}	m	thickVB	Dickenkorrektur vorderer Bereich
16	$x_{t,vb}$	%	pThickVB	Sehnenposition der VB–Korrektur
17	Δt_{hb}	m	thickHB	Dickenkorrektur hinterer Bereich
18	$x_{t,hb}$	%	pThickHB	Sehnenposition der HB–Korrektur
19	s_f	%	pFillet	Filletthöhe
20	t_f	m	thickFillet	Filletdicke

3.4.1. Parameter der Sehnenlinie

Die Lage der Sehnenlinie im Verdichterkoordinatensystem definiert die Parameter axiale und tangentiale Position. Im kartesischen Koordinatensystem nach Abb. 2.10 entsprechen sie der z– bzw.

y–Koordinate des ersten Punktes der Sehnenlinie

$$\begin{aligned} ax &= z_0 \\ tan &= y_0 \,. \end{aligned} \tag{3.14}$$

Der Staffelungswinkel ist im Stromlinienkoordinatensystem über den eingeschlossenen Winkel von Sehnenlinie und meridionaler Achse

$$\lambda = \arctan\left(\frac{r\theta_{N_k} - r\theta_0}{m_{N_k} - m_0}\right) \tag{3.15}$$

definiert. Die Sehnenlänge ist im gleichen Koordinatensystem über den Abstand des ersten zum letzten Punkt der Sehnenlinie gegeben

$$c = |\vec{x}_{N_k} - \vec{x}_0| \,. \tag{3.16}$$

3.4.2. Parameter der Dicken- und Wölbungsverteilung

Aus dem Verlauf der Dickenverteilung werden drei charakteristische Punkte bestimmt: die maximale Dicke, die Vorderkantendicke und die Hinterkantendicke sowie ihre jeweiligen Positionen auf der Sehnenlinie. Analog folgt für die Wölbungsverteilung die maximale Wölbung und deren Rücklage sowie die Winkel gegenüber der Sehne im Bereich der Vorder- und Hinterkante.

Die Bestimmung erfolgt über ausgewählte analytische Funktionen, die die diskreten Verteilungen lokal approximieren. Durch die Funktionen wird eine Glättung der ggf. verrauschten Punkte der Verteilung erreicht. Gleichzeitig mittelt die lokal begrenzte Approximation nicht zu stark, wodurch die gemessenen Charakteristika möglichst präzise erhalten bleiben. Ein weiterer Vorteil ist die schnellere und präzisere Auswertung, die durch die analytischen Funktionen möglich wird. Ein qualitativer Überblick zu Dicken- und Wölbungsverteilung sowie den approximierten Bereichen kann Abb. 3.6 entnommen werden.

Die Bestimmung des Parameters **maximale Dicke** und **maximale Wölbung** erfolgt in zwei Schritten. Eingangs wird der maximale diskrete Wert der Verteilung gesucht. Im zweiten Schritt erfolgt die Approximation der diskreten Verteilung um diesen Maximalwert durch einen quadratischen Ansatz

$$\tilde{t}(x) = A_0 + A_1\,x + A_2\,x^2 \quad \text{bzw.} \quad \tilde{w}(x) = A_0 + A_1\,x + A_2\,x^2. \tag{3.17}$$

Analytisch wird das Maximum der Approximation mit entsprechender Position bestimmt, woraus t_{max} und $x_{t,max}$ bzw. w_{max} und $x_{w,max}$ folgen.

Zur Bestimmung der **Vorder– und Hinterkantendicke** erfolgt die lokale Auswertung der Dickenverteilung, wofür eine Ansatzfunktion höherer Ordnung erforderlich ist. Es zeigte sich, dass die Funktion

$$\tilde{t}(x) = A_0\,x^{0.5} + A_1\,x + A_2\,x^{1.5} \tag{3.18}$$

für typische Verdichterschaufeln sehr gut geeignet ist, die ersten und letzen $x/c \approx 1 \dots 2\%$ der Dickenverteilung inklusive der starken Krümmungsänderung beim Übergang von der Kante in das Profil abzubilden. Die Vorder– und Hinterkantenposition ist als der Ort auf der Sehnenlinie definiert, an dem der Anstieg der gefitteten Funktion den geforderten Wert m_t einnimmt. Da die Koeffizienten von Gl. (3.18) bekannt sind, kann die Lösung der Bedingung

$$m_t = \left|\frac{\mathrm{d}\tilde{t}(x)}{\mathrm{d}x}\right| \Longrightarrow x_{t,vk},\ x_{t,hk} \tag{3.19}$$

analytisch erfolgen. Als Anstieg sollte je nach Schaufeltyp $m_t = 0.2 \dots 1$ bzw. $m_t = -1 \dots -0.2$, also ein Übergangswinkel zwischen etwa 10 und 45 Grad verwendet werden. Dabei ist nicht der Absolutwert das entscheidende Kriterium sondern die Tatsache, dass die charakteristische Änderung

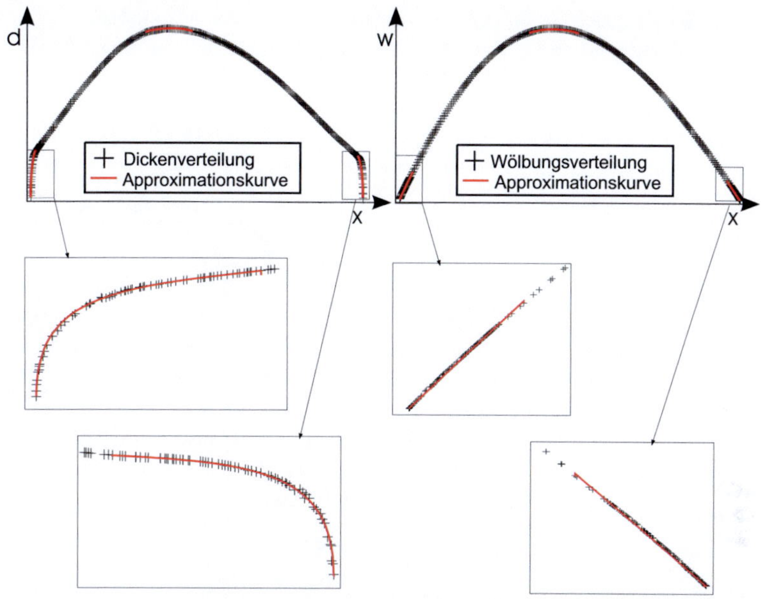

Abb. 3.6. Diskrete Dicken– und Wölbungsverteilung sowie Approximationen.

der Dickenverteilung möglichst genau erfasst wird. Ist die Position bekannt, folgt der entsprechende Dickenwert als Funktionswert der Approximationfunktion

$$t_{vk} = \tilde{t}(x_{t,vk}) \quad \text{bzw.} \quad t_{hk} = \tilde{t}(x_{t,hk}). \tag{3.20}$$

Die Bestimmung der **Winkel an Vorder- und Hinterkante** erfolgt über die Approximation der Wölbungsverteilung im Bereich der ersten und letzten $x/c \approx 1 \ldots 2\%$ über eine lineare Funktion

$$\tilde{w}(x) = A_0\, x\,. \tag{3.21}$$

Aus dem Anstieg der Kurve $\mathrm{d}\tilde{w}(x)/\mathrm{d}x = A_0$ und der Vereinbarung, dass jeweils der Winkel zwischen Wölbungsverteilung und Sehne Verwendung findet, folgt

$$\beta_{vk} = \arctan(A_0) \quad \text{bzw.} \quad \beta_{hk} = -\arctan(A_0) \tag{3.22}$$

für die Bestimmung beider Wölbungsparameter.

3.4.3. Dreidimensionales Schaufelmodell

Die Zusammenführung der Parametervektoren der Profilschnitte P_j nach Gl. (3.13) erlaubt die Zusammenstellung des dreidimensionalen Parametersatzes. Hierzu wird eine, der üblichen Stapelung von Profilschnitten entsprechende, radiale Anordnung der Parameter abgeleitet. Die Anzahl der Profilschnitte N_j und die Anzahl der Profilparameter N_q bestimmen die Dimension $N_j \cdot N_q$ der Parametermatrix

$$\mathbf{P} = P_{jq} = \begin{vmatrix} ax_1 & tan_1 & \ldots & x_{t,hb,1} \\ ax_2 & tan_2 & \ldots & x_{t,hb,2} \\ \vdots & \vdots & & \vdots \\ ax_{N_j} & tan_{N_j} & \ldots & x_{t,hb,N_j} \end{vmatrix}\,. \tag{3.23}$$

Die Zuordnung des jeweiligen Profilschnittes zur dreidimensionalen Schaufelgeometrie erfolgt über seine nach Gl. (3.2) definierte Spannweitenkoordinate s_j. Zur Darstellung dieser Parameterverläufe empfiehlt sich der in Abb. 3.7 gezeigte Spanweiten–Plot.

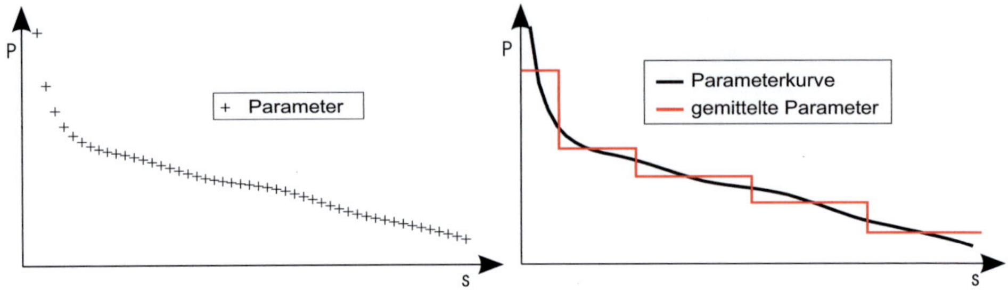

Abb. 3.7. Spannweiten–Plot der max. Dicke (links) und der gemittelten Werte (rechts).

Beispielhaft wurden $N_j = 49$ äquidistant verteilte Profilschnitte zwischen $s_j = 2\%$ und $s_j = 98\%$ verwendet. Die hohe Anzahl ermöglicht es, die Konsistenz der Auswertung zu bewerten. Da für die Parameter im Spannweiten–Plot ein harmonischer Verlauf erwartet wird, können Ausreißer erkannt und von der anschließenden Mittelwertbildung ausgeschlossen werden.

Die Mittelung über die Spannweitenkoordinate soll eine Reduktion der Anzahl der Profilschnitte N_j auf die geringere Anzahl an Bereichen N_a erlauben. Gleichzeitig wird die Diskretisierung der Parameter von den fixen Stützstellen s_j gelöst und in beliebige Grenzen überführt. Die resultierende, in Spannweitenrichtung gemittelte Parametermatrix

$$\overline{\mathbf{P}} = \overline{P}_{aq} = \begin{vmatrix} \overline{ax}_1 & \overline{tan}_1 & \dots & \overline{x}_{t,hb,1} \\ \overline{ax}_2 & \overline{tan}_2 & \dots & \overline{x}_{t,hb,2} \\ \vdots & \vdots & & \vdots \\ \overline{ax}_{N_a} & \overline{tan}_{N_a} & \dots & \overline{x}_{t,hb,N_a} \end{vmatrix} \tag{3.24}$$

enthält nur noch $N_a \cdot N_q$ Elemente. Die Mittelwertbildung wird durch die gemittelte Spannweitenkoordinate s_a realisiert. Ein Bereich ist durch die Grenzen s_{a-} und s_{a+} charakterisiert, wodurch die Bereichsbreite Δs_a und die Bereichsmitte s_a

$$\Delta s_a = s_{a-} - s_{a+} \quad \text{und} \quad s_a = 0.5\,(s_{a-} + s_{a+}) \tag{3.25}$$

definiert sind. Durch Mittelwertbildung ist der zu s_a zugeordnete repräsentative Parameter

$$\overline{P}_a = \frac{1}{\mathrm{s}_{a+} - \mathrm{s}_{a-}} \int_{s_{a-}}^{s_{a+}} P_j(s)\,\mathrm{d}s \tag{3.26}$$

bekannt. Die Integration durch die Trapezregel mit Interpolation der Werte an den Bereichsgrenzen ermöglicht es, die erforderliche Genauigkeit auch dann zu erreichen, wenn nur wenig (gültige) Stützstellen innerhalb eines Bereiches liegen.

Für den Bereich des Fillets wird ein separates Modell in Abschnitt 3.4.4 abgeleitet. Es nutzt nicht den Ansatz der Profilparameter sondern wertet den radialen Verlauf der Schaufeldicke aus. Der Parametervektor des dreidimensionalen Schaufelmodells $\vec{\mathfrak{P}}$ ergibt sich durch Zusammenführung der beiden repräsentativen Filletparameter $\bar{s}_f$ und $\bar{t}_f$ nach Gl. (3.35) mit der gemittelten Matrix der Profilparameter nach Gl. (3.24). Er hat die Dimension

$$N_p = N_a\,N_q + 2. \tag{3.27}$$

Für die Verwendung eines Mittelungsbereiches gilt bei voll besetztem Profilparametervektor für den Schaufelparametervektor mit $N_p = 20$ Elementen

$$\begin{aligned}\vec{\mathfrak{P}} = \mathfrak{P}_p = & [\overline{ax}, \overline{tan}, \overline{\lambda}, \overline{c}, \overline{w}_{max}, \overline{x}_{w,max}, \overline{t}_{max}, \overline{x}_{t,max}, \overline{t}_{vk}, \overline{x}_{t,vk}, \\ & \overline{t}_{hk}, \overline{x}_{t,hk}, \overline{\beta}_{vk}, \overline{\beta}_{hk}, \overline{\Delta t}_{vb}, \overline{x}_{t,vb}, \overline{\Delta t}_{hb}, \overline{x}_{t,hb}, s_f, t_f]^T \,.\end{aligned} \tag{3.28}$$

Für zwei Bereiche enthält der Vektor $N_p = 38$ Elemente, welche mit der folgenden Anordnungskonvention sortiert werden:

$$\vec{\mathfrak{P}} = \mathfrak{P}_p = [\overline{ax}_1, \overline{ax}_2, \overline{tan}_1, \overline{tan}_2, \overline{\lambda}_1, \overline{\lambda}_2, \overline{c}_1, \quad \ldots \quad , \overline{\Delta t}_{hb,2}, \overline{x}_{t,hb,1}, \overline{x}_{t,hb,2}, s_f, t_f]^T \,. \tag{3.29}$$

Mit der gemittelten Beschreibung ist der Zugang zum Aufbau eines probabilistischen Simulationsmodells geschaffen, da die Datenmenge erheblich reduziert werden kann. Je nach Fertigungshintergrund der untersuchten Schaufeln und folglich der radialen Korrelation der Parameter kann ein einzelner gemittelter Schnitt ausreichend sein, einen Großteil der Variation abzubilden. Neben der Verringerung der Dimension besteht ein weiterer Vorteil der Parametermittelung darin, dass die Auswertung auch dann automatisiert erfolgen kann, wenn für einzelne Schnitte keine gültigen Parameter bestimmt werden können, da dies keinen Einfluss auf die Dimension der gemittelten Parametermatrix hat. Es ist somit auch ein Gewinn hinsichtlich Allgemeingültigkeit und numerischer Implementierbarkeit erreicht.

3.4.4. Filletparameter

Die Profilparameter nach Gl. (3.23) werden durch die separate Analyse der Profilschnitte berechnet und eignen sich zur Beschreibung des Schaufelblattes. Die Beschreibung des Übergangs vom Blatt zur Plattform im Fillet (dem Übergangsradius) kann über das entwickelte zwei–parametrische Filletmodell erfolgen. Die Verwendung von zwei Parametern ermöglicht es, sowohl elliptisch geformte Fillets als auch den kreisrunden Filletradius als Sonderfall zu modellieren.

Das Modell bewertet hierzu die Parameter der Dickenverteilungen über der zugeordneten Spannweitenkoordinate. Da diese Parameter bereits durch Gl. (3.23) bekannt sind, ist keine erneute zeitaufwendige Analyse der unstrukturierten Punktewolke erforderlich. In Abb. 3.7 ist beispielhaft der Parameter maximale Profildicke dargestellt, der beim Übergang vom Schaufelblatt zur Plattform einen stark progressiven Anstieg zeigt. Eine elliptische Funktion erfüllt diese Charakteristik durch den Anstiegsübergang von Null zu ∞ gut, weswegen das Filletmodell über den Ansatz einer Ellipse [106]

$$\frac{(s - s_f)^2}{s_f^2} + \frac{(\Delta t(s) - t_f)^2}{t_f^2} = 1 \tag{3.30}$$

hergeleitet wird. Hieraus folgt, unter der Annahme, dass der Mittelpunkt der Ellipse die Koordinaten $[s_f, t_f]$ besitzt, die gültige Lösung für die Aufdickung des Fillets

$$\Delta t(s) = t_f \left[1 - \sqrt{1 - \frac{(s - s_f)^2}{s_f^2}} \right] \quad \text{für:} \quad 0 \le s \le s_f \tag{3.31}$$

in Abhängigkeit der beiden Halbachsen Filletdicke t_f und Fillethöhe s_f.

Der Parameter Fillethöhe s_f wird als Spannweitenkoordinate des charakteristischen Übergangs vom Fillet zum Schaufelblatt erfasst. Hierzu wird die Änderung der Dickenparameter in Richtung der Schaufelhöhe $\mathrm{d}t/\mathrm{d}s$ ausgewertet. Der Algorithmus bestimmt eingangs mittlere Anstiege $\overline{m}$ im Bereich des erwarteten Fillets $s < s_f^*$ und verbleibenden Bereich des Schaufelblatts $s > s_f^*$, wobei $s_f^* \approx 10\%$ eine vielmals mögliche Schätzung ist. Die exakte Fillethöhe

$$\frac{\mathrm{d}t}{\mathrm{d}s} = 0.5\,(\overline{m}_{s<s_f^*} + \overline{m}_{s>s_f^*}) \Longrightarrow s_f \tag{3.32}$$

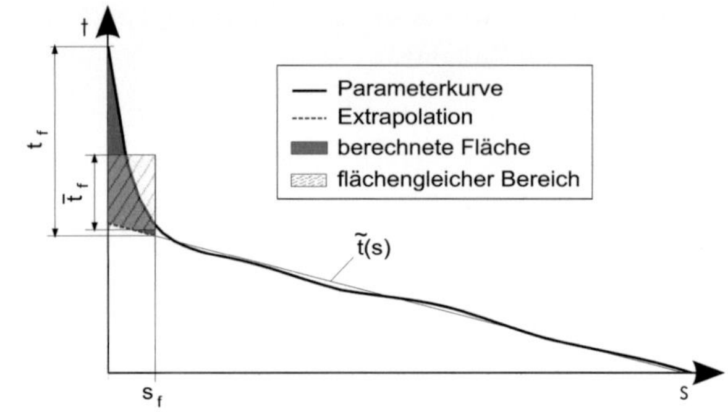

Abb. 3.8. Skizze zum Filletmodell.

ist durch die Spannweitenposition festgelegt, an welcher die Dickenverteilung den mittleren Anstieg beider Teilbereiche erreicht.

Der Parameter Filletdicke t_f entspricht der zweiten Ellipsenhalbachse und somit nach Gl. (3.31) dem Wert der Aufdickung bei der Spannweitenkoordinate Null. Die direkte Bestimmung dieses Wertes ist für die gescannten Schaufelblätter nicht möglich, da interpolierende Schnitte nicht bis in die Plattform extrahiert werden können. Für sehr gute Scans liegt die Grenze des ersten Schnittes vielmehr bei $s = 0.5 \ldots 1\%$ und kann bei geringerer Qualität auch Werte um $s = 1 \ldots 3\%$ annehmen.

Ein robuster Ansatz zur Abschätzung der Filletdicke ist über die in Abb. 3.8 eingeführte mittlere Aufdickung $\bar{t}_f$ möglich. Hieraus folgt die Bedingung, dass die Fläche unter der Parameterkurve abzüglich der Fläche der extrapolierten Parameterkurve ohne Fillet gleich der gemittelten Fläche

$$\bar{t}_f = \frac{1}{s_f}\left[\int_0^{s_f} t(s)\,\mathrm{d}s - \int_0^{s_f} \tilde{t}(s)\,\mathrm{d}s\right] \tag{3.33}$$

ist. Die Überführung der gemittelten Dicke in die Ellipsenbeschreibung resultiert in der Filletdicke als zweite Halbachse mit

$$t_f = \frac{\bar{t}_f}{1 - \frac{\pi}{4}}\,, \tag{3.34}$$

wodurch die Ellipse des Fillets nach Gl. (3.31) vollständig durch die Filletparameter beschrieben ist.

Die eingeführte Quantifizierung der Aufdickung und somit die Bestimmung der Filletparameter wird auf alle drei Parameter der Dickenverteilungen t_{vk}, t_{max} und t_{hk} angewandt. Als Ergebnis dieser Analyse folgen die sechs Parameter: $s_{f,vk}$, $s_{f,max}$, $s_{f,hk}$, $t_{f,vk}$, $t_{f,max}$ sowie $t_{f,hk}$. Vielmals zeigen diese Parameter eine hohe Korrelation, womit ohne wesentlichen Genauigkeitsverlust anhand der Mittelwerte

$$\begin{aligned} s_f &= \tfrac{1}{3}\left(s_{f,vk} + s_{f,max} + s_{f,hk}\right) \\ t_f &= \tfrac{1}{3}\left(t_{f,vk} + t_{f,max} + t_{f,hk}\right) \end{aligned} \tag{3.35}$$

eine repräsentative Fillethöhe s_f und Filletdicke t_f abgeleitet werden kann.

3.5. Parameterbasierte Geometrievariation

3.5.1. Konzept

Die Methoden der parameterbasierten Geometrievariation dienen der Anpassung existenter Verdichterschaufeln zur Abbildung eines Zielparametervektors. Das Novum der entwickelten Methodik ist, dass die Schaufelgeometrie nicht in Form einer geschlossenen parametrischen Beschreibung sondern anhand diskreter Profilschnitte mit überlagerter Änderung vorliegt.

Als erster Schritt ist die in den Abschnitten 3.3 und 3.4 eingeführte inverse Zerlegung des Profilschnittes der Basisgeometrie zur Ermittlung von originaler Dicken– und Wölbungsverteilung sowie Sehnenlinie mit anschließender Berechnung der originalen Profilparameter erforderlich. Die Variation des Profils beruht auf einem Morphing–Ansatz, welcher die homogene Anpassung der genannten Verteilungen sichert. Anhand der in Abschnitt 3.5.2 beschriebenen Wichtungsfunktionen wird die Änderung der Profilparameter jeweils in die gesamte Verteilung und somit in das gesamte Profil homogen eingebracht. Die Änderung der jeweiligen Verteilung erfolgt, wie Abb. 3.9 zeigt, an charakteristischen Stützstellen in Übereinstimmung mit der Definition der Profilparameter.

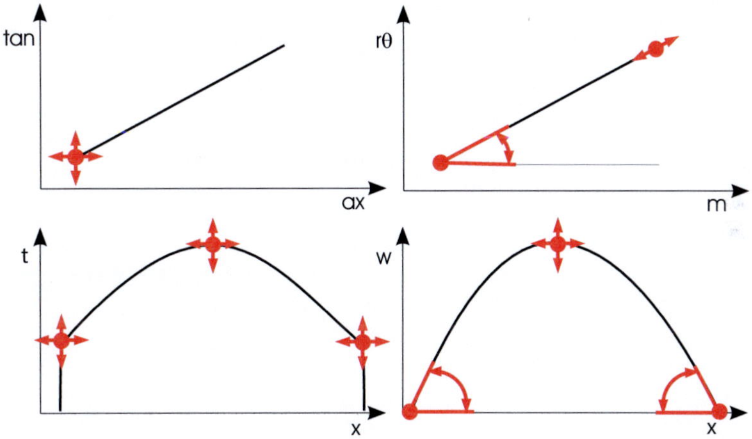

Abb. 3.9. Morphing–Ansatz zur Anpassung der Verteilungen an charakteristischen Stützstellen.

Als Ergebnis dieser Anpassung folgt die Sehnenlinie sowie Wölbungs– und Dickenverteilung, welche den Zielparametervektor repräsentieren. Die Überlagerung der Verteilungen lässt den variierten Profilschnitt entstehen. Er entspricht hinsichtlich seiner Charakteristik dem originalen Profilschnitt, erfüllt jedoch den Zielparametervektor. Die 3D–Geometrie der Variation ist durch die radiale Synthese (vgl. Abschnitt 3.5.7) sowie der Variation des Fillets (vgl. Abschnitt 3.5.8) vollständig bestimmt.

Ein Profilschnitt wird durch den in Gl. (3.13) eingeführten Profilparametervektor $\vec{P}$ quantifiziert. Die Methoden der Parameteridentifikation charakterisieren den Profilschnitt der Basisgeometrie anhand $\vec{P}^{org}$. Die Änderung ist analog über den Änderungsvektor $\Delta\vec{P}$ definiert, womit der Parametervektor der Variation

$$\vec{P}^{var} = \vec{P}^{org} + \Delta\vec{P} \tag{3.36}$$

bekannt ist. In Abschnitt 3.5.7 wird die Variation der Profilschnitte mit der Variation der gesamten Schaufelgeometrie in der radialen Synthese zusammengeführt. Bei einem 3D–Schaufelmodell gibt diese radiale Synthese die Parameteränderung auf der Ebene eines Profilschnittes und somit $\Delta\vec{P}$ vor.

3.5.2. Wichtungsfunktionen

Die Wichtungsfunktionen $q(x)$ übernehmen die Aufgabe, die lokal definierte Parameteränderung homogen auf die gesamte Verteilung einzubringen. Hierzu repräsentieren sie einen stetigen Übergang vom Wert 1 an der Stelle des Eintrags x_0 zu dem Wert Null an der linken x_- sowie der rechten Grenze x_+. Demnach gelten für $q(x)$ folgende Bedingungen:

$$q(x)|_{x_-} = 0, \quad q(x)|_{x_0} = 1 \quad \text{und} \quad q(x)|_{x_+} = 0 \,. \tag{3.37}$$

Im einfachsten Fall werden diese Forderungen durch eine lineare Funktion in beiden Teilbereichen erfüllt. Bei Verwendung von quadratischen Ansätzen ist es ebenfalls möglich, Stetigkeit erster Ordnung im Übergang zwischen den Teilbereichen

$$\left.\frac{\mathrm{d}q(x)}{\mathrm{d}x}\right|_{x_0} = 0 \tag{3.38}$$

zu realisieren. Kubische Ansätze erlauben darüber hinaus, diese Stetigkeitsforderung auch an den Grenzen

$$\left.\frac{\mathrm{d}q(x)}{\mathrm{d}x}\right|_{x_-} = 0 \quad \text{und} \quad \left.\frac{\mathrm{d}q(x)}{\mathrm{d}x}\right|_{x_+} = 0 \tag{3.39}$$

zu erfüllen. In Abb. 3.10(a) ist ein Vergleich von linearer, quadratischer und kubischer Wichtungsfunktion $q_I(x)$, $q_{II}(x)$ und $q_{III}(x)$ dargestellt. Welcher Ansatz der jeweils geeignete ist, hängt von der zu modellierenden Variation sowie von der Art der Verteilung und den gewünschten Stetigkeitsbedingungen ab. Beispielhaft wird in Abb. 3.10(b) die Änderung der Dickenverteilung diskutiert. Es erfolgt ein Vergleich der linearen mit der kubischen Wichtungsfunktion. Die Änderung wird an drei Stützstellen $x_{t,vk}$, $x_{t,max}$ und $x_{t,hk}$ durch die Änderungsparameter Δt_{vk}, Δt_{max} sowie Δt_{hk} angepasst. Es ist zu erkennen, dass der kubische Ansatz harmonischere Übergänge an den drei Stützstellen gewährleistet.

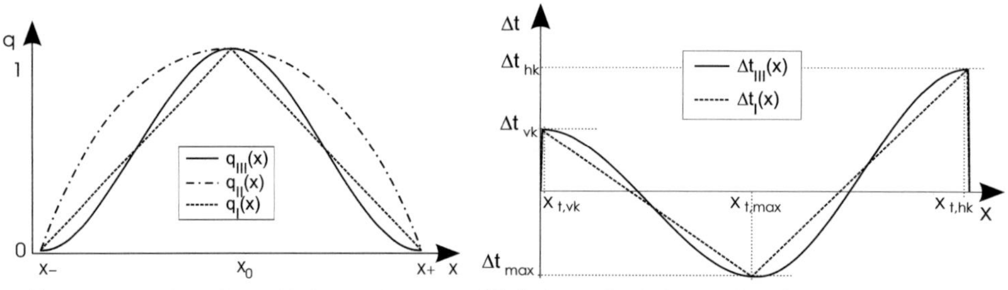

(a) Linearer, quadratischer und kubischer Ansatz. (b) Änderung der Dickenverteilung für zwei Wichtungsansätze.

Abb. 3.10. Prinzip der Wichtungsfunktionen.

Für die innerhalb dieser Arbeit untersuchten Verdichterschaufeln zeigte sich, dass die Fertigungsabweichungen anhand der in Tab. 3.2 beschriebenen Ansatzfunktionen und Bedingungen am besten abgebildet werden. Es finden quadratische Ansätze sowohl für die maximale Wölbung als auch die Vorder– und Hinterkantendicke sowie kubische Ansätze für die maximale Dicke Anwendung. Die Winkel der Wölbungsverteilung konnten bestmöglich als Differenz zur maximalen Wölbung mit einem Exponent von $\chi = 2$, welcher ein progressives Abklingen gewährleistet, abgebildet werden. Außerhalb der in Tab. 3.2 angegebenen Bereiche haben alle Wichtungsfunktionen den Wert Null. Die resultierenden Verläufe der Wichtungsfunktionen sind in Abb. 3.11 gezeigt.

3.5.3. Variation der Wölbungsverteilung

Die Variation der Wölbungsverteilung erfolgt anhand der Parameter maximale Wölbung w_{max}, der zugeordneten Position auf der Sehne $x_{w,max}$ sowie den Winkeln β_{vk} und β_{hk}. Der Eintrag dieser Parameter in die Wölbungsverteilung erfolgt über den eingeführten Morphing–Ansatz unter Verwendung

Tab. 3.2. Ansätze, Gültigkeitsbereiche und Bedingungen der Wichtungsfunktionen.

Größe	Bereich der Sehne	Ansatzfunktion	Bedingungen
w_{max},	$0 \le x \le x_{w,max}$	$q(x) = \sum_{i=0}^{2} A_i\, x^i$	$q(0) = 0,\ q(x_{w,max}) = 1,\ \left.\frac{dq}{dx}\right\vert_{x_{w,max}} = 0$
$x_{w,max}$	$x_{w,max} \le x \le c$		$q(c) = 0,\ q(x_{w,max}) = 1,\ \left.\frac{dq}{dx}\right\vert_{x_{w,max}} = 0$
β_{vk}	$0 \le x \le x_{w,max}$	—	$q(x) = [1 - q_{w,max}(x)]^{\chi}$ mit $\chi = 2$
β_{hk}	$x_{w,max} \le x \le c$		$q(x) = [1 - q_{w,max}(x)]^{\chi}$ mit $\chi = 2$
$t_{vk}, x_{t,vk}$	$0 \le x \le x_{t,vk}$	$q(x) = \sum_{i=0}^{2} A_i\, x^i$	$q(0) = 0,\ q(x_{t,vk}) = 1,\ \left.\frac{dq}{dx}\right\vert_{x_{t,vk}} = 0$
$t_{hk}, x_{t,hk}$	$x_{t,hk} \le x \le c$		$q(c) = 0,\ q(x_{t,hk}) = 1,\ \left.\frac{dq}{dx}\right\vert_{x_{t,hk}} = 0$
$t_{vk}, x_{t,vk}$	$x_{t,vk} \le x \le x_{t,max}$	$q(x) = \sum_{i=0}^{3} A_i\, x^i$	$q(x_{t,vk}) = 1,\ q(x_{t,max}) = 0,\ \left.\frac{dq}{dx}\right\vert_{x_{t,max}} = 0,\ \left.\frac{dq}{dx}\right\vert_{x_{t,vk}} = 0$
$t_{hk}, x_{t,hk}$	$x_{t,max} \le x \le x_{t,hk}$		$q(x_{t,hk}) = 1,\ q(x_{t,max}) = 0,\ \left.\frac{dq}{dx}\right\vert_{x_{t,max}} = 0,\ \left.\frac{dq}{dx}\right\vert_{x_{t,hk}} = 0$
t_{max},	$x_{t,vk} \le x \le x_{t,max}$	$q(x) = \sum_{i=0}^{3} A_i\, x^i$	$q(x_{t,vk}) = 0,\ q(x_{t,max}) = 1,\ \left.\frac{dq}{dx}\right\vert_{x_{t,max}} = 0,\ \left.\frac{dq}{dx}\right\vert_{x_{t,vk}} = 0$
$x_{t,max}$	$x_{t,max} \le x \le x_{t,hk}$		$q(x_{t,hk}) = 0,\ q(x_{t,max}) = 1,\ \left.\frac{dq}{dx}\right\vert_{x_{t,max}} = 0,\ \left.\frac{dq}{dx}\right\vert_{x_{t,hk}} = 0$

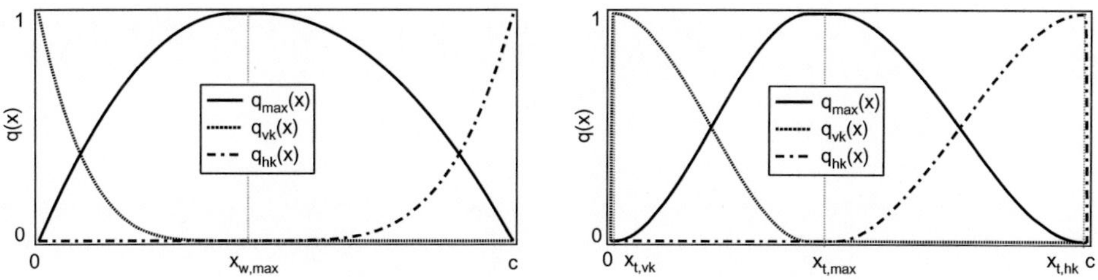

(a) Wichtungsfunktionen der Wölbungsverteilung (b) Wichtungsfunktionen der Dickenverteilung

Abb. 3.11. Wichtungsfunktionen zur Anpassung von Wölbungs– und Dickenverteilung.

der in Tab. 3.2 angegebenen Wichtungsfunktionen. Die Änderungsparameter der maximalen Wölbung sind durch

$$\Delta w_{max} = w_{max}^{var} - w_{max}^{org} \quad \text{und} \quad \Delta x_{w,max} = x_{w,max}^{var} - x_{w,max}^{org} \tag{3.40}$$

definiert. Mit den Wichtungsfunktionen ergibt sich die Änderung über der Sehne

$$\Delta w_{max}(x) = \Delta w_{max}\, q_{w,max}(x) \quad \text{und} \quad \Delta x_{w,max}(x) = \Delta x_{w,max}\, q_{x_w,max}(x)\,. \tag{3.41}$$

Für die Abszisse der Wölbungsverteilung ist der Parameter $\Delta x_{w,max}$ der einzig relevante, womit die Änderung der Abszissenkoordinate komplett über

$$\Delta x_w(x) = \Delta x_{w,max}(x) \tag{3.42}$$

bestimmt ist. Für die Ordinate finden neben dem Maximum auch die geänderten Winkel Berücksichtigung. Gemäß der Definition durch Gl. (3.22) sind sie über den Anstieg der Wölbungsverteilung mit $\beta = \arctan(dw/dx)$ bestimmt. Folglich wirken ihre Änderungen nicht direkt auf die Wölbungsverteilung sondern auf deren erste Ableitung. Darüber hinaus übt die Änderung der Sehnenlänge einen Quereinfluss auf die Winkel aus. Wie Abb. 3.12 am Bsp. der Vorderkante zeigt, gelten folgende

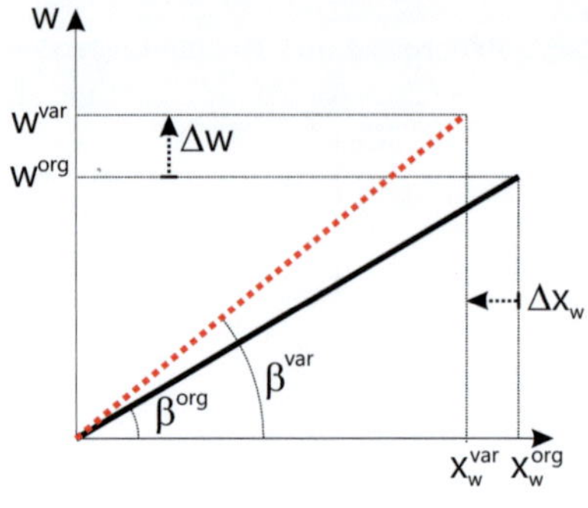

Abb. 3.12. Änderung der Wölbungsverteilung durch den Vorderkantenwinkel.

trigonometrische Beziehungen

$$\begin{aligned} \tan \beta^{org} &= \tfrac{w^{org}}{x_w^{org}} \\ \tan \beta^{var} &= \tfrac{w^{org}+\Delta w}{x_w^{org}+\Delta x_w}, \end{aligned} \tag{3.43}$$

woraus die durch Vorder– und Hinterkantenwinkel determinierte Änderung der Wölbungsverteilung

$$\begin{aligned} \Delta w_{vk}(x) &= x_w^{org} \left[\tan\left(\beta_{vk}^{var}\right) - \tan\left(\beta_{vk}^{org}\right)\right] + \beta_{vk}^{var} \Delta x_w \\ \Delta w_{hk}(x) &= x_w^{org} \left[\tan\left(\beta_{hk}^{var}\right) - \tan\left(\beta_{hk}^{org}\right)\right] + \beta_{hk}^{var} \Delta x_w \end{aligned} \tag{3.44}$$

abgeleitet werden kann. Für kleine Änderungen der Sehnenlänge geht Δx_w gegen Null, weswegen für diesen Spezialfall der zweite Term vernachlässigbar ist. Durch Multiplikation mit der zugeordneten Wichtungsfunktion und Überlagerung aller drei Komponenten folgt mit

$$\Delta w(x) = \Delta w_{vk}(x)\; q_{w,vk}(x) + \Delta w_{max}\; q_{w,max}(x) + \Delta w_{hk}(x)\; q_{w,hk}(x) \tag{3.45}$$

die gesamte Änderung der Ordinate der Wölbungsverteilung. Mit Gl. (3.42) und (3.45) ist die Änderung der Wölbungsverteilung bekannt. In diskreter Formulierung folgt die variierte Wölbungsverteilung

$$w_k^{var} = w_k^{org} + \Delta\, w_k \tag{3.46}$$

als finales Ergebnis. In Abb. 3.13 wird zur Erklärung des vorgestellten Ansatzes beispielhaft der Einfluss einer geänderten maximalen Wölbung sowie seiner Position auf die Wölbungsverteilung gezeigt. Es ist das nach hinten verschobene sowie verkleinerte Maximum der Wölbungsverteilung mit dem resultierenden Profil der Variation im Vergleich zur Basisgeometrie dargestellt.

Es soll angemerkt werden, dass der Ansatz zur Variation der Wölbungsverteilung ein genähertes Verfahren ist. Dies begründet sich in dem Quereinfluss der maximalen Wölbung auf die Vorder- und Hinterkantenwinkel, da die Wichtungsfunktion $q_{w,max}$ erst bei $(x = 0)$ bzw. $(x = c)$ den Wert Null erreicht und somit die Vorder– und Hinterkantenwinkel beeinflusst. Dadurch bedarf es für große Änderungen (bspw. $> 10\%$) oder hohe Genauigkeitsanforderungen einer iterativen Lösung mit etwa $2 \ldots 3$ Durchläufen. Weiterhin gilt es zu beachten, dass die Winkelkomponenten ($\Delta w_{vk}(x)$ und $\Delta w_{hk}(x)$) der Wölbungsänderung gemäß Gl. (3.44) keine Konstanten sondern abhängig von der Abszisse (x) sind, was sich durch die differentielle Formulierung in Gl. (3.22) begründet.

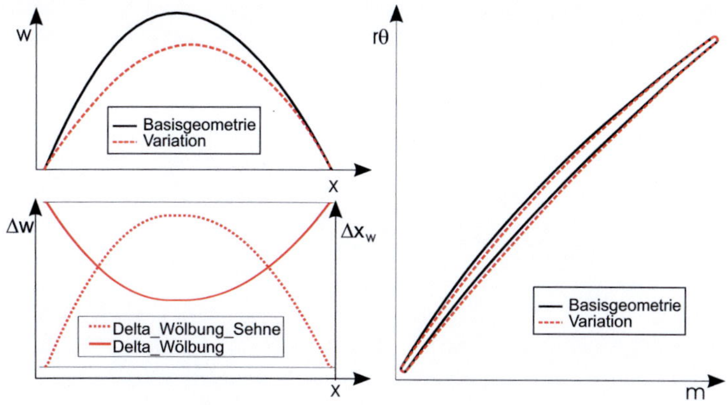

Abb. 3.13. Variation der Wölbungsverteilung hinsichtlich max. Wölbung sowie Rücklage.

3.5.4. Variation der Dickenverteilung

Die Variation der Dickenverteilung erfolgt anhand der Parameter maximale Dicke t_{max}, der zugeordneten Position auf der Sehne $x_{t,max}$ sowie den Vorder- und Hinterkantenparametern t_{vk}, $x_{t,vk}$ bzw. t_{hk}, $x_{t,hk}$. Die Änderungen der Ordinate sind mit

$$\begin{aligned} \Delta t_{vk} &= t_{vk}^{var} - t_{vk}^{org} \\ \Delta t_{max} &= t_{max}^{var} - t_{max}^{org} \\ \Delta t_{hk} &= t_{hk}^{var} - t_{hk}^{org} \end{aligned} \tag{3.47}$$

und die Änderungen der Abszisse mit

$$\begin{aligned} \Delta x_{t,vk} &= x_{t,vk}^{var} - x_{t,vk}^{org} \\ \Delta x_{t,max} &= x_{t,max}^{var} - x_{t,max}^{org} \\ \Delta x_{t,hk} &= x_{t,hk}^{var} - x_{t,hk}^{org} \end{aligned} \tag{3.48}$$

definiert. Die Verläufe der Änderung der Dickenverteilung ergeben sich entsprechend der Wichtungsfunktionen in Tab. 3.2 über

$$\begin{aligned} \Delta t(x) &= \Delta t_{vk}\, q_{t,vk}(x) + \Delta t_{max}\, q_{t,max}(x) + \Delta t_{hk}\, q_{t,hk}(x) \\ \Delta x_t(x) &= \Delta x_{t,vk}\, q_{t,vk}(x) + \Delta x_{t,max}\, q_{t,max}(x) + \Delta x_{t,hk}\, q_{t,hk}(x). \end{aligned} \tag{3.49}$$

Mit diesen kontinuierlichen Verteilungen können die Werte an den diskreten Positionen der Sehne (x_k) bestimmt werden. Die Änderung der Abszisse $\Delta x_t(x)$ bewirkt diesbezüglich eine Skalierung der Werte der Dickenverteilung hinsichtlich nach vorn bzw. nach hinten verlagerter Positionen auf der Sehnenlinie. Durch Addition von diskreter Profildicke der Basisgeometrie und diskretisierter Dickenänderung

$$t_k^{var} = t_k^{org} + \Delta t_k \tag{3.50}$$

folgt die Dickenverteilung der Variation. In Abb. 3.14 ist beispielhaft dargestellt, wie die Vergrößerung der maximalen Dicke und die Verringerung ihrer Position auf die gesamte Länge des Profils zwischen der Vorderkante und Hinterkante verteilt wird. Es ist zu erkennen, dass die Dickenverteilung außerhalb

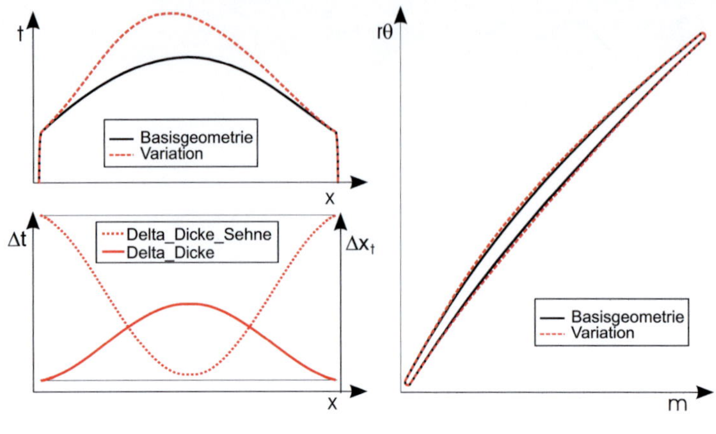

Abb. 3.14. Variation der Dickenverteilung hinsichtlich max. Dicke sowie Rücklage.

dieser Grenzen unbeeinflusst bleibt. Dies erfolgt gemäß der Definition der Wichtungsfunktion $q_{t,max}$, welche hier den Wert Null annimmt. Diese Forderung wird im Umkehrschluss auch für den auf den Vorderkantenbereich limitierten Einfluss der Vorderkantenparameter und analog der Hinterkantenparameter erfüllt. Folglich zeigt das Modell für diese Parameter keine Querempfindlichkeiten. Dies gilt jedoch nicht für dieg isolierte Betrachtung der beiden Vorder- bzw. Hinterkantenparameter. Da bspw. eine Änderung der Dicke t_{vk} den Anstieg der Kurve beeinflusst, wird für die variierte Dickenverteilung eine andere Position der Vorderkante $x_{t,vk}$ erzielt, welche im Anschluss zu korrigieren ist. In Analogie zur Wölbungsverteilung ist daher ein iterativer Ansatz zur Variation der Dickenverteilung erforderlich.

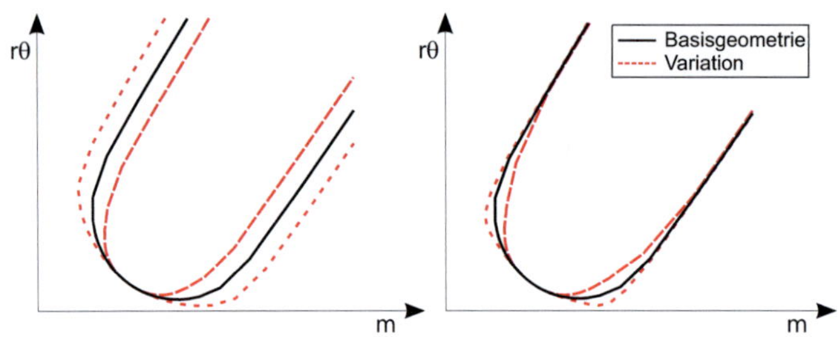

Abb. 3.15. Elliptische Vorderkantengeometrie durch geänderte Vorderkantenparameter.

Das vglw. aufwendige Modell mit jeweils zwei entkoppelten Parametern zur Beschreibung von Vorder– und Hinterkantengeometrie ermöglicht gegenüber alternativen einparametrischen Ansätzen auch den Aufbau elliptischer Geometrien — auch wenn die originale Geometrie eine kreisrunde Vorderkante aufweist. In Abb. 3.15 sind erläuternd Variationen einer Vorderkante gezeigt. Es ist offensichtlich, dass sowohl die Vorderkantendicke (links) als auch die zugeordnete Position (rechts) geeignet sind, die Elliptizität zu verändern.

3.5.5. Korrektur der variierten Dickenverteilung

Die im Abschnitt 3.5.4 beschriebene Variation der Dickenverteilung nutzt die charakteristischen Stützstellen, welche sich durch den Anstieg nahe Null der Verteilung definieren. In diesem Abschnitt soll eine Variante aufgezeigt werden, mit der eine höhere Übereinstimmung zwischen parameterbasierter Variation und Zielgeometrie erreicht wird. Diese Methode setzt nicht beim Vergleich von originaler und Zielgeometrie an, sondern vergleicht direkt die Variation mit der Zielgeometrie. Der Korrekturansatz verfolgt somit den Zweck, eine flexiblere parameterbasierte Variation der originalen Geometrie zur präziseren Abbildung einer Zielgeometrie zu verwirklichen.

Die Genauigkeitsverbesserung wird erreicht, indem der Parametersatz der Dickenparameter um vier Elemente erweitert wird: jeweils einer Dickenkorrektur mit zugeordneter Abszisse zwischen Vorderkante und maximaler Dicke — dem vorderen Bereich (*vb*) sowie zwischen maximaler Dicke und Hinterkante — dem hinteren Bereich (*hb*). Für den vorderen Bereich der Dickenverteilung zwischen ($x_{t,vk} \leq x \leq x_{t,max}$) wird die Abweichung beider Dickenverteilungen über den maximalen Wert

$$\Delta t_{vb} = \text{sgn}(t_k^{var} - t_k^{ziel}) \max(t_k^{var} - t_k^{ziel}) \quad \text{für:} \quad x_{t,vk} \leq x \leq x_{t,max} \tag{3.51}$$

und die zugeordnete Sehnenlängenkoordinate $x_{t,vb}$ quantifiziert. Analog erfolgt dies für den hinteren Bereich mit

$$\Delta t_{hb} = \text{sgn}(t_k^{var} - t_k^{ziel}) \max(t_k^{var} - t_k^{ziel}) \quad \text{für:} \quad x_{t,max} \leq x \leq x_{t,hk} \tag{3.52}$$

inklusive der zugeordneten Sehnenlängenkoordinaten $x_{t,hb}$.

Die angepasste Variation der Dickenverteilung erfolgt entsprechend dem Morphing–Ansatz über vermittelnde Wichtungsfunktionen, die Tab. 3.3 zu entnehmen sind. Es ist zu erkennen, dass jeweils angepasste Ansätze für die verschiedenen Teilbereiche der Korrektur Verwendung finden. Die Auswahl der Ansätze begründet sich in der Charakteristik der gemessenen Fertigungsabweichungen. Der quadratische Ansatz wird für den Teilbereich beginnend an Vorder- bzw. Hinterkante realisiert, um die in den vermessenen Schaufeln festgestellte z.T. starke Abnahme der Dickenwerte kurz nach der Vorder- bzw. Hinterkantenposition abzubilden. Nahe der maximalen Dicke wurden hingegen allmählichere Änderungen vermerkt, welche folglich mit dem weicheren kubischen Ansatz besser modelliert werden.

Tab. 3.3. Wichtungsfunktionen bei Berücksichtigung der VB- und HB–Korrektur.

Größe	Bereich der Sehne	Ansatzfunktion	Bedingungen
t_{vb}	$x_{t,vk} \leq x \leq x_{t,vb}$	$q(x) = \sum_{i=0}^{2} A_i\, x^i$	$q(x_{t,vk}) = 0,\ q(x_{t,vb}) = 1,\ \frac{\mathrm{d}q}{\mathrm{d}x}\Big\vert_{x_{t,vb}} = 0$
t_{hb}	$x_{t,hb} \leq x \leq x_{t,hk}$		$q(x_{t,hk}) = 0,\ q(x_{t,hb}) = 1,\ \frac{\mathrm{d}q}{\mathrm{d}x}\Big\vert_{x_{t,hb}} = 0$
t_{vb}	$x_{t,vb} \leq x \leq x_{t,max}$	$q(x) = \sum_{i=0}^{3} A_i\, x^i$	$q(x_{t,max}) = 0,\ q(x_{t,vb}) = 1,\ \frac{\mathrm{d}q}{\mathrm{d}x}\Big\vert_{x_{t,vb}} = 0,\ \frac{\mathrm{d}q}{\mathrm{d}x}\Big\vert_{x_{t,max}} = 0$
t_{hb}	$x_{t,max} \leq x \leq x_{t,hb}$		$q(x_{t,max}) = 0,\ q(x_{t,hb}) = 1,\ \frac{\mathrm{d}q}{\mathrm{d}x}\Big\vert_{x_{t,hb}} = 0,\ \frac{\mathrm{d}q}{\mathrm{d}x}\Big\vert_{x_{t,max}} = 0$

Die Überlagerung der Korrektur im vorderen und hinteren Bereich mit zugeordneter Wichtungsfunktion resultiert in der gesamten Dickenkorrektur

$$\Delta t_{vb,hb}(x) \quad = \quad \Delta t_{vb}\, q_{t,vb}(x) \quad + \quad \Delta t_{hb}\, q_{t,hb}(x)\,. \tag{3.53}$$

Wie schon zu Beginn dieses Abschnittes erläutert, setzt die Korrektur auf die bereits variierte Dickenverteilung auf und passt diese an. Die initiale Geometrie soll mit $t^{var,0}$ und die korrigierte Geometrie mit $t^{var,1}$ bezeichnet werden. Mit dieser Nomenklatur ergibt sich für die korrigierte diskretisierte Dickenverteilung

$$t_k^{var,1} = t_k^{var,0} + \Delta t_{vb,hb,k} \, . \tag{3.54}$$

Zur Erklärung des vorgestellten Korrekturansatzes sind zwei Variationen zur Abbildung einer gemessenen Dickenverteilung verglichen worden. In Abb. 3.16(a) ist die Variation der Dickenverteilung ohne Korrektur dargestellt. Die Änderung basiert auf den zwei Stützstellen an Vorder- und Hinterkante sowie der maximalen Dicke. Der Unterschied zwischen dieser Variation und der Zielgeometrie definiert die Position der Korrektur ($x_{t,vb}$) und deren Betrag (Δt_{vb}). Das Ergebnis der korrigierten Dickenverteilung ist in Abb. 3.16(b) gezeigt. Es ist deutlich zu erkennen, dass der initiale Parametervektor zwar an den drei genannten Stützstellen die richtigen Dickenwerte abbildet, jedoch zwischen Vorderkante und maximaler Dicke unzureichende Informationen liefert. Dem korrigierten Ansatz reichen zwei weitere Parameter, um die Qualität der Abbildung wesentlich zu steigern.

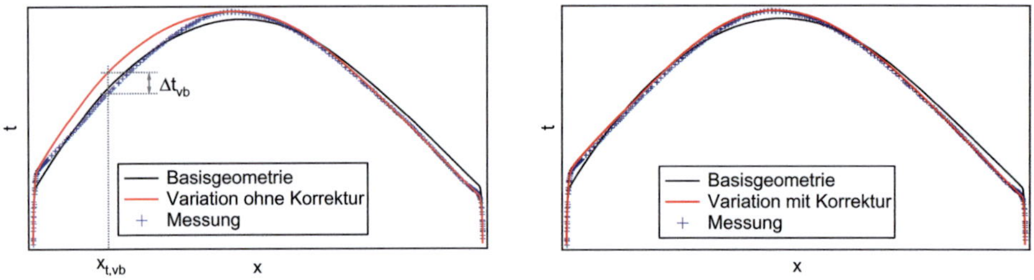

(a) Variation ohne Korrektur.

(b) Variation mit Korrektur.

Abb. 3.16. Variation der Dickenverteilung mit und ohne Korrektur im vorderen Bereich.

3.5.6. Profilaufbau

Der Aufbau des Profils entspricht der Umkehrung der in Abschnitt 3.3 beschriebenen symmetrischen Profilzerlegung und beginnt bei der variierten Sehnenlinie. Der erste Punkt der variierten Sehnenlinie ($k = 0$) ist in kartesischen Koordinaten gemäß Gl. (3.14) über die Parameter ax^{var} und tan^{var} gegeben. Durch Verknüpfung mit der Stromlinie (Gl. (3.1)) sind alle drei Koordinaten

$$\vec{x}_0^{seh,var} = [x_0, y_0, z_0]^T \tag{3.55}$$

bekannt. Sowohl die Dicken– und Wölbungsverteilung als auch die weiteren Sehnenlinienparameter sind im längenkonformen 2D–Stromlinien–KOS definiert, welches die Koordinaten $[m, r\theta]$ nutzt. Der Profilaufbau hat daher ebenfalls in diesem KOS zu erfolgen. Die konforme Abbildung des ersten Punktes der Sehnenlinie gemäß der Ausführungen in Abschnitt 3.2 liefert mit

$$\vec{x}_0^{seh,var} = [m_0, r\theta_0]^T \tag{3.56}$$

den Startpunkt der Sehnenlinie im geforderten KOS. Die weiteren Punkte folgen durch inkrementelles Addieren der weiteren Elemente

$$\vec{x}_{k+1}^{seh,var} = \vec{x}_k^{seh,var} + \Delta\vec{x}_k^{seh,var} \, . \tag{3.57}$$

Das Inkrement zwischen den Stützstellen wird von der Basisgeometrie übernommen und entsprechend der Sehnenlängen– und Staffelungswinkeländerung angepasst. Es gilt für den Betrag des Vektors

$$\left|\Delta x_k^{var,seh}\right| = \frac{c^{var}}{c^{org}} \left|\Delta x_k^{seh,org}\right| \tag{3.58}$$

sowie für die Orientierung in Komponentenschreibweise

$$\begin{aligned}\Delta m_k^{var,seh} &= \cos(\lambda^{var}) \left|\Delta x_k^{var,seh}\right| \\ \Delta r\theta_k^{var,seh} &= \sin(\lambda^{var}) \left|\Delta x_k^{var,seh}\right|\end{aligned} \tag{3.59}$$

für im 1. Quadranten liegende ansteigende Sehnenlinien. Im Anschluss erfolgt die Überlagerung der Wölbungsverteilung auf die Sehnenlinie, womit die Koordinaten der Skelettlinie

$$\vec{x}_k^{ske,var} = \vec{x}_k^{seh,var} + \vec{w}_k^{var} \tag{3.60}$$

bekannt sind. Der Vektor $\vec{w}_k^{var}$ hat die Eigenschaft rechtwinklig zur Sehnenlinie zu verlaufen und im Betrag der Wölbungsverteilung

$$|\vec{w}_k^{var}| = w_k^{var} \tag{3.61}$$

zu entsprechen. Auf die Skelettlinie wird in Analogie zu dem vorangegangenen Schritt die Dickenverteilung überlagert, womit die variierte Profillinie bestimmt ist

$$\vec{x}_k^{var} = \vec{x}_k^{ske,var} \pm \vec{t}_k^{var} \,. \tag{3.62}$$

Bezüglich des Vektors $\vec{t}_k^{var}$ gilt, dass er rechtwinklig zur Skelettlinie verläuft und sein Betrag der halben Profildicke

$$|\vec{t}_k^{var}| = \frac{1}{2}\,t_k^{var} \tag{3.63}$$

entspricht. Die beiden Vorzeichen begründen sich in den beiden Seiten des Profils — der Druck– und der Saugseite, die beide symmetrisch um die Skelettlinie aufgebaut werden.

Die 3D–Koordinaten des Profils folgen durch die in Abschnitt 3.2 beschriebene Rücktransformation. Für diese Operation wird ein in beiden Koordinatensystemen bekannter Startwert benötigt, wofür sich der erste Punkt der Sehnenlinie nach Gl. (3.55) und (3.56) anbietet. Er kann für alle drei Linien Verwendung finden, da er als erster (genau wie der letzte Punkt der Sehne) identische Koordinaten mit der Skelett– und Profillinie aufweist. An diesen Stellen nimmt sowohl die Dicken– als auch die Wölbungsverteilung den Wert Null an. Diese Punkte sind als Vorder– bzw. Hinterkantenpunkt definiert.

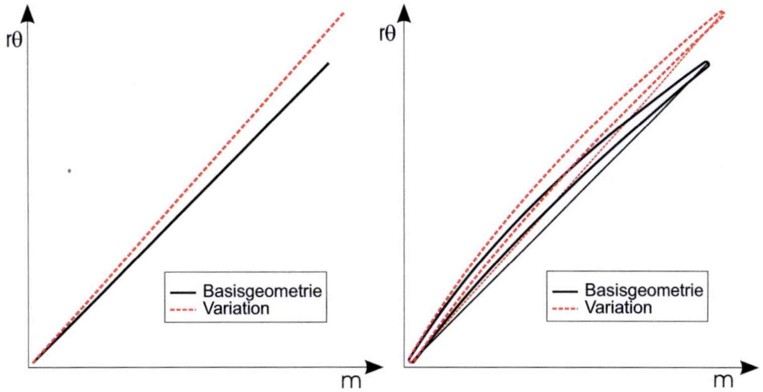

Abb. 3.17. Variation der Sehnenlinie hinsichtlich Staffelungswinkel und Sehnenlänge.

Abbildung 3.17 zeigt beispielhaft die Variation eines Profils mit vergrößerten Staffelungswinkel und längerer Sehne. Es sei hervorzuheben, dass die Charakteristiken der originalen Geometrie erhalten bleiben. Dies gilt neben der Dicken– und Wölbungsverteilung auch für die Sehnenlinie. Hierzu stellt Gl. (3.58) sicher, dass auch die Diskretisierung nicht neu berechnet, sondern mittels Skalierung aus der originalen abgeleitet wird. Somit werden die Punkte der Sehne lediglich so verschoben, dass die Variation die Zielparameter ax, tan, c und λ erfüllt.

3.5.7. Variation der radialen Synthese

Die eingeführte parametrische Profilvariation behandelt jeweils einen einzelnen Profilschnitt. Der Gedanke der radialen Synthese ist es, die individuellen Schnitte zu einer 3D–Schaufel zusammenzuführen. Üblicherweise werden die Schnitte anhand eines repräsentativen Punktes (z.B. Vorderkantenpunkt, Flächenschwerpunkt, etc.) im 3D–Raum entlang eines geometrischen Stapelungsgesetzes ausgerichtet. Die zu Grunde liegenden Formeln können dabei durchaus komplexe funktionale Zusammenhänge enthalten.

Entgegen dieser klassischen Form der radialen Synthese beruht das in Abschnitt 3.4.3 eingeführte 3D–Schaufelmodell alleinig auf der Kombination von N_j Parametervektoren P_q zu einer Matrix P_{jq} mit zugeordneter Stützstelle s_j. Der Übergang von diskret vorgegebenen Stützstellen zu beliebigen Bereichen wird durch radiale Mittelung gewährleistet. Die nach Gl. (3.26) gemittelten Profilparameter sind in der Matrix $\overline{P}_{aq}$ zusammengefasst. Der entwickelte Variationsansatz zur radialen Synthese setzt auf dieser Matrix auf. Die Variation der radialen Parameterverläufe erfolgt in methodischer Analogie zu dem eingeführten Morphing–Ansatz. Es wird eine Änderung der gemittelten Parameter aufgeprägt, ohne dabei die zu Grunde liegende Charakteristik — also die bestehenden Stapelungsgesetze — anzupassen. Besonders augenscheinlich wird dies für den Sonderfall eines radialen Mittelungsbereiches ($N_a = 1$) mit den Grenzen $s_{a,-} = 0$ und $s_{a,+} = 1$. Hier bildet ein repräsentativer Wert die gesamte Geometrieänderung ab, welche durch eine Translation der Kurve in Ordinatenrichtung realisiert wird. Im allgemeinen Fall ist die gemittelte Matrix der Parameteränderung

$$\Delta\overline{P}_{aq} = \overline{P}_{aq}^{ziel} - \overline{P}_{aq}^{ref} , \tag{3.64}$$

wobei der kontinuierliche Verlauf der Änderung parameterweise durch Interpolation über der Spannweitenkoordinate

$$\Delta\widetilde{P}(s) = \sum_{a=0}^{N_a} A_a \, s_a \tag{3.65}$$

gegeben ist[1]. Die Auswertung der Approximation $\Delta\tilde{P}(s)$ an den Stützstellen der originalen Geometrie

$$\Delta P_j = \Delta\widetilde{P}(s_j^{org}) \tag{3.66}$$

liefert bei Betrachtung aller Parameter mit ΔP_{jq} die Matrix der Parameteränderung.[2] Jede Zeile dieser Matrix definiert einen für Gl. (3.67) zum Morphing benötigten Profilparametervektor der Änderung ΔP_j. Die gesamte Parametermatrix der Variation ist über

$$P_{jq}^{var} = P_{jq}^{org} + \Delta P_{jq} \tag{3.67}$$

gegeben. Erläuternd ist im Anhang B.2 ein Beispiel zu radialen Synthese mit drei Mittelungsbereichen ausgeführt.

[1] Im Anhang B.1 sind zur Interpolation der diskreten Punkte Gleichungen für bis zu drei Stützstellen angegeben. Bei einer höheren Anzahl an Stützstellen wird die Verwendung von lokalen Approximationen mit Stetigkeitsbedingungen im Übergang empfohlen (z.B. Splines).

[2] In Sonderfällen kann eine Korrektur in Gl. (3.66) erforderlich sein: $\Delta P_j = P^*(s_j^{org})\,\Delta\widetilde{P}(s_j^{org})$. Die korrigierte Variante und die Definition von $P^*(s)$ wird im Anhang B.3 diskutiert.

3.5.8. Variation des Fillets

Die Erstellung des Fillets der variierten Schaufelgeometrie erfolgt als abschließender Schritt der Profilvariation. Die Verrundung der Verdichterschaufeln mit der Nabenkontur wird gemäß des in Abschnitt 3.4.4 hergeleiteten Filletmodells für Spannweitenkoordinaten $s < s_f$ durch Aufdickung realisiert. Demnach liegen zur Modellierung des Fillets insgesamt sechs charakterisierende Parameter vor:

- drei Parameter der Filletdicke: $t_{f,vk}$, $t_{f,max}$ und $t_{f,hk}$,
- drei Parameter der Fillethöhe: $s_{f,vk}$, $s_{f,max}$ und $s_{f,hk}$,

welche aus Analyse der radialen Verläufe von Vorder– und Hinterkantendicke sowie maximaler Dicke gewonnen werden. Der Fillet ist dreidimensionaler Natur, was anhand $\Delta t(s,x)$ in Abhängigkeit von Spannweiten– und Sehnenkoordinate die Berücksichtigung findet. Die Aufdickung Δt bestimmt dabei den Abstand, um welchen der jeweilige Profilpunkt normal zur Profilkontur nach außen verschoben wird. Die kontinuierliche Beschreibung wird durch eine elliptische Ansatzfunktion in Spannweitenrichtung (s) sowie durch ein quadratisches Polynom in Sehnenrichtung (x) realisiert.

Modellierung in Spannweitenrichtung

Die Modellierung in Spannweitenrichtung erfolgt über den in Gl. (3.31) eingeführten elliptischen Ansatz. Der diskrete Wert der Aufdickung

$$\Delta t_j = \begin{cases} t_f \left[1 - \sqrt{1 - \frac{(s_j - s_f)^2}{s_f^2}}\right] & \text{wenn: } 0 \leq s_j \leq s_f \\ 0 & \phantom{\text{wenn: }} s_j > s_f \end{cases} \tag{3.68}$$

ist durch die beiden Parameter Filletdicke t_f und Fillethöhe s_f gegeben und wird auf alle drei radialen Verläufe der Dickenparameter angewendet.

Begrenzung durch Grenzwinkel

Besonders für die strömungsmechanischen Berechnungen geht mit dem elliptischen Ansatz ein systematisches Problem einher. Die Netzqualität im Filletbereich des O–Netzes um die Schaufeloberfläche nimmt im Übergang des Fillets hin zur Nabe ab. Zur Lösung dieses Konflikts wurde eine Begrenzung des Filletanstiegs

$$90° - \arctan\left(\frac{\mathrm{d}(\Delta t(r))}{\mathrm{d}r}\right) \leq \alpha_{limit} \Longrightarrow s^* \tag{3.69}$$

für kleine Spannweitenkoordinaten abgeleitet. Dieser Ansatz führt auf die Spannweitenkoordinate s^*, ab welcher der Grenzwinkel α_{limit} überschritten wird und folglich der Anstieg der Filletaufdickung zu begrenzen ist. Somit kann die durch den Grenzwinkel limitierte Aufdickung in Erweiterung von Gl. (3.68) als zusammengesetzte Funktion

$$\Delta t_j = \begin{cases} t_f \left[1 - \sqrt{1 - \frac{(s_j - s_f)^2}{{s_f}^2}}\right] & s^* < s_j < s_f \\ A_0 + A_1\, s_j & \text{wenn: } 0 < s_j < s^* \\ 0 & s_j > s_f \end{cases} \tag{3.70}$$

formuliert werden. Die Bedingungen zur Erfüllung der Stetigkeit erster Ordnung im Übergangspunkt

$$\begin{aligned} A_1 &= \tan\left(90° - \alpha_{limit}\right) \\ A_0 &= \Delta t(s^*) - A_1\, s^* \end{aligned} \tag{3.71}$$

definieren die Konstanten A_0 und A_1 der linearen Extrapolation. Studien zur Qualität variierter Netze zeigen, dass ein Grenzwinkel $\alpha_{limit} \approx 20°$ eine gute Netzqualität sicherstellt.

Modellierung in Sehnenrichtung

Die radialen Verläufe der Aufdickung $\Delta t(s)$ sind nach Gl. (3.68) bzw. Gl. (3.70) an Vorder– und Hinterkante sowie maximaler Dicke definiert. Die Modellierung in Sehnenrichtung bestimmt die Werte der Aufdickung zwischen den drei bekannten Stellen. Ein Polynom zweiter Ordnung

$$\Delta\tilde{t}(x) = A_0 + A_1(x) + A_2(x^2) \tag{3.72}$$

beschreibt den kontinuierlichen Verlauf in Sehnenrichtung für jeweils einen Schnitt j. Die Zuordnung zur Sehne erfolgt gemäß den in Abschnitt 3.4.2 definierten Abszissenparametern der Dickenverteilung $x_{t,vk}$, $x_{t,max}$ und $x_{t,hk}$. Die Konstanten in Gl. (3.72) werden durch Einsetzen der bekannten Stützstellen $[x_{t,vk,j}, \Delta t_{vk,j}]$, $[x_{t,max,j}, \Delta t_{max,j}]$ und $[x_{t,hk,j}, \Delta t_{hk,j}]$ bestimmt. Die Aufdickung entlang der Sehne ist folglich über

$$\Delta t_{jk} = \Delta\tilde{t}_j(x_k) \tag{3.73}$$

bekannt. Für den in Gl. (3.35) diskutierten Sonderfall einer repräsentativen Filletdicke und Fillethöhe folgt $\Delta t_{jk} = \Delta t_j$ und somit eine konstante Aufdickung für den Schnitt.

3.5.9. Beispiel: Parametrisierung und Wiederaufbau einer digitalisierten Schaufel

Ziel dieses Abschnittes ist die Anwendung des Modells auf eine ausgewählte Schaufel mit merklichen geometrischen Abweichungen. Aus der digitalisierten Punktewolke wurden zuerst die in Abb. 3.18 gezeigten Profilschnitte extrahiert. Im Anschluss erfolgt die Ermittlung der inversen Skelettlinie anhand der symmetrischen Zerlegung des Profils mit Berechnung von Dicken- und Wölbungsverteilung.

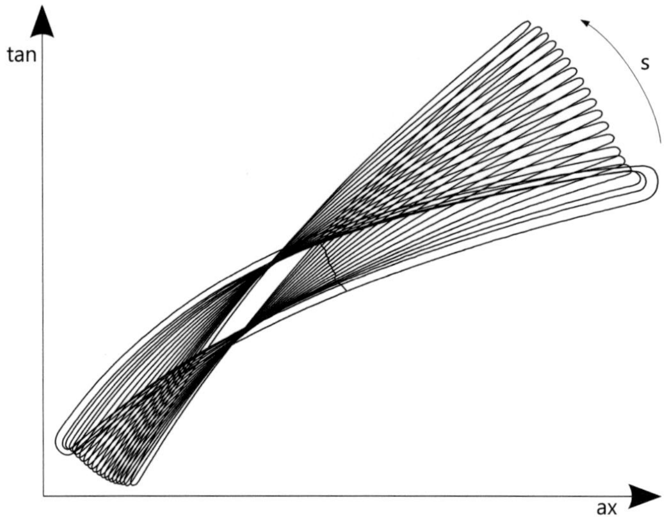

Abb. 3.18. Profilschnitte der digitalisierten Schaufel.

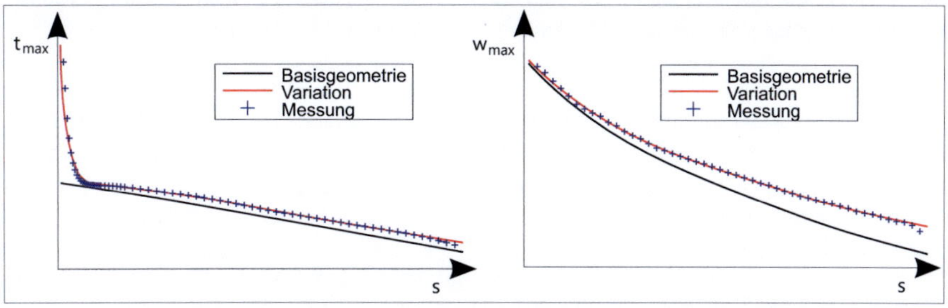

(a) Parameter maximale Dicke und maximale Wölbung im Spannweiten–Plot.

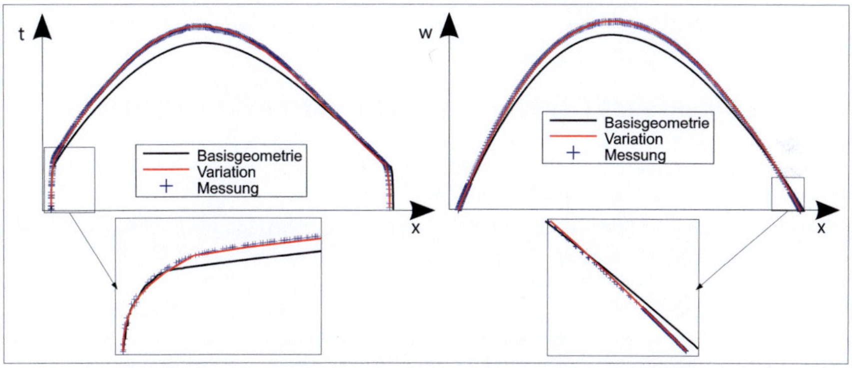

(b) Wölbungs– und Dickenverteilung bei 50% Spannweitenkoordinate.

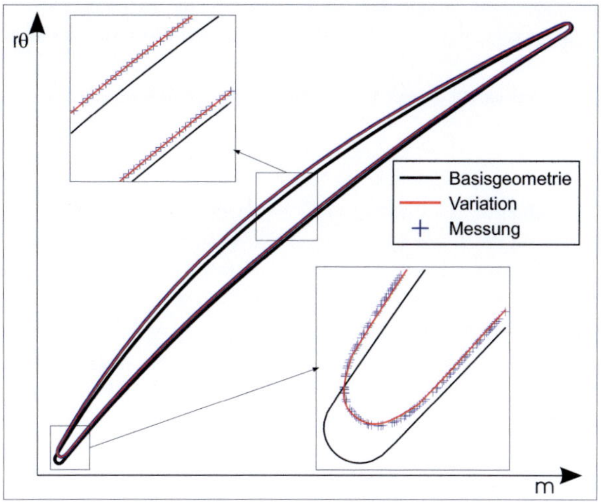

(c) Profilschnitt bei 50% Spannweitenkoordinate.

Abb. 3.19. Vergleich von Basisgeometrie, digitalisierter und wiederaufgebauter Schaufel.

Die Verteilungen werden durch 14 Profilparameter und zwei gemittelte Filletparameter parametrisiert, d.h. die Parameter der in Abschnitt 3.5.5 eingeführten Korrektur der variierten Dickenverteilung sowie die Variation des Fillets entlang der Sehne bleiben unberücksichtigt. Die Profilparameter werden zu vier radial gemittelten Bereichen zusammengefasst. Die resultierende gemittelte Profilparametermatrix P_{pa}, ergänzt um die zwei Filletparameter, repräsentiert die insgesamt 58 Parameter umfassende Datenbasis für den Profilwiederaufbau.

Zur qualitativen Analyse der Leistungsfähigkeit dieses Wiederaufbaus werden Parameterverläufe der gemessenen Schaufel mit der Basisgeometrie und der variierten Geometrie verglichen. Hierzu sind in Abb. 3.19 die variierten radialen Verteilungen der Profilparameter maximale Dicke und maximale Wölbung (Abb. 3.19(a)), die gemorphte Dicken- und Wölbungsverteilung (Abb. 3.19(b)) sowie das resultierende Profil (Abb. 3.19(c)) im Mittelschnitt gezeigt. Der Vergleich der Profilkontur von Variation und Messung erfolgt in Abb. 3.19(c). In allen Abbildungen ist zu erkennen, dass die Variation die Messung sehr gut abbildet. Dies gilt neben der stimmigen globalen Repräsentation der gemessenen Schaufel besonders auch für die lokal interessanten Bereiche wie z.B. an der Vorderkante.

3.6. Zusammenfassende Bewertung des Verdichterschaufelmodells

Abschließend zu diesem Kapitel sollen die wesentlichen Stärken des entwickelten parametrischen Modells realer Verdichterschaufeln zusammengefasst werden:

- Das Modell nutzt **übliche aerodynamische Auslegungsparameter** zur Überführung von realen Fertigungsabweichungen in die numerische Simulation, womit ein intuitiver Zugang zu den Einflüssen der Parameter sichergestellt ist.
- Das analytische Schaufelmodell muss zur Variation der Schaufelgeometrie nicht bekannt sein. Es wird lediglich eine **parameterbasierte Variation des diskreten Netzes** erstellt, ohne die zugrundeliegende mathematische Profilbeschreibung oder die radialen Stapelungsgesetze anzufassen.
- Das Modell beinhaltet zwei–parametrische Ansätze zur Beschreibung von Vorder– und Hinterkante sowie für den Fillet, wodurch **Analyse und Modellierung elliptischer Geometrien** möglich sind.
- Die **Parameterberechnung erfolgt im 2D–Stromlinienkoordinatensystem**, welches aus der 3D–Geometrie interpolierte Profilschnitte längenkonform abbildet. Dieser allgemeingültige Ansatz sichert, dass die berechneten Längenparameter auch für nicht axiale Konfigurationen den wirklichen räumlichen Abständen entsprechen.
- Das Verfahren ist **tolerant gegenüber unvollständigen Datensätzen** und somit robust für die Anwendung auf digitalisierte Geometrien. Die Überführung von diskretisierungsbezogenen zu gemittelten Parametern erlaubt es, ungenügend erfasste Schnitte bei der Mittelwertbildung herauszurechnen und somit aus der weiteren Bewertung auszuschließen.
- Der Variationsansatz nutzt **radial gemittelte Parameter** zur geometrischen Charakterisierung. Somit können verschiedenartig diskretisierte Geometrien auf gleiche Art und Weise bewertet werden: digitalisierte Schaufeln, diskretisierte CAD–Geometrien, Oberflächennetze von FE– und CFD–Modellen sowie deren Variationen.
- Der Variationsansatz eignet sich für folgende Anwendungen:
  - Die **direkte parametrische Nachbildung digitalisierter Schaufeln** kann durch direktes Aufprägen der identifizierten Parameter auf die Basisgeometrie erfolgen. Eine hohe Genauigkeit kann durch eine hohe Anzahl an Mittelungsbereichen erzielt werden.
  - Zur **Erstellung probabilistischer Variationen** der Basisgeometrie können DoE–Methoden zur parametrischen Analyse und Verbesserung des originalen Designs Verwendung

finden. Alternativ kann die Analyse des statistischen Charakters einer mehrere Schaufeln umfassenden Vermessung durch probabilistische Samples erfolgen. In beiden Fällen ist eine geringe Anzahl an Mittelungsbereichen für die robuste Durchführung der Simulation und einfachere Interpretation der Ergebnisse förderlich.

- Die Identifikation geometrischer Parameter ermöglicht eine **effiziente Charakterisierung realer Schaufeln** und ebnet den Zugang zu verschiedensten nachgeschalteten statistischen Untersuchungen. So können digitalisierte Schaufelsätze hinsichtlich identifizierter Parameter klassifiziert und statistisch bewertet werden (bspw. im Rahmen einer Clusteranalyse).

4. Probabilistische strömungsmechanische Simulation realer Verdichterschaufeln

In diesem Kapitel werden zwei Prozessketten zur probabilistischen CFD–Simulation realer Verdichterschaufeln vorgestellt und gegeneinander bewertet. Während ein Verfahren das in Kapitel 3 abgeleitete parametrische Modell zur Quantifizierung geometrischer Variabilität nutzt, setzt das andere Verfahren auf der nachfolgend beschriebenen Hauptkomponentenanalyse auf. Das stochastische Systemverhalten und die Sensitivitäten gegenüber den jeweils verwendeten stochastischen Eingangsgrößen werden durch Einbindung beider Modelle in eine Monte–Carlo CFD–Simulation bestimmt. Neben diesen Ergebnissen dient auch die geometrische Abbildungsgenauigkeit zur Bewertung beider Verfahren.

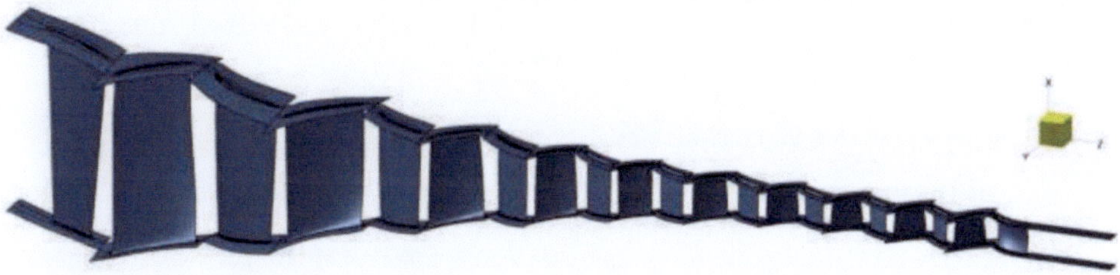

Abb. 4.1. 3D–Ansicht der umspülten Schaufeln des zehnstufigen Hochdruckverdichters.

Gegenstand der Untersuchung ist der in Abb. 4.1 mit seinen umspülten Schaufeloberflächen gezeigte zehnstufige Hochdruckverdichter. Es ist das Ziel, mit möglichst wenig Schaufelmessungen eine möglichst präzise Quantifizierung der aleatorischen, generalisierten geometrischen Variabilität zu erhalten. Die insgesamt verfügbare Anzahl an 450 digitalisierten Schaufeln wurde zu jeweils gleichen Teilen auf Rotorschaufeln der Reihe 3, 6 und 9 aufgeteilt und am Lehrstuhl für Konstruktionstechnik/CAD der TU Dresden gescannt [66]. Dieser Aufteilung liegen folgende Annahmen zu Grunde:

- Variationen der Rotorschaufeln werden gegenüber den Variationen der Statoren als einflussreicher auf das strömungsmechanische Verhalten des Verdichters eingeschätzt.
- Eine umfangreichere Stichprobe einer Reihe liefert deutlich präzisere Streuungen der beschreibenden Geometrieparameter.
- Benachbarte Reihen werden ähnlich gefertigt. Folglich können statistische Verteilungsparameter interpoliert werden.
- Die probabilistische Prozesskette ist aufwendig und verlangt eine Automatisierung, welche in Teilen reihenspezifisch ist. Eine vergrößerte Stichprobe einer Reihe bedarf gegenüber der Bewertung einer weiteren Reihe nur geringfügig Mehrarbeit.

Die untersuchten Schaufeln waren neuwertig, d.h. sie wurden der Produktion vor Einsatz im Triebwerk entnommen. Die Stichprobe von jeweils 150 Schaufeln pro Reihe wurde so ausgewählt, dass der Fertigungsprozess repräsentativ abgebildet wird. Somit ist sichergestellt, dass die statistische Basis aussagekräftig für die gesamte Fertigung ist. Es wurden zwei statistische Modelle zur probabilistischen Untersuchung der geometrischen Variabilität erstellt:

- Abschnitt 4.1 beschreibt die Einbindung des in Kapitel 3 hergeleiteten **parametrischen Modells** zur Beschreibung realer Verdichterschaufeln und
- Abschnitt 4.2 diskutiert die **Hauptkomponentenanalyse** als ein statistisches Standardverfahren zur Dimensionsreduktion komplexer Systeme zu gleichem Zweck.

Am Bsp. der R6 Schaufel werden beide Ansätze entwickelt, angewandt und verglichen. In Abschnitt 4.3 erfolgt die Bewertung der Güte wiederaufgebauter Schaufeln. Anschließend an den Vergleich der probabilistischen Modelle in Abschnitt 4.4 folgt in Abschnitt 4.5 die Diskussion des ermittelten nicht–deterministischen Verhaltens. Nach der vergleichenden Bewertung beider Verfahren in Abschnitt 4.6 schließt die Zusammenfassung dieses Kapitel ab.

4.1. Parameterbasiertes statistisches Modell geometrischer Variabilität

Die parameterbasierte Auswertung der Messkampagne erfolgt mit dem in Kapitel 3 eingeführten Modell zur Beschreibung realer Verdichterschaufeln. Als stochastische Variablen fungieren die identifizierten geometrischen Parameter. Das statistische Modell besteht aus Verteilungsfunktionen der stochastischen Variablen mit zugeordneter Korrelationsmatrix. Die Statistik der drei vermessenen Reihen (Rotor 3, 6 und 9) kann direkt bestimmt werden. Diese Reihen definieren ebenfalls die Stützstellen für das statistische Variabilitätsmodell des gesamten Verdichters.

4.1.1. Parameterbasiertes Variabilitätsmodell vermessener Reihen

Die geometrischen Parameter der vermessenen Rotorreihen 3, 6 und 9 werden für Profilschnitte berechnet, die linear zwischen Naben– und Gehäusekontur aus den diskreten Punktewolken extrahiert werden. Eine dreidimensionale Einschätzung der geometrischen Abweichungen ermöglicht die Darstellung der Profilparameter P_{jq} nach Gl. (3.23) über der Spannweitenkoordinate s_j. In Abb. 4.2(a) ist dieser Spannweiten–Plot für den Parameter maximale Dicke dargestellt. Er bereitet einen einfachen und verständlichen Zugang zum Streubereich des gesamten Schaufelsatzes. Weiterhin ermöglicht diese Darstellung, besonders für die hohe Diskretisierung der $N_j = 49$ Schnitte, die Identifikation von Ausreißern sowie eine globale Bewertung der Abweichungen und der Abweichungscharakteristik.

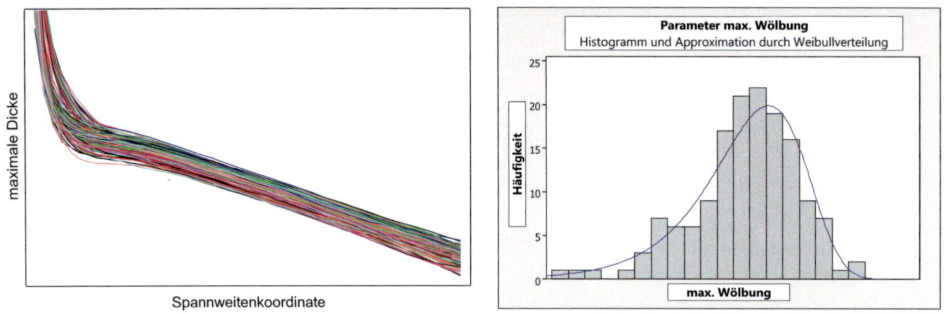

(a) Spannweiten–Plot der max. Dicke aller R6 Schaufeln. (b) Histogramm und Verteilungsfunktion.

Abb. 4.2. Parameterstreuung im Spannweiten–Plot und Identifikation einer Verteilungsfunktion.

Die statistischen Eigenschaften werden für den in Gl. (3.28) zusammengefassten Parametervektor des dreidimensionalen Schaufelmodells $\vec{\mathfrak{P}}$ bestimmt. Sie setzen sich aus $18 \cdot N_a$ gemittelten Profilparametern (Gl. (3.24)) und zwei gemittelten Filletparametern (Gl. (3.35)) zusammen. Die radiale Mittelung erfolgt mit Gl. (3.26). Als Integrationsgrenzen der Spannweitenkoordinate für 1, 2, 4 und 7 gemittelte Bereiche werden

$$\mathbf{s} = \begin{cases} [0.075, 1]^T, & \text{für } N_a = 1 \\ [0.075, 0.5, 1]^T, & \text{für } N_a = 2 \\ [0.075, 0.25, 0.5, 0.75, 1]^T, & \text{für } N_a = 4 \\ [0.075, 0.25, 0.375, 0.5, 0.625, 0.75, 0.875, 1]^T, & \text{für } N_a = 7 \end{cases} \tag{4.1}$$

verwendet, wovon die gemittelten Spannweitenkoordinaten s_a mit Gl. (3.25) folgen. Die Parameter für Spannweitenkoordinaten unterhalb $s < 0.075$ sind durch die Filletparameter dominiert und daher von der Mittelwertbildung der Profilparameter auszuschließen.[1]

Das in Abschnitt 3.5 abgeleitete Modell verwendet fest definierte Parameter zur Beschreibung der geometrischen Variabilität. Die Änderung einer Schaufel ist durch Bezug der gemessenen Parameter $\vec{\mathfrak{P}}^{scan}$ auf die Referenz

$$\Delta\vec{\mathfrak{P}} = \vec{\mathfrak{P}}^{scan} - \vec{\mathfrak{P}}^{ref} \tag{4.2}$$

gegeben. Zur Berechnung der Referenzparameter $\vec{\mathfrak{P}}^{ref}$ empfiehlt sich die Verwendung einer analog auszuwertetenden diskretisierten Form des CAD–Modells der kalten Referenzgeometrie. Somit können der gleiche Prozess zur Parametrisierung angewendet und Fehlerquellen minimiert werden.

Die Anwendung von Gl. (4.2) auf die $N_n = 150$ Schaufeln umfassende Messung erlaubt es, die geometrische Variabilität der vermessenen Schaufeln in der parametrischen Variabilitätsmatrix

$$\mathfrak{P} = \begin{bmatrix} \Delta\vec{\mathfrak{P}}_1^T \\ \Delta\vec{\mathfrak{P}}_2^T \\ \vdots \\ \Delta\vec{\mathfrak{P}}_{N_n}^T \end{bmatrix} \tag{4.3}$$

zusammenzufassen. Für die Verwendung von einem Bereich

$$\mathfrak{P} = \begin{bmatrix} \Delta ax_1 & \Delta tan_1 & \dots & \Delta t_{f,1} \\ \Delta ax_2 & \Delta tan_2 & \dots & \Delta t_{f,2} \\ \vdots & \vdots & & \vdots \\ \Delta ax_{Nn} & \Delta tan_{Nn} & \dots & \Delta t_{f,Nn} \end{bmatrix} \tag{4.4}$$

und von zwei Bereichen soll die Matrizenschreibweise ergänzt werden

$$\mathfrak{P} = \begin{bmatrix} \Delta ax_{A,1} & \Delta ax_{B,1} & \Delta tan_{A,1} & \dots & \Delta t_{f,1} \\ \Delta ax_{A,2} & \Delta ax_{B,2} & \Delta tan_{A,2} & \dots & \Delta t_{f,2} \\ \vdots & \vdots & \vdots & & \vdots \\ \Delta ax_{A,Nn} & \Delta ax_{B,Nn} & \Delta tan_{A,Nn} & \dots & \Delta t_{f,Nn} \end{bmatrix}. \tag{4.5}$$

Im Allgemeinen hat die Matrix $\mathfrak{P}$ die Dimension $N_n \times N_p$, wobei die Anzahl der Profilparameter durch Gl. (3.27) festgelegt ist. So gilt bei Verwendung aller $N_q = 18$ Profilparameter $N_p = 20$ für einen und $N_p = 38$ für zwei Mittelungsbereiche. Die N_p geometrischen Parameter definieren die Datenbasis zum Aufbau des statistischen Modells. Hierzu werden der Matrix spaltenweise N_n–dimensionale Vektoren entnommen. Ein Vektor repräsentiert die stochastische Variable des jeweiligen geometrischen

[1] Zur Bezeichnung der Bereiche für $N_a > 1$ werden große lateinische Indizes vereinbart. So gilt beispielhaft für zwei gemittelte Bereiche die folgende Zuordnung: Bereich A: $s_{a-} = 0.075$, $s_{a+} = 0.5$, $s_a = 0.25375$ und Bereich B: $s_{a-} = 0.5$, $s_{a+} = 1$, $s_a = 0.75$.

Parameters. Zu dieser stochastischen Variable wird ein Histogramm erstellt, die am besten passende Wahrscheinlichkeitsdichtefunktion bestimmt und ihre statistischen Verteilungsparameter identifiziert. Dies ist mit der kommerziellen Software *MiniTab* durchgeführt worden, welche es ermöglicht, den in Abschnitt 2.2.4 beschriebenen Anderson–Darling Anpassungstest zur statistischen Verteilungsidentifikation anzuwenden. In Abb. 4.2(b) ist das Histogramm einer Häufigkeitsverteilung und die Kurve der identifizierten Wahrscheinlichkeitsdichtefunktion als Ergebnis dieses Anpassungstests dargestellt. Es ist zu erkennen, dass die approximierte Weibullverteilung die Häufigkeitsverteilung sehr gut wiederspiegelt. Als zulässige Verteilungsfunktionen sind bei dem Anpassungstest die Normalverteilung, die Lognormalverteilung sowie die Weibullverteilung berücksichtigt worden. Die am besten passenden Verteilungen der gemittelten geometrischen Parameter aller drei vermessenen Rotorreihen sind in Tab. 4.1 zusammengefasst. Für alle Reihen sind statistische Modelle mit einem radial gemittelten Bereich und für R3 ist zusätzlich ein Modell mit zwei gemittelten Bereichen erstellt worden.

Tab. 4.1. Identifizierte statistische Verteilungsfunktionen der vermessenen Rotorreihen.

Parameter	R3 – 1 Bereich	R3 – 2 Bereiche		R6 – 1 Bereich	R9 – 1 Bereich
Bereich		R3_A	R3_B		
N_p	16	30		18	18
ax	Normal	Normal	Normal	Normal	Normal
tan	Normal	Normal	Normal	Normal	Normal
λ	Lognormal	Lognormal	Lognormal	Lognormal	Lognormal
c	Normal	Normal	Normal	Normal	Normal
w_{max}	Weibull	Weibull	Weibull	Weibull	Normal
$x_{w,max}$	Normal	Lognormal	Normal	Normal	Lognormal
t_{max}	Lognormal	Lognormal	Lognormal	Normal	Normal
$x_{t,max}$	Weibull	Normal	Normal	Lognormal	Normal
t_{vk}	Normal	Lognormal	Lognormal	Weibull	Lognormal
$x_{t,vk}$	Lognormal	Lognormal	Lognormal	Lognormal	Weibull
t_{hk}	Weibull	Weibull	Lognormal	Normal	Lognormal
$x_{t,hk}$	Lognormal	Lognormal	Lognormal	Normal	Normal
β_{vk}	Normal	Weibull	Normal	Weibull	Weibull
β_{hk}	Normal	Lognormal	Weibull	Normal	Lognormal
Δt_{vb}	–**	–**	–**	Normal	Normal
$x_{t,vb}$	–**	–**	–**	konst. Wert*	konst. Wert*
Δt_{hb}	–**	–**	–**	Normal	Normal
$x_{t,hb}$	–**	–**	–**	konst. Wert*	konst. Wert*
s_f	Weibull	Weibull		Lognormal	Lognormal
t_f	Weibull	Weibull		Normal	Lognormal

* Keine Verteilung identifiziert, aber Parameter als konstanter Wert modelliert.

** Keine Verteilung identifiziert, keine Korrektur der Dickenverteilung für R3.

Im Sinne der Monte–Carlo Simulation (MCS) können die Verteilungsfunktionen als Randverteilungen verstanden werden. Wie in Abschnitt 2.3.2 ausgeführt, wird die Koppelbeziehung zwischen den Randverteilungen durch eine symmetrische Matrix von Rangkorrelationskoeffizienten nach Gl. (2.11) definiert. Für einen gemittelten Bereich ergibt sich folgende Matrix

$$\boldsymbol{\rho} = \begin{vmatrix} \rho_{ax,ax} & \rho_{ax,tan} & \cdots & \rho_{ax,t_f} \\ \rho_{tan,ax} & \rho_{tan,tan} & \cdots & \rho_{tan,t_f} \\ \vdots & \vdots & & \vdots \\ \rho_{t_f,ax} & \rho_{t_f,tan} & \cdots & \rho_{t_f,t_f} \end{vmatrix} . \tag{4.6}$$

Die Berücksichtigung der Zusammenhänge zwischen den stochastischen Variablen ist erforderlich, um realistische Realisierungen zu erstellen. Es wird sichergestellt, dass die mittels MCS erstellte Parametermatrix $\widetilde{\mathfrak{P}}$ der gemessenen Matrix $\mathfrak{P}$ statistisch entspricht.

Für R6 und R9 enthält diese Matrix jeweils $[18 \times 18]$ Elemente. Sie setzen sich aus 16 Profilparametern und den beiden gemittelten Filletparametern zusammen. Es werden 16 anstelle der in Gl. (3.13) eingeführten 18 Profilparameter verwendet. Die Positionen der Dickenkorrektur $x_{t,vb}$ und $x_{t,hb}$ konnten, wie in Tab. 4.1 zusammenfasst, als konstanter Wert ohne statistische Verteilung abgebildet werden. Diese Vereinfachung führte zu einem robusteren Modell ohne eine wesentliche Qualitätsverschlechterung.

Für R3 sind bei einem gemittelten Bereich $[16 \times 16]$ Elemente bzw. bei zwei gemittelten Bereichen $[30 \times 30]$ Elemente enthalten. Der Unterschied gegenüber R6/R9 begründet sich durch die nicht enthaltenen Parameter zur Korrektur der Dickenverteilung t_{vb}, $x_{t,vb}$, t_{hb} und $x_{t,hb}$. Auf Grund der stark unterschiedlichen Ausprägung der jeweiligen Schaufeln konnte für R3 keine repräsentative Statistik für diese vier Parameter abgeleitet werden. Folglich können die Parameter der Dickenkorrektur nicht berücksichtigt werden. Das statistische Modell von R3 reduziert sich somit auf 14 Profil– und zwei Filletparameter.

ax_A	1.00	0.87	0.63	0.64	-0.22	-0.47	0.40	-0.04	-0.42	-0.41	-0.10	-0.34	0.31	0.19	-0.03	0.04	0.06	0.04	0.10	0.16	0.68	0.38	0.68	0.52	0.04	-0.19	0.26	-0.36	-0.31	-0.54
ax_B	0.87	1.00	0.43	0.55	-0.25	-0.54	0.49	0.07	-0.47	-0.45	0.16	-0.45	0.08	-0.04	-0.04	0.07	0.03	0.10	0.21	0.36	0.60	0.28	0.63	0.53	-0.17	-0.38	0.23	-0.47	-0.28	-0.63
tan_A	0.63	0.43	1.00	0.88	-0.02	-0.11	0.10	-0.22	-0.51	-0.36	-0.06	-0.15	0.31	0.25	0.06	0.03	-0.05	-0.02	-0.05	-0.04	0.51	0.37	0.49	0.34	0.06	-0.13	0.13	-0.25	-0.38	-0.39
tan_B	0.64	0.55	0.88	1.00	0.11	-0.23	0.27	-0.11	-0.61	-0.52	-0.01	-0.29	0.17	0.11	0.09	0.02	-0.21	-0.11	-0.09	0.00	0.55	0.34	0.57	0.39	-0.01	-0.33	0.13	-0.41	-0.45	-0.55
λ_A	-0.22	-0.25	-0.02	0.11	1.00	0.54	-0.21	-0.13	-0.26	-0.08	-0.02	-0.03	0.01	0.09	0.25	0.19	-0.31	-0.20	-0.23	-0.05	0.05	0.24	0.17	0.19	0.16	-0.13	-0.03	-0.09	-0.36	-0.32
λ_B	-0.47	-0.54	-0.11	-0.23	0.54	1.00	-0.49	-0.23	0.11	0.18	0.16	0.17	0.07	0.17	0.11	0.10	-0.04	-0.02	-0.13	-0.13	-0.17	0.10	-0.18	-0.12	0.20	0.16	0.09	0.12	0.02	0.06
c_A	0.40	0.49	0.10	0.27	-0.21	-0.49	1.00	0.57	-0.07	-0.15	-0.21	-0.19	0.01	-0.08	-0.22	-0.08	0.03	-0.04	0.09	0.16	0.40	0.05	0.38	0.25	-0.15	-0.15	-0.11	-0.19	-0.08	-0.20
c_B	-0.04	0.07	-0.22	-0.11	-0.13	-0.23	0.57	1.00	0.23	0.14	-0.01	0.06	-0.13	-0.08	0.03	0.05	0.13	0.03	0.20	0.23	-0.13	-0.06	-0.12	0.00	0.08	0.05	-0.08	-0.08	-0.06	0.07
$w_{max,A}$	-0.42	-0.47	-0.51	-0.61	-0.26	0.11	-0.07	0.23	1.00	0.73	-0.02	0.49	-0.07	-0.05	-0.02	-0.05	0.37	-0.01	0.17	-0.09	-0.40	-0.36	-0.48	-0.46	0.35	0.57	0.12	0.60	0.43	0.57
$w_{max,B}$	-0.41	-0.45	-0.36	-0.52	-0.08	0.18	-0.15	0.14	0.73	1.00	-0.12	0.61	0.08	0.15	0.09	0.11	0.27	-0.07	0.05	-0.13	-0.34	-0.12	-0.39	-0.25	0.41	0.72	0.05	0.79	0.21	0.42
$x_{w,max,A}$	-0.10	0.16	-0.06	-0.01	-0.02	0.16	-0.21	-0.01	-0.02	-0.12	1.00	-0.13	-0.24	-0.21	0.34	0.31	0.02	0.17	0.26	0.39	-0.02	0.06	-0.01	0.03	-0.14	-0.27	0.48	-0.26	-0.13	-0.38
$x_{w,max,B}$	-0.34	-0.45	-0.15	-0.29	-0.03	0.17	-0.19	0.06	0.49	0.61	-0.13	1.00	0.10	0.25	0.10	0.04	0.06	-0.15	-0.08	-0.23	-0.36	-0.05	-0.30	-0.20	0.34	0.40	-0.08	0.76	0.11	0.33
$t_{max,A}$	0.31	0.08	0.31	0.17	0.01	0.07	0.01	-0.13	-0.07	0.08	-0.24	0.10	1.00	0.83	0.13	0.24	0.43	0.41	0.20	0.17	0.49	0.69	0.36	0.47	0.42	0.24	0.29	0.14	-0.20	-0.14
$t_{max,B}$	0.19	-0.04	0.25	0.11	0.09	0.17	-0.08	-0.08	-0.05	0.15	-0.21	0.25	0.83	1.00	0.15	0.22	0.30	0.41	0.09	0.16	0.33	0.76	0.28	0.46	0.45	0.31	0.25	0.22	-0.30	-0.10
$x_{t,max,A}$	-0.03	-0.04	0.06	0.09	0.25	0.11	-0.22	0.03	-0.02	0.09	0.34	0.10	0.13	0.15	1.00	0.66	-0.15	-0.15	-0.05	-0.01	0.03	0.35	-0.02	0.05	0.42	0.08	0.43	-0.03	-0.46	-0.27
$x_{t,max,B}$	0.04	0.07	0.03	0.02	0.19	0.10	-0.08	0.05	-0.05	0.11	0.31	0.04	0.24	0.22	0.66	1.00	0.03	-0.01	0.10	0.15	0.11	0.51	0.10	0.26	0.42	0.05	0.48	-0.04	-0.48	-0.35
$t_{vk,A}$	0.06	0.03	-0.05	-0.21	-0.31	-0.04	0.03	0.13	0.37	0.27	0.02	0.06	0.43	0.30	-0.15	0.03	1.00	0.73	0.69	0.55	0.07	0.15	-0.01	0.14	0.26	0.27	0.20	0.14	0.27	0.22
$t_{vk,B}$	0.04	0.10	-0.02	-0.11	-0.20	-0.02	-0.04	0.03	-0.01	-0.07	0.17	-0.15	0.41	0.41	-0.15	-0.01	0.73	1.00	0.56	0.71	0.12	0.35	0.07	0.27	-0.04	-0.02	0.09	-0.16	0.18	0.01
$x_{t,vk,A}$	0.10	0.21	-0.05	-0.09	-0.23	-0.13	0.09	0.20	0.17	0.05	0.26	-0.08	0.20	0.09	-0.05	0.10	0.69	0.56	1.00	0.74	0.05	0.08	0.10	0.27	0.15	0.03	0.13	-0.09	0.16	-0.06
$x_{t,vk,B}$	0.16	0.36	-0.04	0.00	-0.05	-0.13	0.16	0.23	-0.09	-0.13	0.39	-0.23	0.17	0.16	-0.01	0.15	0.55	0.71	0.74	1.00	0.16	0.29	0.26	0.48	0.00	-0.18	0.11	-0.30	-0.03	-0.31
$t_{hk,A}$	0.68	0.60	0.51	0.55	0.05	-0.17	0.40	-0.13	-0.40	-0.34	-0.02	-0.36	0.49	0.33	0.03	0.11	0.07	0.12	0.05	0.16	1.00	0.61	0.76	0.56	0.00	-0.19	0.31	-0.30	-0.38	-0.55
$t_{hk,B}$	0.38	0.28	0.37	0.34	0.24	0.10	0.05	-0.06	-0.36	-0.12	0.06	-0.05	0.69	0.76	0.35	0.51	0.15	0.35	0.08	0.29	0.61	1.00	0.53	0.65	0.36	-0.01	0.43	-0.13	-0.62	-0.52
$x_{t,hk,A}$	0.68	0.63	0.49	0.57	0.17	-0.18	0.38	-0.12	-0.48	-0.39	-0.01	-0.30	0.36	0.28	-0.02	0.10	-0.01	0.07	0.10	0.26	0.76	0.53	1.00	0.81	0.02	-0.30	0.18	-0.30	-0.41	-0.69
$x_{t,hk,B}$	0.52	0.53	0.34	0.39	0.19	-0.12	0.25	0.00	-0.46	-0.25	0.03	-0.20	0.47	0.46	0.05	0.26	0.14	0.27	0.27	0.48	0.56	0.65	0.81	1.00	0.18	-0.21	0.13	-0.22	-0.44	-0.64
$\beta_{vk,A}$	0.04	-0.17	0.06	-0.01	0.16	0.20	-0.15	0.08	0.35	0.41	-0.14	0.34	0.42	0.45	0.42	0.42	0.26	-0.04	0.15	0.00	0.00	0.36	0.02	0.18	1.00	0.62	0.40	0.35	-0.22	-0.03
$\beta_{vk,B}$	-0.19	-0.38	-0.13	-0.33	-0.13	0.16	-0.15	0.05	0.57	0.72	-0.27	0.40	0.24	0.31	0.08	0.05	0.27	-0.02	0.03	-0.18	-0.19	-0.01	-0.30	-0.21	0.62	1.00	0.14	0.60	0.18	0.41
$\beta_{hk,A}$	0.26	0.23	0.13	0.13	-0.03	0.09	-0.11	-0.08	0.12	0.05	0.48	-0.08	0.29	0.25	0.43	0.48	0.20	0.09	0.13	0.11	0.31	0.43	0.18	0.13	0.40	0.14	1.00	-0.02	-0.35	-0.33
$\beta_{hk,B}$	-0.36	-0.47	-0.25	-0.41	-0.09	0.12	-0.19	-0.08	0.60	0.79	-0.26	0.76	0.14	0.22	-0.03	-0.04	0.14	-0.16	-0.09	-0.30	-0.30	-0.13	-0.30	-0.22	0.35	0.60	-0.02	1.00	0.24	0.46
s_f	-0.31	-0.28	-0.38	-0.45	-0.36	0.02	-0.08	-0.06	0.43	0.21	-0.13	0.11	-0.20	-0.30	-0.46	-0.48	0.27	0.18	0.16	-0.03	-0.38	-0.62	-0.41	-0.44	-0.22	0.18	-0.35	0.24	1.00	0.53
t_f	-0.54	-0.63	-0.39	-0.55	-0.32	0.06	-0.20	0.07	0.57	0.42	-0.38	0.33	-0.14	-0.10	-0.27	-0.35	0.22	0.01	-0.06	-0.31	-0.55	-0.52	-0.69	-0.64	-0.03	0.41	-0.33	0.46	0.53	1.00

Abb. 4.3. Korrelationsmatrix für Rotorreihe 3 mit zwei radial gemittelten Bereichen.

In Abb. 4.3 ist stellvertretend die $[30 \times 30]$ Korrelationsmatrix der R3–Parameter für zwei radial gemittelte Bereiche dargestellt. Es sind zumeist hohe Korrelationen zwischen beiden Mittelungsbereichen eines Parameters zu erkennen. Diese hohen Werte begründen sich durch das Fertigungsverfahren Schmieden. Anlog zur radialen Korrelation sind auch für die Ausprägung entlang der Sehne wesentliche Zusammenhänge ersichtlich. Es ist zu erkennen, dass die Parameter der Dickenverteilung stark miteinander korrelieren. Demnach ist eine Schaufel tendenziell sowohl an Vorder– und Hinterkante als auch im Bereich der maximalen Dicke homogen dicker bzw. dünner. Gleiches gilt auch für die Dicke und Position der Dicke an Vorder– und Hinterkante, welche ebenfalls stark korrelieren. Folglich bleiben die Kanten tendenziell Kreise und neigen nur zu abgeschwächten Ellipsen.

4.1.2. Parameterbasiertes Variabilitätsmodell aller Rotorreihen

Die Vermessung der Verdichterschaufeln beschränkte sich auf Reihe 3, 6 und 9 des insgesamt zehnstufigen Hochdruckverdichters. Das statistische Variabilitätsmodell aller Rotorreihen wird durch Interpolation der Verteilungsparameter und Korrelationsmatrizen der vermessenen Reihen abgeleitet.

Für die Interpolation ist es Voraussetzung, dass alle Reihen mit der gleichen Verteilungsfunktion beschrieben werden. Als Lösung bietet sich an, entgegen der Zusammenstellung in Tab. 4.1, alle Häufigkeitsverteilungen genähert als normalverteilt anzunehmen. Dies beinhaltet zwar eine geringfügig schlechtere Approximationsgüte, ermöglicht jedoch die Erstellung eines geschlossenen Modells. Eine weitere Voraussetzung ist, dass alle drei Stützstellen bekannt sind. Wie in Abschnitt 4.1.1 diskutiert, sind die Parameter der Dickenkorrektur im Falle von R3 nicht bekannt. Darüber hinaus konnten die Parameter axiale und tangentiale Position nicht erfolgreich auf den gesamten Verdichter (insbesondere Reihe 1 und 2) übertragen und mussten ebenfalls aus dem statistischen Modell ausgeschlossen werden. Folglich wird die geometrische Variabilität jeder Rotorstufe über Mittelwert und Standardabweichung von 14 stochastischen Parametern (12 gemittelte Profil– und zwei Filletparameter) beschrieben.

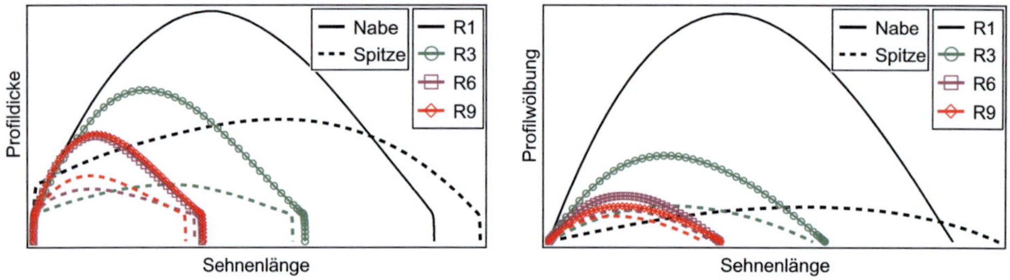

Abb. 4.4. Dicken– und Wölbungsverteilung an Naben– und Gehäuseschnitt.

Das parametrische Verdichterschaufelmodell wurde zur Analyse und Variation von Rotorreihe 3, 6 und 9 konzipiert. Zur Anwendung auf den gesamten Verdichter ist eine weitere Bedingung zu erfüllen: die zu Grunde liegenden Dicken– und Wölbungsverteilungen müssen ähnlich sein. Andernfalls eignen sich die gewonnen Änderungsparameter nicht zur Beschreibung der geometrischen Variabilität. Hierzu zeigt Abb. 4.4 die Verläufe der gescannten Reihen sowie der (am stärksten abweichenden) ersten Rotorreihe für den Schnitt nahe der Nabe und der Schaufelspitze. Es ist zu erkennen, dass alle Verteilungen eine ähnliche Charakteristik, wenngleich mit unterschiedlich starker Ausprägung, aufweisen. Dies sichert die Anwendbarkeit des parametrischen Verdichterschaufelmodells auf alle Reihen des Verdichters.

Die **Interpolation der Verteilungsparameter** erfolgt über den Reihenindex. Es standen die drei vermessenen Reihen (R3, R6 und R9) als Stützstellen zur Verfügung. Somit hätte eine Approximationsfunktion zweiten Grades Verwendung finden können. Da jedoch für R1, R2 und R10 Werte auch extrapoliert werden müssen, wurde davon abgesehen und eine Approximation erster Ordnung als vermittelnd konservative Abschätzung gewählt. Die Interpolation erfolgt über die beiden Verteilungsparameter der Normalverteilung: Standardabweichung und Mittelwert, die zur analytischen Beschreibung der 42 Häufigkeitsverteilungen (drei Reihen mit je 14 Parametern) bestimmt werden. Die lineare Interpolation dieser Werte liefert das Approximationsgesetz

$$\tilde{\mu}(i) = A_0 + A_1\,i \ \text{ und } \ \tilde{\sigma}(i) = A_0 + A_1\,i \tag{4.7}$$

zur Quantifizierung der Verteilungsparameter aller Rotorreihen i. Bei einigen Parametern zeigen sich jedoch Querabhängigkeiten zwischen Streuung und Mittelwert. So wurde für drei Parameter (Sehnenlänge, max. Wölbung, max. Dicke) eine wesentlich bessere Approximation erzielt, wenn die

Standardabweichung bezogen auf den Parameterwert der Referenzgeometrie der jeweiligen Reihe P_i betrachtet wird. Die lineare Approximation von $\mu(i)/P_i$ und $\sigma(i)/P_i$ führte zu besseren Ergebnissen, woraus sich das korrigierte Interpolationsgesetz

$$\tilde{\mu}(i) = P_i \cdot (A_0 + A_1\, i) \;\text{ und }\; \tilde{\sigma}(i) = P_i \cdot (A_0 + A_1\, i) \tag{4.8}$$

ableitet. Am Beispiel des Parameters Sehnenlänge soll die Notwendigkeit beider Ansätze verdeutlicht werden. Zur Interpolation des Mittelwertes wird Gl. (4.7) und für die Standardabweichung Gl. (4.8) angewendet. Wie Abb. 4.5 zeigt, kann in beiden Fällen mit einem linearen Interpolationsansatz eine sehr gute Abbildung der Verteilungsparameter der drei bekannten Reihen erreicht werden.

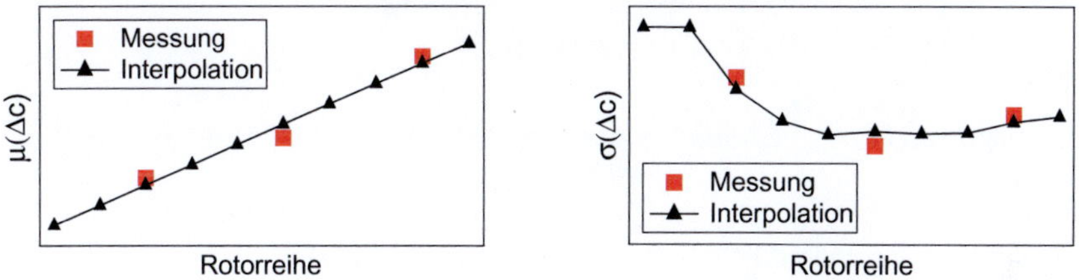

Abb. 4.5. Interpolation der Sehnenlänge: Mittelwert (links) und Standardabweichung (rechts).

Bezogen auf den gesamten Hochdruckverdichter, dient der beschriebene Interpolationsansatz zur Bestimmung der Matrizen von Mittelwert und Standardabweichung. Beide Matrizen haben jeweils die Dimension 10×14. Sie definieren die statistischen Verteilungsparameter der $N_p = 140$ stochastischen Variablen und quantifizieren somit die geometrische Variabilität aller zehn Rotorreihen des Verdichters.

λ	1.00	-0.19	-0.02	0.07	0.06	0.08	-0.07	-0.08	0.01	0.02	0.23	0.08	-0.18	-0.07
c	-0.19	1.00	0.27	-0.21	0.28	-0.05	0.24	0.09	0.31	0.16	0.16	-0.16	-0.09	-0.04
w_{max}	-0.02	0.27	1.00	0.09	0.17	-0.17	0.15	-0.06	-0.06	-0.24	0.55	0.47	-0.04	0.12
$x_{w,max}$	0.07	-0.21	0.09	1.00	-0.14	0.17	-0.10	0.02	-0.23	-0.12	-0.03	0.41	0.02	0.01
t_{max}	0.06	0.28	0.17	-0.14	1.00	0.09	0.56	0.21	0.60	0.34	0.31	0.09	-0.21	-0.14
$x_{t,max}$	0.08	-0.05	-0.17	0.17	0.09	1.00	-0.09	0.09	0.25	0.24	-0.06	-0.02	0.04	-0.05
t_{vk}	-0.07	0.24	0.15	-0.10	0.56	-0.09	1.00	0.64	0.42	0.31	0.28	-0.06	0.01	-0.08
$x_{t,vk}$	-0.08	0.09	-0.06	0.02	0.21	0.09	0.64	1.00	0.22	0.49	0.07	-0.11	0.18	-0.19
t_{hk}	0.01	0.31	-0.06	-0.23	0.60	0.25	0.42	0.22	1.00	0.74	0.06	-0.18	-0.15	-0.30
$x_{t,hk}$	0.02	0.16	-0.24	-0.12	0.34	0.24	0.31	0.49	0.74	1.00	-0.07	-0.20	0.00	-0.40
β_{vk}	0.23	0.16	0.55	-0.03	0.31	-0.06	0.28	0.07	0.06	-0.07	1.00	0.33	-0.19	-0.04
β_{hk}	0.08	-0.16	0.47	0.41	0.09	-0.02	-0.06	-0.11	-0.18	-0.20	0.33	1.00	-0.16	-0.07
s_f	-0.18	-0.09	-0.04	0.02	-0.21	0.04	0.01	0.18	-0.15	0.00	-0.19	-0.16	1.00	0.17
t_f	-0.07	-0.04	0.12	0.01	-0.14	-0.05	-0.08	-0.19	-0.30	-0.40	-0.04	-0.07	0.17	1.00

Abb. 4.6. Gemittelte Korrelationsmatrix von R3, R6 und R9.

Bei der Berechnung der **Korrelationsmatrix des gesamten Verdichters** wurde von einem Interpolationsansatz Abstand genommen. Es kann nicht sichergestellt werden, dass sowohl alle 10 Matrizen mit 14×14 Elementen, als auch deren Kombination zur Matrix des gesamten Verdichters mit 140×140 Elementen gültig im Sinne der Korrelationseinstellung für Zufallszahlen (d.h. nicht singulär) sind. Besonders können einzelne Parameter für die extrapolierten Reihen (R1, R2 und R10) problematisch sein und sogar offensichtlich ungültige Werte größer 1 oder kleiner -1 fordern. Die Korrelationsmatrix jeder Reihe wird daher über den arithmetischen Mittelwert

$$\rho = \frac{1}{3}(\rho_{R3} + \rho_{R6} + \rho_{R9}) \tag{4.9}$$

der Korrelationskoeffizienten der drei bekannten Reihen gewonnen. Der robuste Ansatz vermittelt die bestehenden Zusammenhänge aller drei Reihen und fasst sie zu repräsentativen Beziehungen der geometrischen Parameter zusammen. Es resultiert die in Abb. 4.6 dargestellte Matrix. Abhängigkeiten zwischen verschiedenen Reihen werden nicht erwartet und über $\rho = 0$ erfasst. Die resultierende Matrix aller 140 Parameter ist somit nur um die Hauptdiagonale mit Werten verschieden Null belegt. Sie ist nicht singulär und zur Einstellung korrelierter Zufallszahlen gemäß des in Abschnitt 2.3.2 beschriebenen *Restricted Pairing* Verfahrens geeignet.

4.2. Hauptkomponentenbasiertes statistisches Modell geometrischer Variabilität

Die Hauptkomponentenanalyse (PCA, engl: principal component analysis) ist ein Verfahren der multivariaten Statistik, welches es erlaubt, Muster in einem hochdimensionalen Datensatz zu finden. Die PCA reduziert die Dimension dieses Datensatzes, indem er auf Linearkombinationen seiner Hauptkomponenten zurückgeführt wird. Ein Standardwerk welches die PCA vorrangig als Werkzeug der deskriptiven Statistik beleuchtet, ist bspw. das von Jolliffe [73].

Auch zur Quantifizierung der Variabilität einer Charge vermessener Schaufeln, stellt die PCA einen häufig verwendeten Ansatz dar. So beschreibt Häcker [57] in seiner Diplomarbeit einen Prozess, der die Abweichung gemessener Oberflächenkoordinaten erfasst. Garzon [40] greift diesen Prozess auf und wendet die PCA zur effizienten Beschreibung geometrischer Variabilität von Verdichterschaufeln an. Bei der Modellierung geometrischer Abweichungen durch die PCA wird die Variabilität durch mathematische Moden (die Imperfektionsformen) und zugeordente Amplituden (die Ausprägungsstärke) beschrieben. Die Amplituden stellen zugleich die stochastischen Variablen des Modells dar. Die PCA bestimmt Moden und Amplituden direkt aus dem analysierten Datensatz. Folglich sind sie dem Datensatz unmittelbar zugeordnet und nicht zur Interpolation auf benachbarte Reihen oder zur Ableitung des statistischen Variabilitätsmodells des gesamten Verdichters geeignet. In dieser Arbeit wird die PCA zum Zwecke der zusätzlichen Auswertung von Rotorreihe 6 angewandt und dient als Benchmark für das entwickelte parametrische Modell.

4.2.1. Strukturierung der Profilschnitte

Die PCA verwendet die aus der Punktewolke extrahierten Profilschnitte (vgl. Abschnitt 3.1). Diese Schnitte sind zunächst durch Punkte beliebiger Anzahl mit ungleichmäßigem Abstand diskretisiert. Die PCA erfordert jedoch die geometrische Variation der Schaufeln an dem jeweils gleichen Knoten. Sie benötigt daher die Schaufelgeometrie in Form eines Netzes mit gleichbleibender Diskretisierung, d.h. eine feste Zuordnung der diskreten Stützstellen zur Geometrie. Ein Ansatz, die gemessenen Schnitte in eine solche strukturierte Beschreibung zu überführen, erfolgt über die Berechnung von Koordinaten an vorgegebenen Positionen, welche z.B. auf einer Referenzgeometrie festgelegt werden. Kommerzielle Software bietet hierfür Lösungen an. *GOM Inspect Professional* enthält Algorithmen, die den minimalen räumlichen Abstand oder den Normalenvektor der Referenzgeometrie nutzen, um die entsprechenden Koordinaten zu bestimmen. Die Anwendung dieser Algorithmen auf Turbomaschinenschaufeln ist jedoch fraglich. Wie Abb. 4.7 zeigt, ist die Zuordnung nahe der Vorder- und Hinterkante nicht eindeutig. Besonders die z.T. ausgeprägte Verschiebung der Schnitte gegenüber der Referenzgeometrie stellt eine Herausforderung dar.

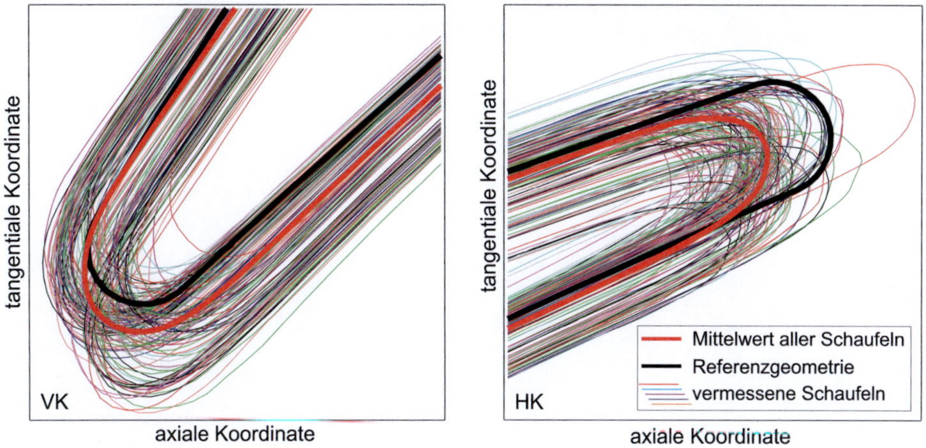

Abb. 4.7. Profilschnitte der vermessenen R6–Schaufeln bei 25% Spannweitenkoordinate.

Zur Strukturierung der gemessenen Profilschnitte wurde ein alternativer, speziell für Turbomaschinenschaufeln geeigneter Ansatz entwickelt. Aus den Punktewolken sind zur radialen Diskretisierung $N_j = 25$ Profilschnitte konstanter Spannweitenkoordinate extrahiert worden. Die Schnitte liegen zwischen $s = 2\%$ und $s = 95\%$. Um einen Kompromiss zwischen einer möglichst hohen Auflösung des Filletbereichs bei möglichst geringer Gesamtanzahl an Schnitten zu erreichen, wurde unterhalb von $s = 20\%$ ein Abstand $\Delta s = 2\%$ und im restlichen Schaufelblatt von $\Delta s = 5\%$ realisiert. Die Diskretisierung in Umfangsrichtung erfolgt durch die Vorgabe einer integralen Bogenlänge des Profilschnittes. Diese Kurve umläuft nicht die gesamte Schaufel, sondern wird separat für Druck– und Saugseite bestimmt. Der Übergang zwischen den beiden Halbschalen ist anhand des Durchstoßpunktes der Skelettlinie durch die Profillinie (vgl. Abschnitt 3.3.2) definiert, welcher das Profil in zwei Hälften teilt. Das Inkrement der Bogenlänge zweier benachbarter Punkte des Profilschnittes

$$\Delta L_k = |\vec{x}_{k+1} - \vec{x}_k| \tag{4.10}$$

führt auf die normierte kumulierte Bogenlängenverteilung beider Halbschalen

$$L_k^* = \frac{\sum_{i=1}^{k} \Delta L_i}{\sum_{i=1}^{N_k} \Delta L_i}, \tag{4.11}$$

welche sowohl für alle Scans als auch für die Referenzgeometrie berechnet wird. Es wird empfohlen als Referenz einen Schnitt des CFD–Oberflächennetzes aus dem Filletbereich (ca. $s = 2\%$) zu verwenden. Dieser weist an Vorder– und Hinterkante eine stark vergrößerte Punktdichte auf und ermöglicht bereits mit $N_k = 112$ Punkten eine präzise Modellierung der Schaufelkontur. Abbildung 4.8(a) kann entnommen werden, dass hiermit kleinere Schrittweiten der kumulierten Bogenlänge an Anfang und Ende der Kurve resultieren. In den Bereichen größerer geometrischer Gradienten nahe der Vorder– und Hinterkante ist somit eine präzise Auflösung sichergestellt.

Die Bogenlängenverteilung des Referenzprofilschnittes definiert die Position, an welcher der gemessene Schnitt zu interpolieren ist. Folglich wird diese Position durch die Bedingung gleicher normierter kumulierter Bogenlängen

$$L^{*\,ref} = L^{*\,scan} \Longrightarrow \widetilde{k} \tag{4.12}$$

festgelegt. In Abb. 4.8(b) ist zu erkennen, dass $\widetilde{k}$ kein Integerwert und somit kein Index im klassischen Sinne ist. Er definiert vielmehr die präzise Position zur Interpolation des gemessenen Profilschnittes.

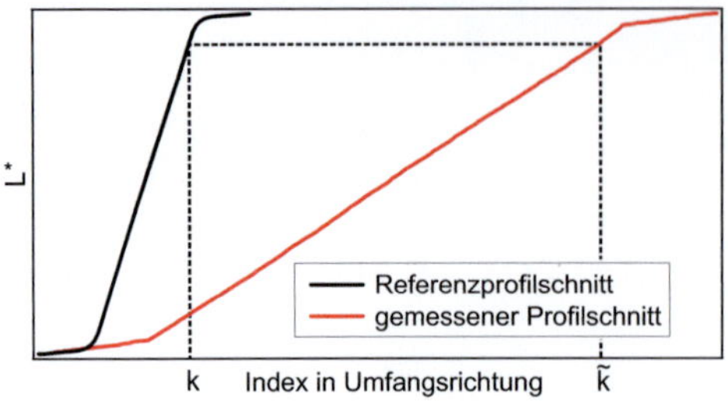

(a) Normierte kumulierte Bogenlängenverteilung

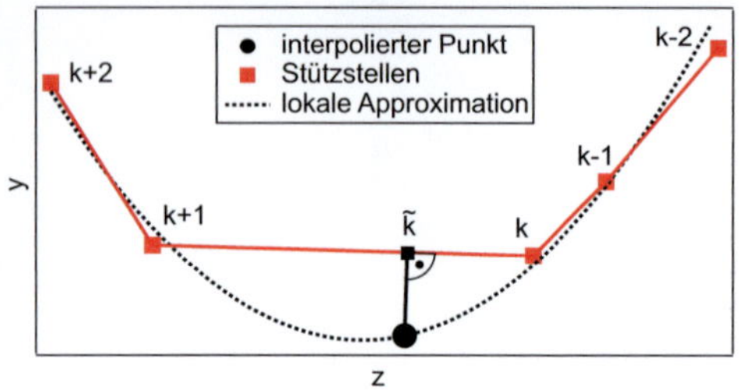

(b) Interpolation des gemessenen Profilschnittes

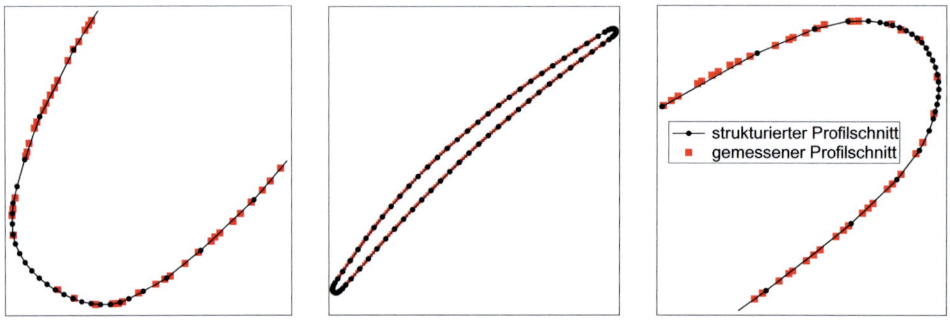

(c) Vergleich von gemessenem mit gleichmäßig strukturiertem Profilschnitt

Abb. 4.8. Strukturierung der gemessenen Profilschnitte.

Diese Berechnung erfolgt auf Basis eines Vektors benachbarter Punkte, welche einen lokalen Bereich dieses Profilschnittes abbilden. Die Approximation dieser Punkte erfolgt mit einem Polynom zweiter Ordnung. Die Auswertung dieses Polynoms an der Stelle $\tilde{k}$ liefert die Koordinaten $z_{\tilde{k}}$ und $y_{\tilde{k}}$. Die verbleibende x–Koordinate wird über die zum Schnitt j zugeordnete Stromlinie

$$x_{\tilde{k}} = \sqrt{r_j(z_{\tilde{k}})^2 - y_{\tilde{k}}^2} \tag{4.13}$$

festgelegt, womit die drei Koordinaten des Punktes $\vec{x}_{\tilde{k}}$ bekannt sind. Der Algorithmus wird auf alle $N_j = 25$ Profilschnitte mit jeweils $N_k = 112$ Punkten angewendet, womit das strukturierte Netz der vermessenen Schaufel durch $\vec{x}_{kj}$ gegeben ist. Nachfolgend wird dieses Netz als Auswertenetz bezeichnet. In Abb. 4.8(c) ist zur Bewertung der vorgestellten Methode ein Vergleich von gemessenem und strukturiertem Profilschnitt dargestellt. Es ist zu erkennen, dass der Algorithmus die Vorgaben erfüllt. Es werden sowohl die beim Digitalisieren nicht erfassten Bereiche adäquat geschlossen, als auch die gewünschte Punkteverteilung des Schnittes mit hoher Dichte an Vorder– und Hinterkante erreicht.

Qualitätsbewertung strukturierter Profilschnitte

Die qualitative Bewertung der strukturierten Schnitte ist erforderlich, um sicherzustellen, dass ausschließlich hochwertige Netze in der PCA Berücksichtigung finden. Dabei wurde erkannt, das der in Abschnitt 4.2.1 abgeleitete Algorithmus nicht für alle Scans zufriedenstellende Ergebnisse liefert. Dies begründet sich hauptsächlich durch die bereits in Abschnitt 2.1 diskutierte zufällige Punkteverteilung optischer Scans. So konnten im vorliegenden Fall z.T. merklich größere Punktabstände und Löcher mit einem Durchmesser von über 500μm festgestellt werden — vorrangig im unteren Bereich der Schaufel auf der Saugseite.

Das **Winkelkriterium** zur Einschätzung des strukturierten Netzes verwendet den Vektor zum nächsten $\vec{x}_+ = \vec{x}_{k+1} - \vec{x}_k$ und zum vorangegangenen Punkt $\vec{x}_- = \vec{x}_k - \vec{x}_{k-1}$. Das Punktprodukt beider Vektoren

$$\alpha_k = \arccos\left(\frac{\vec{x}_+ \cdot \vec{x}_-}{|\vec{x}_+| \cdot |\vec{x}_-|}\right) \tag{4.14}$$

führt auf den eingeschlossenen Winkel, welcher dem Index k zugeordnet wird. Abbildung 4.9(a) zeigt die Maxima des Winkels, wobei der jeweils größte Wert eines Profilschnittes $\alpha_{max} = \max(\alpha_k)$ Berücksichtigung findet. Die Darstellung erfolgt für alle Profilschnitte und alle gescannten Schaufeln. Schwarze Quadrate verweisen auf Winkel größer als 90° und somit auf ein Netz minderer Qualität, welches von der PCA ausgeschlossen wurde. Besonders für Spannweiten–Indizes $j \approx 3 \ldots 8$, welche einer Spannweitenkoordinate von $s \approx 6\% \ldots 16\%$ entsprechen, kann eine hohe Dichte dieser schwarzen Quadrate festgestellt werden. Somit deckt sich die Aussage des Winkelkriteriums mit dem eingangs angesprochenen Bereich geringer Punktdichte.

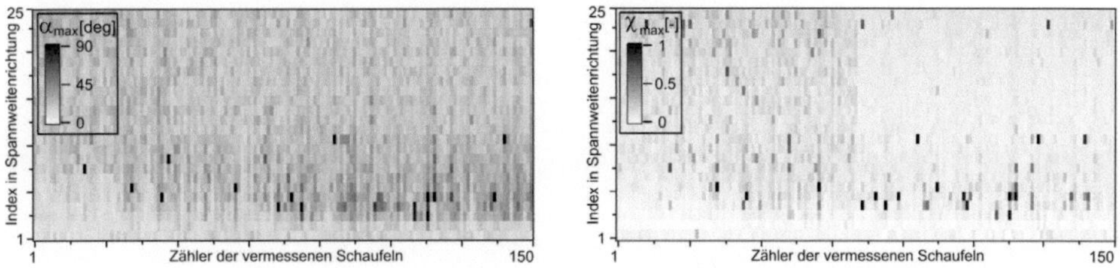

(a) Maximale Werte des Winkelkriteriums α_{max}. (b) Maximale Werte des Bogenlängenkriteriums χ_{max}.

Abb. 4.9. Kriterien zur Qualitätssicherung der strukturierten Netze.

Das **Bogenlängenkriterium** mit ΔL_k als Bogenlängenabstand des strukturierten Profilschnittes

$$\chi_k = \frac{\left|\Delta L_k - \Delta L_k^{ref}\right|}{\Delta L_k^{ref}} \tag{4.15}$$

überprüft das, durch Gl. (4.12) geforderte, Bogenlängenverhältnis. Folglich sollte χ_k einen Wert nahe Null annehmen. Werte größer Null verweisen auf einen diskretisierten Profilschnitt, dessen azimutale Bogenlängenverteilung jener der vorgegebenen Referenzgeometrie nicht entspricht. Unterschiede lassen sich zumeist durch eine initiale Bogenlängenverteilung des gemessenen Profilschnittes begründen, welche sich wesentlich von der des Referenzschnittes unterscheidet. Diese Unterschiede sind besonders dann von Bedeutung, wenn eine größere Abweichung zwischen den Kontrollpunkten und der in Abb. 4.8(b) definierten Approximation auftritt. Analog zu dem Winkelkriterium, tritt dies zumeist für Profilschnitte geringer Punktdichte auf, deren Approximation schwerer zu fassen ist. In Abb. 4.9(b) sind die maximalen Werte dieses Kriteriums aller Punkte eines Schnittes $\chi_{max} = \max(\chi_k)$ für alle Schnitte und gescannten Schaufeln dargestellt. Die schwarzen Quadrate zeigen Werte größer Eins an und verweisen auf Netze minderer Qualität, welche von der PCA ausgeschlossen wurden.

Zusammenfassend wird festgehalten, dass beide Kriterien auf vergleichbare Art und Weise prüfen und, wie Abb. 4.9 erkennen lässt, die qualitativ schlechten Netze ähnlich identifizieren. Nur Netze von Schaufeln, die beide Kriterien $\chi_{max} < 1$ und $\alpha_{max} < 90°$ passieren, werden als hochwertig angesehen und bei der PCA berücksichtigt. Als Konsequenz steht der PCA ein um 14 Schaufeln reduzierter Datensatz zu Verfügung, da nur $N_n = 136$ der eingangs 150 Schaufeln ($\approx 91\%$) vollständig in die strukturierte Beschreibung überführt werden konnten.

4.2.2. Hauptkomponentenbasiertes Variabilitätsmodell einer vermessenen Reihe

Das hauptkomponentenbasierte statistische Variabilitätsmodell folgt durch Anwendung der PCA auf die Gesamtheit der digitalisierten R6 Schaufeln. Diese Schaufeln sind durch $N_j = 25$ strukturierte Profilschnitte mit je $N_k = 112$ dreidimensionale Koordinaten repräsentiert. Die Koordinatenmatrix $\vec{x}_{kj}^{scan}$ soll in einen $N_p = 3\,N_j\,N_k = 8400$ skalare Elemente fassenden Vektor $\vec{x}^{scan}$ umgeschrieben werden. Elementweise wird das Kollektivmittel aller $N_n = 136$ gültigen Schaufeln

$$\vec{x}^{avg} = \frac{1}{N_n} \sum_{n=1}^{N_n} \vec{x}_n^{scan} \tag{4.16}$$

sowie die Abweichung der n–ten Schaufel

$$\Delta\vec{x}_n = \vec{x}_n^{scan} - \vec{x}^{avg} \tag{4.17}$$

berechnet. In der mittelwertzentrierten Matrix

$$\mathbf{X} = \begin{bmatrix} \Delta\vec{x}_1^T \\ \vdots \\ \Delta\vec{x}_{Nn}^T \end{bmatrix} \tag{4.18}$$

werden die Abweichungen aller Schaufeln zusammengefasst. Jede Zeile n von $\mathbf{X}$ enthält einen N_p skalare Elemente umfassenden kollektivgemittelten Vektor. Die Berechnung der Hauptkomponenten kann numerisch effizient über Singulärwertzerlegung (engl.: singular value decomposition, SVD)

$$\mathbf{X} = \mathbf{U}\,\mathbf{\Sigma}\,\mathbf{V^T} \tag{4.19}$$

erfolgen, z.B. in der interaktiven Software Umgebung IGOR Pro [171]. Die SVD liefert die Matrix der Eigenvektoren (oder Eigenformen) $\mathbf{V^T}$ und die Matrix korrespondierender Amplituden mit

$$\mathbf{A} = \mathbf{U}\,\mathbf{\Sigma}. \tag{4.20}$$

Die SVD–Eigenwerte $\mathbf{\Sigma} = diag(\hat{\sigma}_1, \ldots, \hat{\sigma}_m, \ldots, \hat{\sigma}_{N_m})$ können mit $\lambda_m = \hat{\sigma}_m^2$ in die Eigenwerte der PCA überführt werden. Die Anzahl der Eigenwerte ist über den Rang von $\mathbf{X}$ mit $N_m = \min(N_n, N_p)$ definiert, womit $N_m = 136$ gilt. Folglich wurde die Anzahl an Freiwerten von $N_p = 8400$ Koordinaten auf 136 Eigenwerte verringert, womit die gewünschte wesentliche Reduktion der Dimension erreicht ist. Die Matrix der Eigenvektoren $\mathbf{V}$ weist die Dimension $N_p \times N_m$ auf und ordnet jedem Mode die Koordinaten der Eigenform zu. Die Amplitudenmatrix $\mathbf{A}$ hat die Dimension $N_n \times N_m$ und beinhaltet für jede Schaufel und jeden Mode die zugeordnete Amplitude.

Die Matrix $\mathbf{A}$ stellt die stochastischen Variablen zur hauptkomponentenbasierten Beschreibung der geometrischen Variabilität bereit. Gemäß der Definition der PCA weisen die Amplituden keine lineare Korrelation auf. Für die Rangkorrelationskoeffizienten der Amplituden gemäß Gl. (2.11) gilt

$$\rho_{a_i a_j} = 0 \quad \text{für alle} \quad i \neq j\,, \tag{4.21}$$

womit die Matrix außerhalb der Hauptdiagonale Null ist. Durch Gl. (4.16) sind die Amplituden mittelwertzentriert, wodurch

$$\bar{a}_m = 0 \tag{4.22}$$

gilt. Die empirische Standardabweichung der Amplituden kann daher über

$$S(\vec{a}_m) = \sqrt{\frac{1}{N_n - 1} \sum_{i=1}^{N_n} a_{nm}^2} \quad \text{oder} \quad S(\vec{a}_m) = \sqrt{\frac{\lambda_m}{N_n - 1}} \tag{4.23}$$

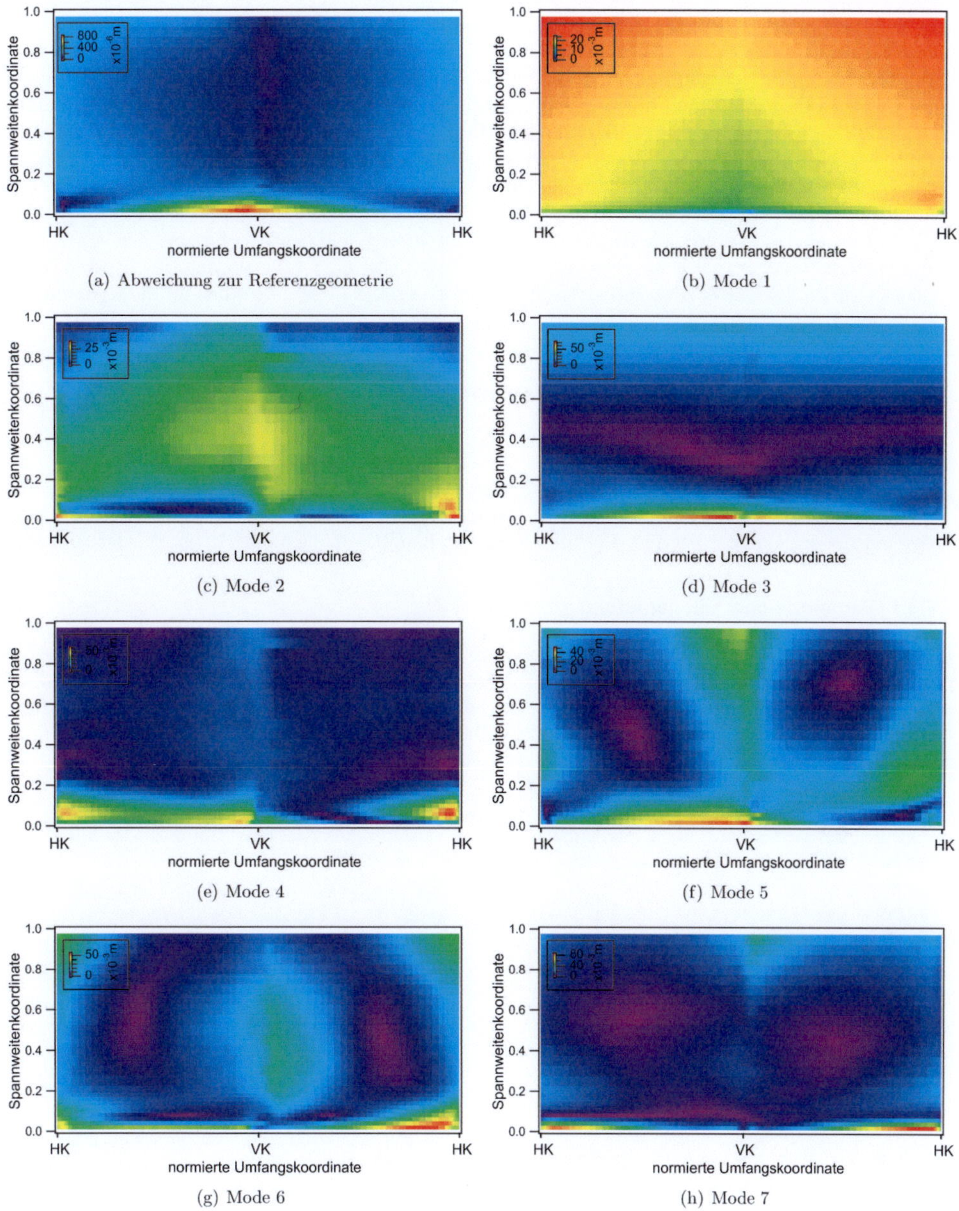

(a) Abweichung zur Referenzgeometrie

(b) Mode 1

(c) Mode 2

(d) Mode 3

(e) Mode 4

(f) Mode 5

(g) Mode 6

(h) Mode 7

Abb. 4.10. Eigenformen der Hauptkomponentenanalyse.

bestimmt werden, wobei mit $\lambda_m/(N_n - 1)$ die, in dem Mode m enthaltene, Varianz Verwendung findet. Die Diskussion der ermittelten Eigenformen stützt sich auf Abb. 4.10. Hier sind die Beträge der Eigenformen 1 bis 7 sowie die Abweichung zwischen Referenz (diskretisierte CAD–Geometrie) und dem Kollektivmittel (vgl. Gl. (4.16)) dargestellt. Es ist zu erkennen, dass die Eigenformen lokal stark unterschiedliche Ausprägung haben. So haben Mode 3, 5, 6 und 7 die maximalen Werte im Bereich des Fillet. Mode 1 und 3 sind durch eine eher homogene Charakteristik über der Umfangskoordinate gekennzeichnet. Dem entgegen zeigen besonders Mode 2, 4 und 6 starke Gradienten an der Vorderkante. Weiterhin sticht ein Detail von Mode 2 und 4 hervor. Beide zeigen ein lokales Maximum der Amplitude nahe der Hinterkante bei etwa 6% Schaufelhöhe. Der Einfluss dieser lokalen Überhöhung wird in Abschnitt 4.3 vertiefend diskutiert. Abschließend sei angemerkt, dass zur detaillierten Auflösung obiger Phänomene eine hochauflösende Beschreibung im Filletbereich und besonders im Bereich von Vorder– und Hinterkante erforderlich ist — bspw. anhand der in Abschnitt 4.2.1 abgeleiteten Strukturierung gemessener Profilschnitte. Alternative Ansätze, wie z.B. zufällige Raster, werden für diese Anwendung als ungeeignet erachtet.

4.3. Wiederaufbau eines Schaufelsatzes anhand statistischer Variabilitätsmodelle

In diesem Abschnitt wird der parametrische Wiederaufbau des vermessenen Schaufelsatzes der R6–Schaufeln anhand beider abgeleiteten statistischen Variabilitätsmodelle vorgestellt. Abschnitt 4.3.1 skizziert den parametrischen und Abschnitt 4.3.2 den hauptkomponentenbasierten Wiederaufbau.

4.3.1. Parametrischer Wiederaufbau

Die Grundlage für den parametrischen Wiederaufbau der Schaufeln ist die Matrix $\mathfrak{P}$ nach Gl. (4.3), die die Abweichung der identifizierten Schaufelparameter aller Schaufelmessungen N_n zusammenfasst. Jede Zeile dieser Matrix definiert den Vektor der Parameteränderung einer Schaufel $\Delta\vec{\mathfrak{P}}$. Die Addition auf den originalen Parametersatz bestimmt die Zielparameter der Variation

$$\vec{\mathfrak{P}}^{\,var} = \vec{\mathfrak{P}}^{\,org} + \Delta\vec{\mathfrak{P}}\,, \tag{4.24}$$

woraus unter Anwendung der Algorithmen der Profilvariation aus Abschnitt 3.5 die Koordinaten der variierten Geometrie $\vec{x}_{kj}^{\,var}$ als parametrischer Nachbau von $\vec{x}_{kj}^{\,scan}$ folgen.

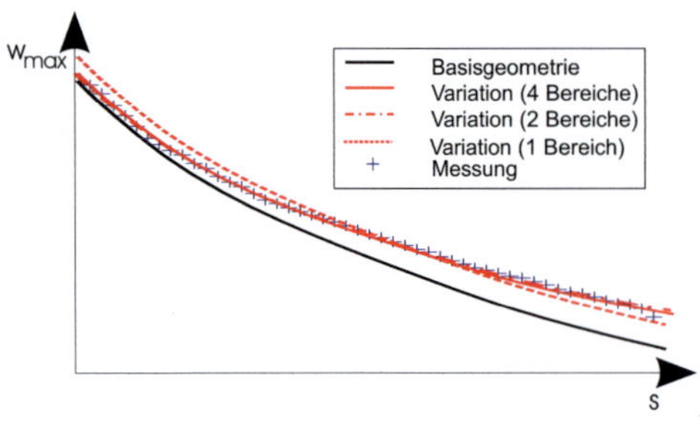

Abb. 4.11. Variation mit 1, 2 und 4 Bereichen.

Die nachfolgende statistische Untersuchung der Abweichung von wiederaufgebauten zu gemessenen Schaufeln hat das Ziel, die Abbildungsgenauigkeit zu bewerten und die erforderliche Anzahl an Parametern abzuleiten. Die Anzahl an Parametern N_p ist durch Gl. (3.27) bestimmt und von der Anzahl an Mittelungsbereichen N_a sowie der Anzahl an Profilparametern N_q abhängig. Für den voll besetzten Profilparametervektor gilt $N_q = 18$. Es werden wiederaufgebaute Schaufeln mit 1, 2, 4 und 7 gemittelten Bereichen verglichen und somit 20, 38, 74 bzw. 128 Parameter berücksichtigt. Abbildung 4.11 zeigt erklärend den Verlauf der maximalen Wölbung für die Basisgeometrie, für eine beispielhaft ausgewählte Messung und deren Variationen mit 1, 2 und 4 gemittelten Bereichen. Die Güte der Variation bestimmt sich durch den radialen Verlauf der gemessenen Abweichung des Parameters und inwiefern die radiale Synthese (vgl. Abschnitt 3.5.7) in der Lage ist, diese Abweichung abzubilden. Im konkreten Fall ist zu erkennen, dass mit einem Bereich eine stark vermittelte Abbildung der geometrischen Abweichung erfolgt. Allerdings ermöglicht die Verwendung von vier Bereichen nur eine geringe Verbesserung gegenüber zwei Bereichen.

Eine für alle 150 Schaufeln gültige Aussage soll mit statistischen Mitteln über gemittelte Abweichungsfelder der Dicken– und Wölbungsverteilung erzielt werden. Hierzu wird die Abweichung zwischen wiederaufgebauter Schaufel und gemessener Schaufel

$$\Delta t_{jk} = \frac{1}{N_n} \sum_{n=1}^{N_n} \left| t_{knj}^{var} - t_{\tilde{k}nj}^{scan} \right| \quad \text{und} \quad \Delta w_{jk} = \frac{1}{N_n} \sum_{n=1}^{N_n} \left| w_{knj}^{var} - w_{\tilde{k}nj}^{scan} \right| \tag{4.25}$$

bestimmt und mit der Anzahl an Schaufeln N_n gemittelt. Es gilt zu beachten, dass beide Netze über eine unterschiedliche Diskretisierung verfügen, weswegen die Berechnung an interpolierten Positionen der Sehnenlänge $\tilde{k}$ erfolgen muss. Diese unterschiedlich diskretisierten Netze begründen auch, warum keine Bewertung des Abstandes der Profilkoordinaten $\vec{x}_{kj}^{var}$ gegenüber $\vec{x}_{kj}^{scan}$ durchgeführt wurde. Ein solcher Vergleich würde dreidimensionale Interpolationsmethoden erforderlich machen. In Analogie zu den Ausführungen in Abschnitt 4.2.1 sind jedoch besonders für den interessanten Bereich um die Vorder– und Hinterkante Genauigkeitsprobleme zu erwarten, weswegen dieser Vergleich nicht durchgeführt wird.

Die Bewertung der Abweichung von Dicken– und Wölbungsverteilung erfolgt für die wiederaufgebauten Schaufeln mit 1, 2, 4 und 7 gemittelten Bereichen N_a. Abbildung 4.12 zeigt die über alle Schaufeln gemittelten zweidimensionalen Abweichungsfelder in Abhängigkeit von Sehnenlänge und Schaufelhöhe. Wie zu erwarten, nimmt mit zunehmender Anzahl an Bereichen die mittlere Abweichung und somit der Fehler ab. Während bei einem Bereich die Wölbungsverteilung nur für die Schaufelmitte gut abgebildet ist, führen bereits zwei Bereiche zu einem präzisen Wiederaufbau. Auch bei der Dickenverteilung führt der Übergang von einem zu zwei Bereichen zur stärksten Verbesserung. Abgesehen von den Schnitten nahe der Nabe ($s < 10 \ldots 15\%$) verbleiben nur sehr geringe Abweichungen. Die Modelle höherer Ordnung bringen zwar eine weitere Verbesserung, jedoch ist diese gering. Werden ferner die zusätzlich erforderlichen Parameter in die Betrachtung einbezogen ($N_p = 74$ für 4 Bereiche und $N_p = 128$ für 7 Bereiche), so können die Varianten höherer Ordnung als nicht effizient eingeschätzt werden.

Neben der rein geometrischen Bewertung ist die Abbildungsgenauigkeit für den untersuchten Anwendungsfall von besonderem Interesse. Hierzu wurden von Lange et al. [86] strömungsmechanische Berechnungen von parametrisch wiederaufgebauten Schaufeln durchgeführt und statistisch bewertet. Diese Ergebnisse bestätigen die geometrische Einschätzung. So konnte die Standardabweichung stochastischer Ergebnisgrößen (η_{ST}, π_{ST}) gegenüber der Referenz (7 Bereiche) bei Verwendung von 4 Bereichen mit Abweichungen von unter 1% nahezu identisch nachgebildet werden. Die Lösung mit 2 Bereichen führte zu einer Abweichung von knapp 3% und ein Bereich zu reichlich 6% für η_{ST}. Als Ursache für diese gute Übereinstimmung gilt die, bereits anhand Abb. 4.3 diskutierte, z.T. hohe Korrelation der Parameter über der Schaufelhöhe. Demnach wird die Streuung der Parameter auch in den Ansätzen mit geringerer Bereichsanzahl im Mittel gut aufgelöst. Somit können verbleibende Unterschiede integraler Ergebnisgrößen durch Nichtlinearitäten im Systemverhalten begründet werden. In diesem Zusammenhang wird deutlich, dass Gl. (4.25) zu pessimistisch bewertet, wenn nicht der Abweichungsbetrag sondern die geometrische Variabilität interessiert. Dies wird besonders für die Wölbungsverteilung bei Verwendung eines Bereiches (vgl. Abb. 4.12(a)) deutlich. Hier kann interpretiert werden, dass eine negative Abweichung in der unteren Schaufelhälfte durch eine positive in der oberen kompensiert und die Variabilität somit im Mittel vollständig erfasst wird, vgl. auch Abb. 4.11.

Zusammenfassend kann gesagt werden, dass die R6–Schaufeln mit dem parametrischen Schaufelmodell bereits mit einem Bereich zufriedenstellend wiederaufgebaut werden konnten. Dies gilt besonders im Hinblick auf die Modellierung der geometrischen Variabilität zur Durchführung probabilistischer Untersuchungen. Die Verwendung einer höheren Bereichsanzahl ermöglicht darüber hinaus eine präzisere

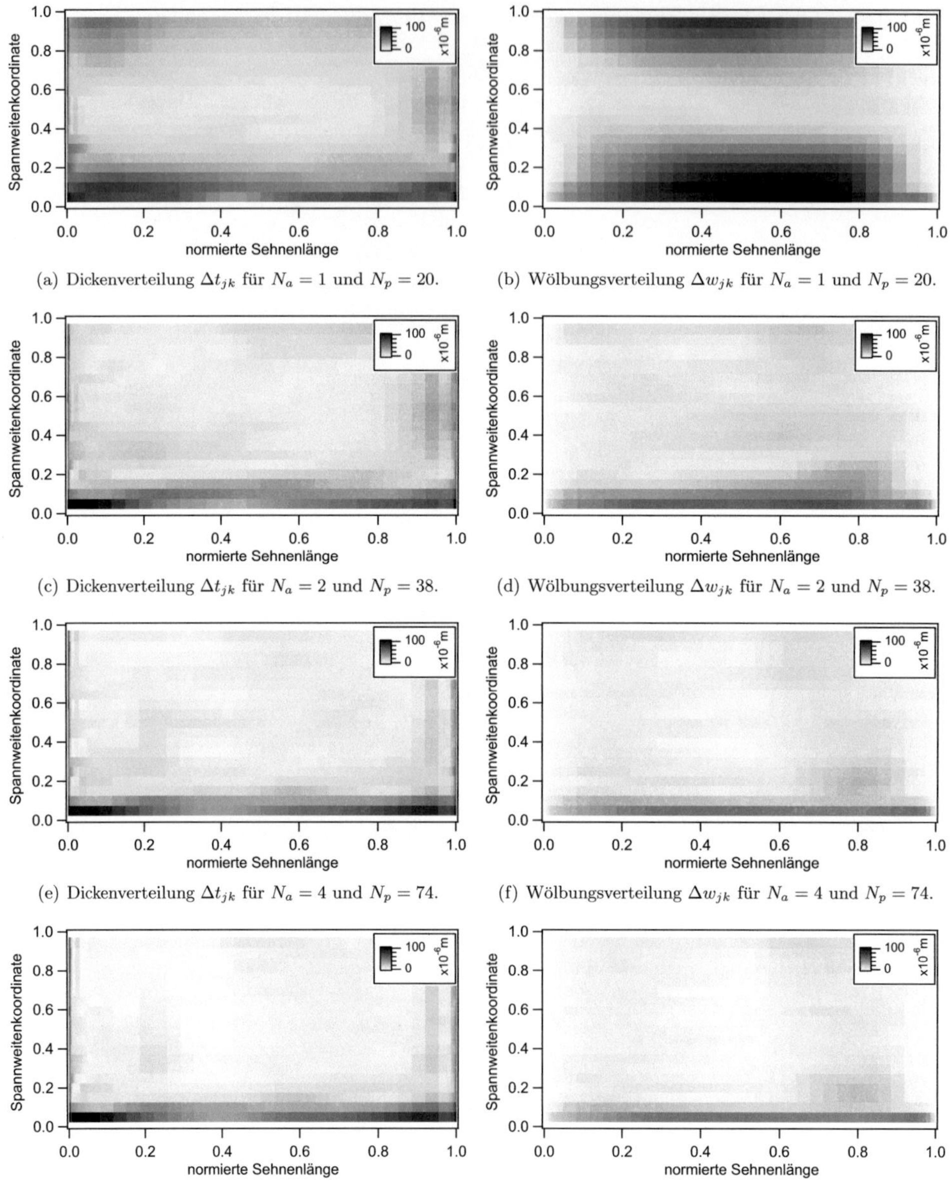

(a) Dickenverteilung Δt_{jk} für $N_a = 1$ und $N_p = 20$.

(b) Wölbungsverteilung Δw_{jk} für $N_a = 1$ und $N_p = 20$.

(c) Dickenverteilung Δt_{jk} für $N_a = 2$ und $N_p = 38$.

(d) Wölbungsverteilung Δw_{jk} für $N_a = 2$ und $N_p = 38$.

(e) Dickenverteilung Δt_{jk} für $N_a = 4$ und $N_p = 74$.

(f) Wölbungsverteilung Δw_{jk} für $N_a = 4$ und $N_p = 74$.

(g) Dickenverteilung Δt_{jk} für $N_a = 7$ und $N_p = 128$.

(h) Wölbungsverteilung Δw_{jk} für $N_a = 7$ und $N_p = 128$.

Abb. 4.12. Abweichungsfelder parametrisch wiederaufgebauter Schaufeln.

radiale Synthese und somit eine Verbesserung dieses Ergebnisses. Besonders der Übergang von einem zu zwei Bereichen steigert die Abbildungsgüte. Eine noch höhere Ordnung scheint für den untersuchten Datensatz jedoch nicht angebracht, da der zusätzliche Genauigkeitsgewinn gering ist. Ergänzend soll im Hinblick auf die durchzuführenden probabilistischen Untersuchungen der Vorteil eines möglichst kleinen Vektors stochastischer Eingangsgrößen hervorgehoben werden.

4.3.2. Hauptkomponentenbasierter Wiederaufbau

Die Grundlage für den hauptkomponentenbasierten Wiederaufbau der Schaufeln sind die aus Gl. (4.19) folgenden Matrizen der Eigenformen $\mathbf{V}$ sowie die Amplitudenmatrix $\mathbf{A}$. Die Linearkombination der Eigenformen und Amplituden

$$\vec{x}^{pca} = \vec{x}_p^{avg} + \sum_{i=1}^{m} a_i \, \vec{v}_i \quad \text{mit} \quad 1 \leq m \leq N_m \tag{4.26}$$

erlaubt es, die gemessenen Oberflächenkoordinaten einer gemessenen Schaufel $\vec{x}^{scan}$ (vgl. Abschnitt 4.2.2) genähert wieder aufzubauen. Der Wert m legt dabei die Anzahl an zu berücksichtigten Eigenformen oder Moden (und somit an stochastischen Parametern) fest. Es ist förderlich für das probabilistische Modell und zugleich ein Ziel der PCA, die Anzahl an Parametern zu reduzieren und möglichst wenig Eigenformen zu verwenden. In diesem Abschnitt wird die zum korrekten Wiederaufbau der $N_n = 136$ Schaufeln erforderliche Anzahl bestimmt. Die Bewertung der Abweichung erfolgt neben der Referenz von $m = 136$ Moden auch für reduzierte Modelle mit 6, 20 und 60 Moden.

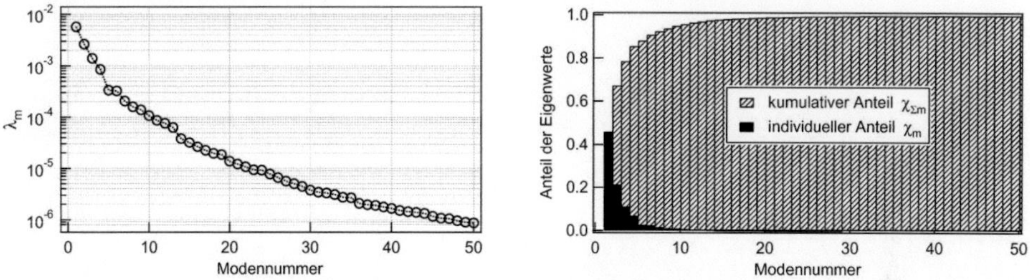

(a) Scree–Plot: Abklingen der Eigenwerte.

(b) Individueller und kumulativer Beitrag der Moden.

Abb. 4.13. Kriterien zur Bestimmung der erforderlichen Anzahl an Eigenformen.

Üblicherweise findet der „Scree–Test“ (auch Ellenbogenkriterium) gemäß Abb. 4.13(a) Verwendung, um die erforderliche Anzahl an Eigenformen zu bestimmen. Hierbei wird das Abklingen der Eigenwerte über der Nummer der Eigenform ausgewertet, um den Übergang von wichtigen zu unwichtigen Eigenwerten im „Ellenbogen“ zu identifizieren. Dieser Umschlag würde für den vorliegenden Scree–Plot bei etwa Eigenwert 6 erfolgen. Ergänzend soll sowohl der individuelle Anteil χ_m als auch der kumulative Anteil der Eigenwerte $\chi_{\Sigma m}$ mit

$$\chi_m = \lambda_m \,/\, \sum_{i=1}^{N_m} \lambda_i \qquad \text{und} \qquad \chi_{\Sigma m} = \sum_{i=1}^{m} \lambda_i \,/\, \sum_{i=1}^{N_m} \lambda_i \tag{4.27}$$

ausgewertet werden. Die Darstellung beider Größen in Abb. 4.13(b) zeigt, dass die erste Eigenform etwa 46% der gesamten Streuung beinhaltet, die ersten 20 Eigenformen bilden 99% der Streuung ab.

Es gilt zu beachten, dass beide mit Abb. 4.13 diskutierten Kriterien nur die Eigenwerte bewerten — die Modellierung der geometrischen Abweichungen jedoch durch Amplituden und Eigenformen erfolgt. Folglich beschreibt die Standardabweichung der Amplituden den Eintrag der individuellen Eigenformen

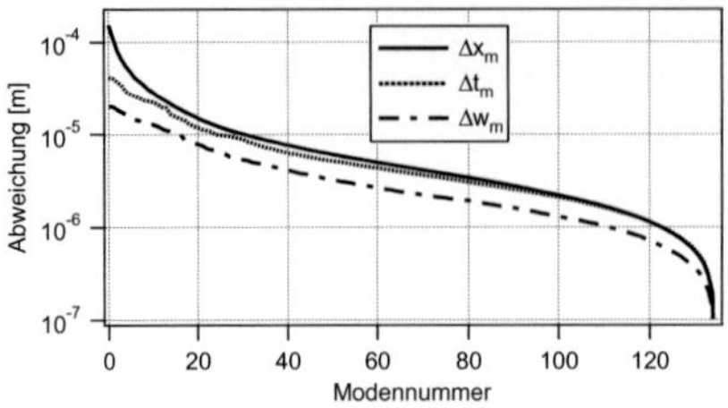

(a) Abweichungen über der Anzahl verwendeter Moden.

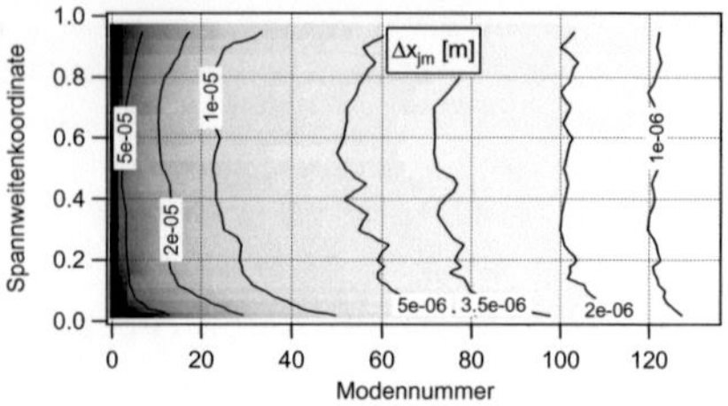

(b) Umfangsgemittelte Koordinatenabweichungen Δx_{jm}.

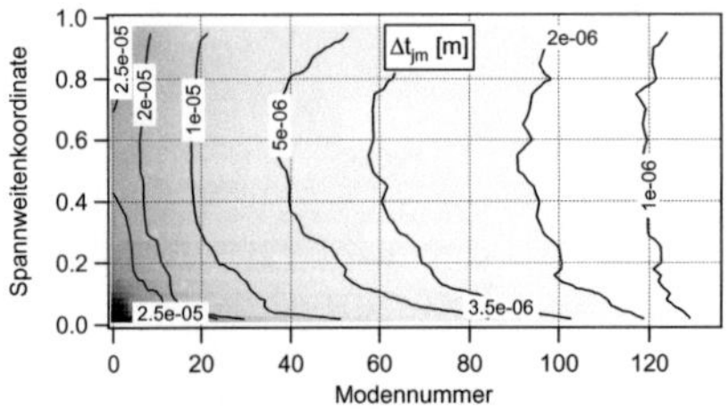

(c) Umfangsgemittelte Dickenabweichung Δt_{jm}.

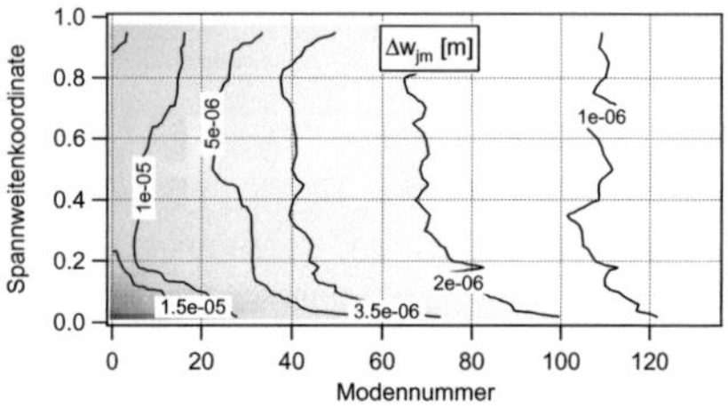

(d) Umfangsgemittelte Wölbungsabweichung Δw_{jm}.

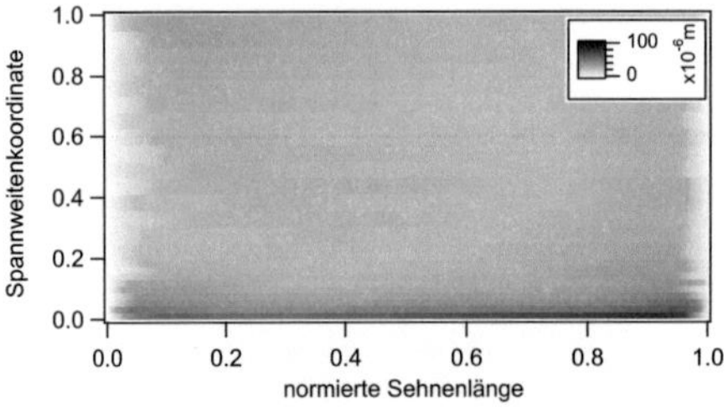

(e) Dickenabweichung Δt_{jk} für $m = 6$.

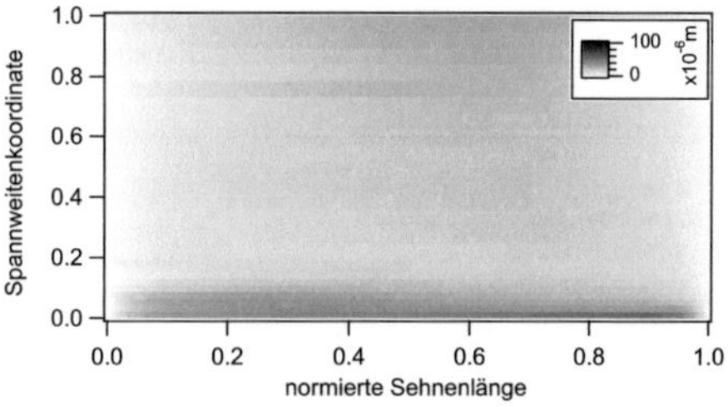

(f) Wölbungsabweichung Δw_{jk} für $m = 6$.

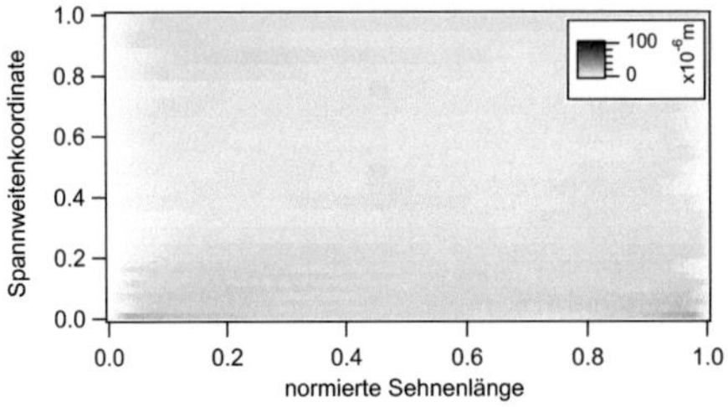

(g) Dickenabweichung Δt_{jk} für $m = 20$.

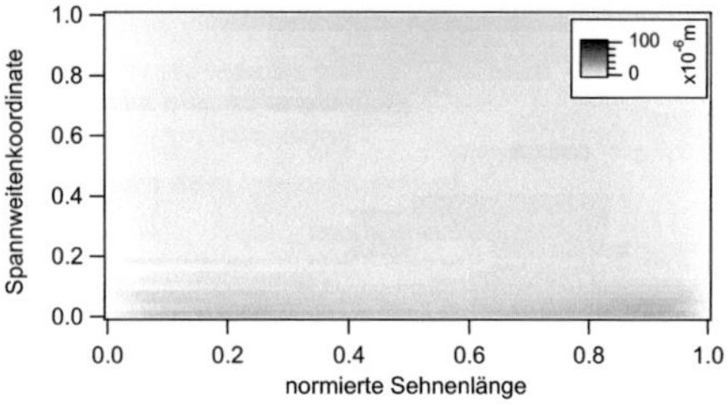

(h) Wölbungsabweichung Δw_{jk} für $m = 20$.

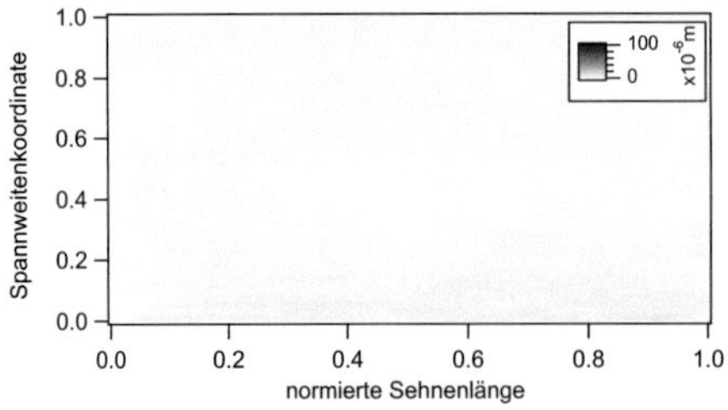

(i) Dickenabweichung Δt_{jk} für $m = 60$.

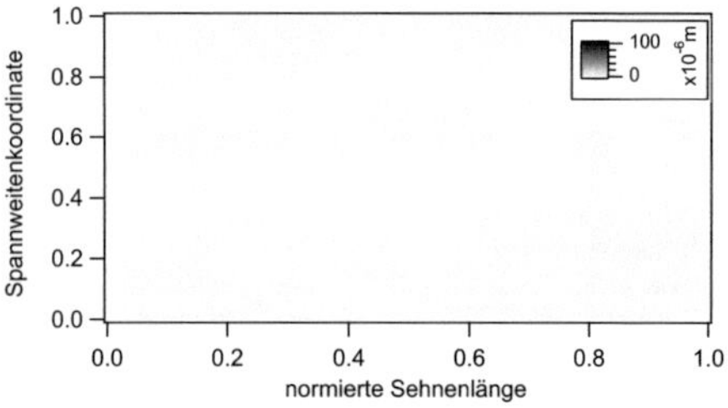

(j) Wölbungsabweichung Δw_{jk} für $m = 60$.

Abb. 4.14. Abweichungsfelder hauptkomponentenbasiert wiederaufgebauter Schaufeln.

genauer. Gemäß Gl. (4.23) ist die Standardabweichung proportional zur Quadratwurzel der Eigenwerte gegeben. Um dieser Diskrepanz zu begegnen, wurden alternative rein geometrische Kriterien zur Abschätzung der erforderlichen Anzahl an Eigenformen abgeleitet und in Abb. 4.14 zusammengefasst. Hierzu ist jede Schaufel gemäß Gl. (4.26) mehrmals mit einer steigenden Anzahl an berücksichtigten Eigenwerten m wiederaufgebaut und mit der gescannten Schaufel verglichen worden. Die Mittelung über der Anzahl an Schaufeln und den azimutalen Index erfolgt sowohl für die Koordinaten

$$\Delta x_{jm} = \frac{1}{N_n N_k} \sum_{n=1}^{N_n} \sum_{k=1}^{N_k} \| \vec{x}_{knjm}^{pca} - \vec{x}_{knjm}^{scan} \| \tag{4.28}$$

als auch für die Dicken- und Wölbungsverteilungen der Schaufeln

$$\Delta t_{jm} = \frac{1}{N_n N_k} \sum_{n=1}^{N_n} \sum_{k=1}^{N_k} \left| t_{knjm}^{pca} - t_{knjm}^{scan} \right| \quad \text{und} \quad \Delta w_{jm} = \frac{1}{N_n N_k} \sum_{n=1}^{N_n} \sum_{k=1}^{N_k} \left| w_{knjm}^{pca} - w_{knjm}^{scan} \right| \tag{4.29}$$

mit t anhand Gl. (3.10) bzw. w anhand Gl. (3.12). Die Gleichungen (4.28) und (4.29) liefern die in Abb. 4.14(b), 4.14(c) und 4.14(d) dargestellte detaillierte Auflösung der Abweichungen über der Schaufelhöhe und Modenanzahl. Abbildung 4.14(a) ergänzt die radial gemittelten Werte Δx_m, Δt_m sowie Δw_m, welche durch Anwendung von Gl. (3.26) auf Δx_{jm}, Δt_{jm} sowie Δw_{jm} folgen. Es ist zu erkennen, dass mit steigender Anzahl an Moden der Abbildungsfehler abnimmt und für m=136 gegen Null geht. Die Wölbungsverteilung zeigt den geringsten Fehler aller drei Kurven. Für geringe Moden, ist der Fehler der Koordinatenabweichungen größer als jener der Dickenverteilung, jedoch nimmt der Unterschied mit steigender Modenanzahl ab. Schnitte im Filletbereich zeigen generell eine größere Abweichung als jene im Schaufelblatt. Folglich benötigen sie eine höhere Anzahl an Eigenformen, um das gleiche Fehlerniveau zu erreichen. Als realistischer Wert kann für die optische Messung ein Fehler von etwa $5\mu m$ angenommen werden. Dieses Niveau wird im Mittel aller Kurven bei einer Modenanzahl von etwa 60 erreicht.

Ergänzend soll, in Analogie zu Gl. (4.25) und Abb. 4.12, die Abweichung der Dicken- und Wölbungsverteilung für eine feste Anzahl an Moden über der Sehne (Index k) und der Schaufelhöhe (Index j)

$$\Delta t_{jk} = \frac{1}{N_n} \sum_{n=1}^{N_n} \left| t_{knj}^{pca} - t_{knj}^{scan} \right| \quad \text{und} \quad \Delta w_{jk} = \frac{1}{N_n} \sum_{n=1}^{N_n} \left| w_{knj}^{pca} - w_{knj}^{scan} \right| \tag{4.30}$$

berechnet werden. Es werden die bereits diskutierten Stützstellen $m = 6$, $m = 20$ sowie $m = 60$ gewählt. Abbildung 4.14(e) bis 4.14(j) stellt die Ergebnisse dar und bestätigt die bereits angesprochenen Erkenntnisse. Die Dickenverteilung weist einen tendenziell größeren Fehler auf als die Wölbungsverteilung. Die Übereinstimmung ist im Filletbereich schlechter als im Schaufelblatt. Auffällig ist, dass über der Sehne eine vglw. homogene Charakteristik und somit eine gleichmäßige Fehlerreduktion vorliegt, besonders, da dies im Kontrast mit der parametrischen Methode (vgl. Abb. 4.12) steht. Die gleichmäßige Reduktion ist jedoch erwartet und entspricht dem Wesen der PCA, bei der die Moden aufsteigend der Stärke der Abweichungen entsprechend zugeordnet werden.

Neben der quantitativen Auswertung liefert die qualitative Bewertung der wiederaufgebauten Schaufeln erweiterte Erkenntnisse. Hierzu zeigt Abb. 4.15 den $s = 6\%$ Schnitt von wiederaufgebauten Varianten der Schaufel 95. Zum Wiederaufbau fanden 4, 20 und 135 Eigenformen Verwendung. Erwartungsgemäß entspricht die 135er Variante exakt der gescannten Schaufel. Die 20er Variante zeigt geringe Abweichungen nahe der Hinterkante und nahezu keine Abweichungen an der Vorderkante. Dem entgegen steht der Wiederaufbau mit 4 Eigenformen, welcher der gescannten Geometrie nicht ähnelt. Darüber hinaus zeigt diese Variante eine länglich verlaufende Einschnürung nahe der Hinterkante. Dieses Phänomen ist der begrenzten Anzahl an verwendeten Eigenformen geschuldet. So zeigt z.B. Eigenform 6 sehr starken Einfluss in diesem Bereich der Schaufeloberfläche. Für die untersuchte Schaufel

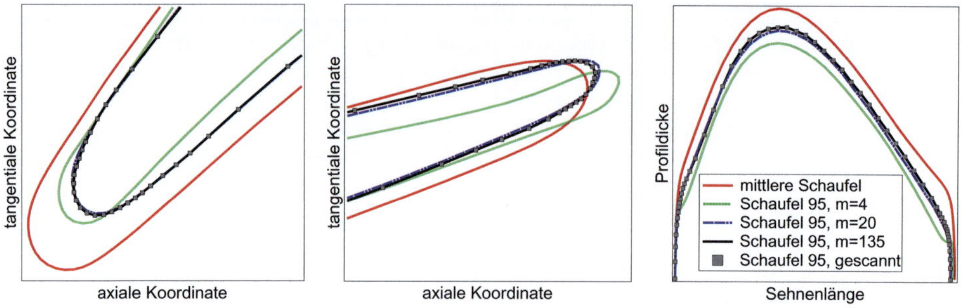

Abb. 4.15. Wiederaufgebaute Varianten von Schaufel 95 für s=6%.

reduziert die zugeordnete Amplitude dieser Eigenform die unrealistische Einschnürung. Hieraus kann geschlussfolgert werden, dass die Anzahl an berücksichtigten Eigenformen nicht beliebig reduziert werden kann. Vielmehr stehen ggf. auch nicht unmittelbar aufeinander folgende Eigenformen in einem geschlossenem Zusammenhang. Folglich kann es zur Erstellung gültiger Varianten erforderlich sein, viele Eigenformen beim hauptkomponentenbasierten Aufbau der Schaufeln zu beachten.

Zusammenfassend kann gesagt werden, dass sich der hauptkomponentenbasierte Ansatz eignet, die R6–Schaufeln wiederaufzubauen. Die Methode konvergiert mit zunehmender Anzahl an Moden auf die exakte Lösung. Es wird nicht empfohlen, die erforderliche Anzahl an Eigenformen durch einen Scree–Test oder die relative Bewertung der Streuung abzuleiten. Vielmehr können genauere Ergebnisse mit rein geometrischen Kriterien bestimmt werden. Im vorliegenden Fall wird das Ziel, die Geometrie auf etwa $5\mu m$ genau abzubilden, mit 60 Moden erreicht. Alternativ ermöglichen 20 Moden eine mittlere Abweichung von etwa $15\mu m$. Eine geringere Dimension wird nicht empfohlen — besonders da beispielhaft gezeigt werden konnte, dass bei zu starker Reduktion unrealistische Geometrien entstehen können. Da eine Berechnung der erforderlichen Modenanzahl kaum möglich ist, kann dies als ein Schwachpunkt des Verfahrens festgehalten werden, mit dem das Risiko einhergeht, unrealistische Geometrien zu erstellen.

4.4. Probabilistische Simulation

In diesem Abschnitt werden zwei Herangehensweisen zur probabilistischen Simulation einer Verdichterstufe abgeleitet. Während der eine Ansatz die parametrisierte statistische Beschreibung der Rotorgeometrie nutzt, basiert der andere Ansatz auf der hauptkomponentenbasierten Methode. Im Fokus der Ausführungen steht die generelle Prozesskette für eine solche probabilistische Simulation, die auch bei den weiterhin durchgeführten Simulationen in Kapitel 5 und 6 Verwendung findet.

Die beiden probabilistischen Modelle setzen auf dem in Abschnitt 4.4.1 vorgestellten deterministischen Modell auf. Die geometrische Variante wird in Abschnitt 4.4.2 und die hauptkomponentenbasierte Variante in Abschnitt 4.4.3 abgeleitet. In beiden Fällen wird eine Monte–Carlo Simulation (vgl. Abschnitt 2.3.2) durchgeführt. Mit dem Fokus auf die Untersuchung geometrischer Variabilität ergibt sich die Notwendigkeit, die erstellten Zufallszahlen in ein Oberflächennetz zu überführen. Hierbei gilt es zu beachten, dass die strömungsmechanische Simulation mit der sog. heißen Geometrie, also den Schaufeln unter Temperatur– und Fliehkraftbeanspruchung, erfolgt. Die geometrische Variabilität ist jedoch an kalten Schaufeln gegenüber einer kalten Referenz bestimmt worden. Folglich sind die ermittelten geometrischen Abweichungen auf die realen Betriebsbedingungen zu transformieren. Innerhalb dieser Arbeit wurde diesbezüglich die Annahme getroffen, dass die geometrischen Abweichungen keinen Einfluss auf die eigentliche kalt–heiß–Transformation selbst haben. Diese Transformation ist demnach als konstant anzusehen. Die an kalter Geometrie bestimmte Variabilität wird folglich unverändert auf die heiße Geometrie überlagert. Ist das Oberflächennetz erstellt, bieten die in Abschnitt 4.4.4 beschriebenen Methoden des Mesh–Morphing einen effizienten Weg zur Fertigstellung der probabilistischen Realisierung.

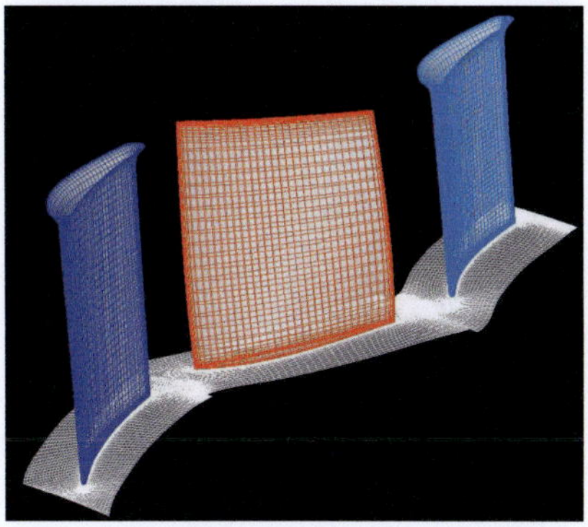

Abb. 4.16. Oberflächennetz der sechsten Verdichterstufe als 1.5–stufige Konfiguration.

4.4.1. Deterministisches Modell

Das deterministische CFD–Modell der Verdichterstufe ist, wie Abb. 4.16 zeigt, als 1.5–stufige Konfiguration, mit der Rotorreihe sowie den beiden stromauf und stromab anschließenden Statorreihen ausgebildet. Symmetrierandbedingungen ergänzen die vernetzte Passage zum 360° Modell. Die Schaufeloberfläche der Basiskonfiguration ist durch Profilschnitte in geomTurbo–Files definiert. Für die Statoren sind kreisförmige Filletradien am Gehäuse und Spalte an der Nabe vorgesehen. Die Rotorschaufel wurde mit einem konstanten Gehäusespalt modelliert. Für die Spaltvernetzung ist die Butterfly–Topologie ausgewählt. Die Fertigstellung der Rotorgeometrie inkl. Fillet ist Gegenstand der probabilistischen Prozesskette, wobei die stochastischen Geometrieparameter die Geometrie des Rotorblattes definieren (Realisierung).

Die Vernetzung ist in NUMECA AutoGrid [119] erfolgt, wobei etwa $3 \cdot 10^5$ Knoten pro Reihe und somit $9 \cdot 10^5$ Knoten pro Stufenmodell Verwendung finden. Diese Knotenanzahl ist das Ergebnis einer von Lange et al. durchgeführten Studie [86]. Als Kriterium wurde die Abweichung statistischer Performanceparameter für Netze unterschiedlicher Auflösung bewertet. Demnach kann die Streuung der untersuchten Größen für das grobe Netz mit $3 \cdot 10^5$ Knoten pro Reihe mit einem Fehler kleiner 8% erfasst werden. Diese Ungenauigkeit wird als akzeptabel erachtet und durch die Reduktion von Speicherplatzbedarf und Rechenzeit gerechtfertigt. Darüber hinaus wird diese Auflösung für alle in dieser Arbeit untersuchten Modelle beibehalten. Analog behandelt die Studie die erforderliche Anzahl an Iterationen. Es kann gezeigt werden, dass die Halbierung von 600 auf 300 Iterationsschritte zu einer Halbierung der Rechnenzeit führt und mit einem Fehler kleiner 1% einhergeht.

Die Randbedingungen entstammen der konvergierten Lösung eines Stromlinienkrümmungsverfahrens der Basiskonfiguration des gesamten Hochdruckverdichters. Hieraus wurden für den Einlass des Stator 5 radiale Verteilungen von Totaldruck, Totaltemperatur und den Strömungswinkeln und am Auslass des Stator 6 ein radiales Profil des statischen Drucks vorgegeben. Als Turbulenzmodell findet das Eingleichungsmodell von Spalart und Allmaras Verwendung [157]. Die strömungsmechanische Berechnung erfolgt mit NUMECA FINE^{TM}/Turbo [121].

4.4.2. Parameterbasiertes probabilistisches Modell

In diesem Abschnitt wird die Anwendung des parametrischen statistischen Modells aus Abschnitt 4.1 zum Aufbau des probabilistischen Modells beschrieben. Die stochastischen Variablen des probabilistischen Modells werden durch die in Gl. (4.3) eingeführte Variabilitätsmatrix $\mathfrak{P}$ repräsentiert. Die Verteilungsfunktionen sind durch die Spalte „R6 – 1 Bereich" in Tab. 4.1 bestimmt. Wie anhand dieser Tabelle bereits diskutiert wurde, konnten für $N_q = 16$ Profilparameter sowie die zwei Filletparameter gültige Verteilungen bestimmt werden. Die Parameter der Dickenkorrektur $x_{t,vb}$ und $x_{t,hb}$ wurden nicht als stochastische Variable sondern als Konstante bei der Profilvariation (gemittelt) berücksichtigt. Es fand ein radial gemittelter Bereich $N_a = 1$ Anwendung, woraus nach Gl. (3.27) insgesamt $N_p = 18$ stochastische Parameter resultieren. Die Zusammenhänge unter den Parametern sind durch die Korrelationsmatrix nach Gl. (4.6) definiert. Die Entscheidung, nur ein Bereich zu verwenden, stützt sich neben der Studie von Lange et al. [86] auch auf die Diskussion in Abschnitt 4.3.1. Demnach kann mit bereits einem Bereich die mittlere Variabilität gut abgebildet werden.

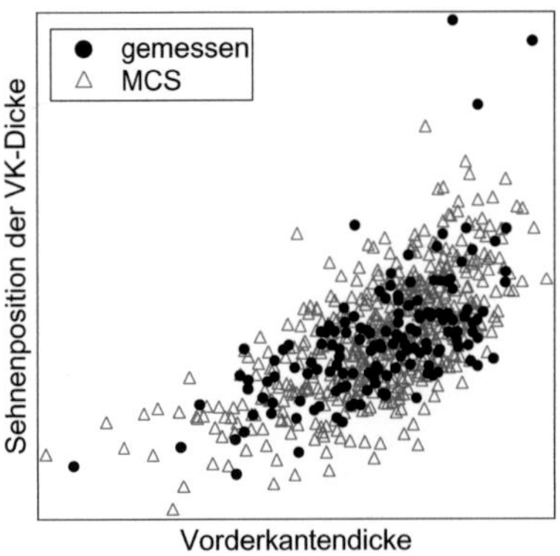

Abb. 4.17. Gemessene und probabilistisch generierte Parameter.

Das verwendete probabilistische Simulationsverfahren ist die in Abschnitt 2.3.2 behandelte Monte–Carlo Simulation (MCS) mit optimiertem Latin–Hypercube Sampling (oLHS). In der MCS werden $N_{sim} = 500$ virtuelle Realisierungen der Rotorschaufel erstellt und in das deterministische strömungsmechanische Modell der Verdichterstufe aus Abschnitt 4.4.1 integriert. Die Beschreibung der Realisierungen erfolgt anhand der Zufallszahlenmatrix der Parameter $\widetilde{\mathfrak{P}}$ — einem statistischen Abbild der Variabilitätsmatrix $\mathfrak{P}$. Beide Matrizen entsprechen sich hinsichtlich der Verteilungsfunktionen sowie der Korrelationsmatrix. Letzteres wird anhand optimierter Zuordnung der erstellten Zufallszahlen zu Vektoren, dem *Restricted Pairing* nach Dandekar [27], erreicht. LHS sichert die gute Übereinstimmung der Verteilungsfunktionen. Die Durchführung der oLHS MCS erfolgt in der an der TU Dresden am Lehrstuhl für Turbomaschinen und Strahlantriebe entwickelten Software Prosi [166]. Abbildung 4.17 zeigt ein Streudiagramm zweier Parameter mit gemessenen und probabilistisch erstellten Komponenten, das die gute Übertragung der statistischen Eigenschaften auf die Zufallszahlen illustriert.

Die Zufallszahlenmatrix $\widetilde{\mathfrak{P}}$ hat die Dimension $N_{sim} \times N_p$, also 500×18. Sie stellt die Grundlage für die parametrische Erstellung der virtuellen Schaufeln dar. In jeder Zeile bildet sie einen Parametervektor $\Delta\vec{\mathfrak{P}}$ ab. Der Parametervektor einer Realisierung ist durch Addition dieses Änderungsvektors zu dem originalen Vektor

$$\vec{\mathfrak{P}}^{real} = \vec{\mathfrak{P}}^{org} + \Delta\vec{\mathfrak{P}} \tag{4.31}$$

gegeben. Als originale Geometrie findet das CFD–Netz des deterministischen Modells Verwendung. Die Koordinaten des variierten CFD–Oberflächennetz $\vec{x}_{kj}^{real}$ folgen durch Anwendung der Algorithmen der Profilvariation aus Abschnitt 3.5. Da es die Variationsalgorithmen erlauben, Änderungen direkt auf dem CFD–Oberflächennetz aufzubringen, wird durch diese Herangehensweise eine zusätzliche Interpolation auf die Koordinaten des CFD–Netzes gespart.

4.4.3. Hauptkomponentenbasiertes probabilistisches Modell

In diesem Abschnitt wird die Anwendung des hauptkomponentenbasierten statistischen Variabilitätsmodells aus Abschnitt 4.2.2 zur Durchführung einer probabilistischen MCS beschrieben. Analog zum parametrischen Ansatz (vgl. Abschnitt) 4.4.2) sollen $N_{sim} = 500$ virtuelle Realisierungen die geometrische Variabilität abbilden. Als stochastische Variablen finden Amplituden der Moden Verwendung, welche in Gl. (4.20) als Amplitudenmatrix **A** abgeleitet wurden. Es werden zwei in Abschnitt 2.3.2 vorgestellte Ansätze zur Erstellung der Zufallszahlen genutzt:

1. Optimales Latin–Hypercube Sampling (oLHS) und
2. Direktes Simple–Random Sampling der mehrdimensionalen Wahrscheinlichkeitsdichtefunktion (mSRS).

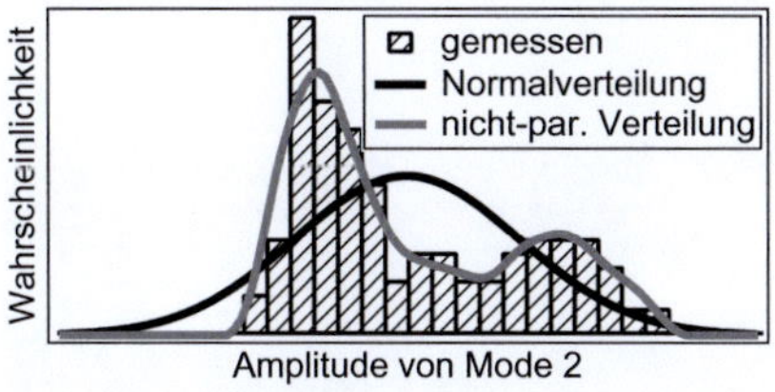

Abb. 4.18. Gemessene und approximierte Dichtefunktionen von Mode 2.

Optimales Latin–Hypercube Sampling (oLHS) erstellt für jeden stochastischen Parameter eine 1D–Randverteilung und kombiniert die Elemente der Verteilungen so, dass die Korrelationsmatrix erfüllt wird. Die statistischen Eigenschaften der Amplitudenmatrix **A** einer PCA sind dabei durch Gl. (4.21), (4.22) und (4.23) als unkorrelierte normalverteilte Amplituden mit Mittelwert Null gegeben, welche so auch vielmals zur probabilistischen Simulation genutzt wurden, bspw. [6, 42, 155]. Im vorliegenden Fall weisen die Amplituden, wie Abb. 4.18 zeigt, z.T. einen wesentlichen Unterschied zur Normalverteilung auf. Daher werden nicht–parametrische Methoden (vgl. Abschnitt 2.2.4) angewandt, um eine gute statistische Abbildung der 1D–Randverteilungen zu gewährleisten. Die Zuordnung der Elemente der Randverteilungen untereinander erfolgt anhand des, in der Software Prosi [166] implementierten, *Restricted Pairing* Algorithmus nach Dandekar [27], womit die probabilistische Amplitudenmatrix $\widetilde{\mathbf{A}}$ erstellt wird.

Abbildung 4.20(a) zeigt das Streudiagramm der Amplituden a_3 vs. a_2. Es ist am Bsp. von Mode 2 zu erkennen, dass die geforderte Wahrscheinlichkeitsdichte mit dem linksseitigen Maximum (vgl. Abb. 4.18) gut abgebildet wird. Darüber hinaus ist die Forderung unkorrelierter Zuordnung erfüllt. Die nicht–triviale Struktur der gemessenen Amplituden kann jedoch nicht reproduziert werden. Somit liegen Realisierungen auch in (lila gefärbten) Bereichen, wo die gemessenen Schaufeln keine Werte aufweisen und die geforderte Wahrscheinlichkeit Null beträgt. Es liegt vermutlich an dieser abweichenden Zuordnung, dass erstellte Realisierungen (Gl. (4.33) mit $m = 135$) die in Abb. 4.19 gezeigte, inakzeptable Einschnürung im Bereich der Hinterkante aufweisen.

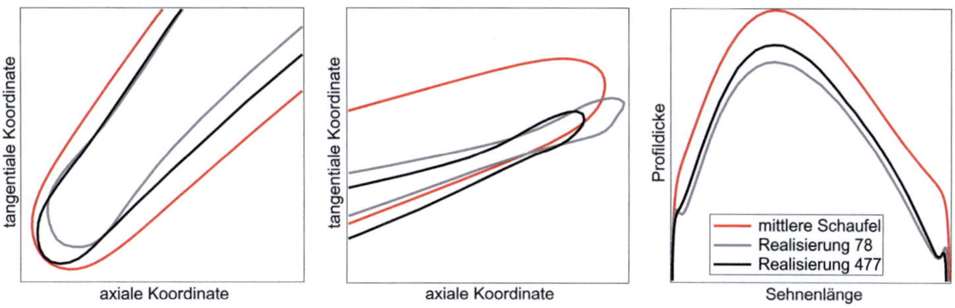

Abb. 4.19. Zwei oLHS–Realisierungen bei $s = 8\%$ mit stark ausgeprägter Einschnürung.

Direktes Simple–Random Sampling der mehrdimensionalen Wahrscheinlichkeitsdichtefunktion (mSRS) stellt eine Alternative zu oLHS dar — besonders wenn nicht–triviale, über den Korrelationskoeffizienten nicht quantifizierbare Zusammenhänge zwischen den stochastischen Variablen vorliegen. Der mit Gl. (2.14) eingeführte nicht–parametrische Ansatz zur Identifikation einer Verteilungsfunktion erlaubt die analytische Beschreibung der mehrdimensionalen Wahrscheinlichkeitsdichtefunktion, womit angewandt auf die modalen Amplituden

$$\widetilde{f}(a_m) = \frac{1}{f_{max}} \, \frac{1}{N} \sum_{n=1}^{N} \exp\left(- \frac{\|a_m - a_{mn}\|^2}{2\,h_m^2} \right) \tag{4.32}$$

gilt. Hierbei ist der Glättungsparameter h_m für jeden Mode m anzupassen, um die korrekte Abbildung der Charakteristik jeder Amplitude sicherzustellen. Der größte Wert wurde für den ersten Mode ($h_1 = 7.5 \cdot 10^{-4}$) und der kleinste Wert für Mode 20 ($h_{20} = 7.5 \cdot 10^{-5}$) gewählt. Moden höherer Ordnung bleiben in dieser Modellierung unberücksichtigt. Der Faktor f_{max} ist erforderlich, um das Maximum von $\widetilde{f}(a_m)$ gleich 1 zu setzen.

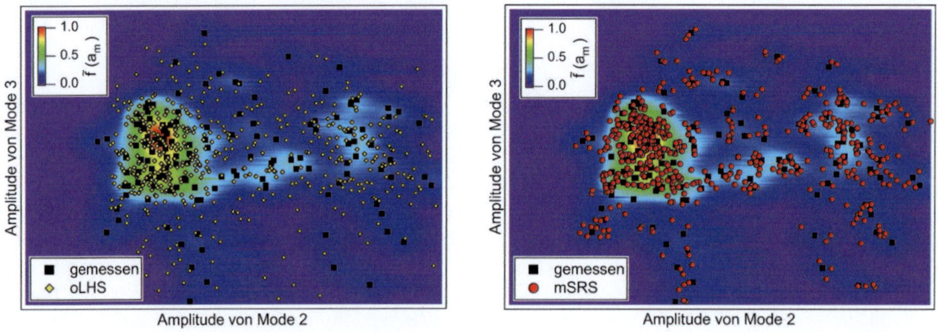

(a) Optimales Latin–Hypercube Sampling. (b) Direktes Sampling der Dichtefunktion (mSRS).

Abb. 4.20. Vergleich gemessener und probabilistisch erstellter Amplituden.

Die probabilistisch erstellte Amplitudenmatrix $\widetilde{\mathbf{A}}$ folgt durch Anwendung des in Abschnitt 2.3.2 beschriebenen Annahme–Ablehnungsverfahrens. Hierzu ist ein Vektor mit 20 zufälligen Amplituden $\widetilde{a}_m$ sowie eine weitere Zufallsgröße p^* innerhalb der Grenzen [0,1] zu generieren. Der Amplitudenvektor wird angenommen, wenn $p^* < \widetilde{f}(\widetilde{a}_m)$, also der Punkt unter der Wahrscheinlichkeitsdichtefunktion liegt. Andernfalls wird er abgelehnt. Als Folge dieser Modellierung entsteht ein Zufallsfeld, welches die intermodalen Zusammenhänge bestmöglich abbildet. Zur Erklärung sind in Abb. 4.20(b) die mit mSRS erstellten mit den gemessenen Amplituden verglichen worden. Es ist zu erkennen, dass beide Punktewolken die gleichen nicht–trivialen Muster zeigen. Gegenüber oLHS belegen die mSRS basierten Amplituden nur Bereiche, an denen auch gemessene Werte identifiziert wurden. Als Nachteil für mSRS gilt die hohe Rechenzeit, welche zudem mit der Anzahl der verwendeten Moden steigt. In der entwickelten Umsetzung dieses Verfahrens waren etwa 2 Wochen Rechenzeit erforderlich, um $N_{sim} = 500$ Samples der ersten 20 Moden zu berechnen. Dies stellt auch den Grund dar, warum nur die wichtigsten 20 Moden per mSRS modelliert wurden. Die verbleibenden 115 Moden sind gemäß oLHS erstellt und in $\widetilde{\mathbf{A}}$ ergänzt worden.

Über Linearkombination von probabilistisch erstellten Amplituden $\widetilde{a}_i$ und Eigenformen des zu Grunde liegenden Datensatzes vermessener Schaufeln $\vec{v}_i$ ist die Geometrie der Realisierung definiert

$$\vec{x}^{real} = \vec{x}^{avg} + \sum_{i=1}^{m} \widetilde{a}_i \, \vec{v}_i \quad \text{mit} \quad 1 \leq m \leq N_m \,. \tag{4.33}$$

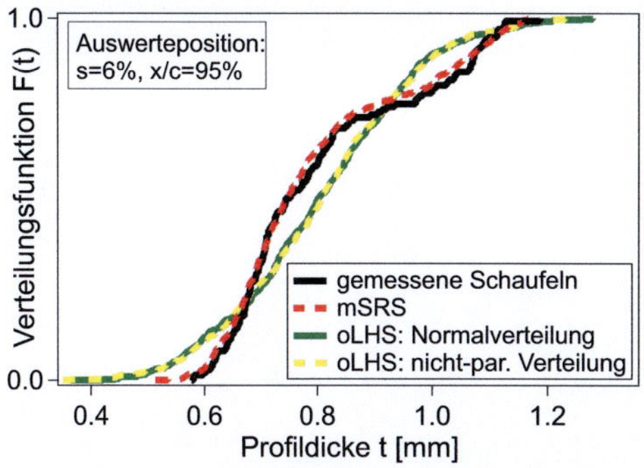

Abb. 4.21. Verteilungsfunktion der Profildicke von Realisierungen und gemessenen Schaufeln.

Die Beurteilung der Qualität der erstellten Realisierungen erfolgt über den in Abb. 4.21 gezeigten statistischen Vergleich der Schaufeldicke. Es werden die $N_n = 150$ gemessenen Schaufeln gegenüber drei Sätzen zu je $N_{sim} = 500$ Realisierungen bewertet. Neben den beiden diskutierten Ansätzen, werden auch mit normalverteilten Amplituden erstellte Realisierungen berücksichtigt. Die Profildicke der Schaufeln wird nach Gl. (3.10) bei 95% der Sehne sowie 6% der Schaufelhöhe ausgewertet und als kumulative Verteilungsfunktionen abgebildet. Es ist zu erkennen, dass nur der mSRS–Ansatz die Charakteristik der gemessenen Schaufeln korrekt abbildet. Es kann somit geschlussfolgert werden, dass die Berücksichtigung der intermodalen Zusammenhänge bei der probabilistischen Modellierung der Amplitudenmatrix erforderlich ist, um die Erstellung unrealistischer Realisierungen zu verhindern.[2] Die Art der Randverteilungen hat zumindest auf dieses Kriterium nachrangigen Einfluss. Während beide oLHS–basierte Verfahren z.T. sehr dünne Schaufeln enthalten, bleiben die mittels mSRS erstellten Realisierungen entsprechend den gemessenen Schaufeln oberhalb der minimalen Profildicke von ca. 0.6mm.

Die Transformation der Realisierungen von dem Auswertenetz in das CFD–Netz bildet den abschießenden Schritt bei der Erstellung hauptkomponentenbasierter Realisierungen. Er ist (im Gegensatz zu dem parametrischen Ansatz) erforderlich, da die mit Gl. (4.33) erstellten Oberflächennetze in der Diskretisierung des Auswertenetzes und nicht des CFD–Netzes formuliert sind. Entsprechend der Annahme einer konstanten kalt–heiß–Transformation reduziert sich diese Überführung zu einer Interpolation der Eigenvektoren auf die geforderten Stützstellen des Netzes. Diese dreidimensionale Abbildung kann, unter Verwendung der auf Profilschnitten basierenden Beschreibung, auf eine zweidimensionale Transformation zurückgeführt werden. Die verbleibenden Freiwerte sind dabei die Spannweitenkoordinate nach Gl. (3.1) und die integrale Bogenlänge gemäß Gl. (4.11). Während die Auflösung in Umfangsrichtung beider Netze annähernd gleich ist und mit jeweils $N_k = 112$ Punkten die gleiche Informationsdichte bietet, unterscheidet sich die Diskretisierung in Spannweitenrichtung merklich. Wie Abb. 4.22 zeigt, weist das CFD–Netz eine wesentlich dichtere Anordnung der Schnitte in Wandnähe auf. Insgesamt besitzt es mit $N_j = 61$ Schnitten eine höhere Auflösung als das Auswertenetz mit $N_j = 25$ Schnitten.

Ein effizienter Zugang zur Transformation ist über die Eigenvektoren unter Einbeziehung von Eigenvektor Null $\vec{v}_0$ als Änderung von Referenz $\vec{x}^{ref}$ zu mittlerer Geometrie $\vec{x}^{avg}$ gegeben. Durch zweidimensionale lineare Interpolation über der Spannweitenkoordinate s sowie der Bogenlänge L

$$\widetilde{v}(L,s) = A_0 + A_1\, s + A_2\, L + A_3\, s\, L \tag{4.34}$$

folgen die Elemente des heißen Eigenvektors an der geforderten Stützstelle des heißen CFD Netzes

$$\vec{v}_{kj}^{\,cfd} = [\widetilde{v}_x(L_k, s_j), \widetilde{v}_y(L_k, s_j), \widetilde{v}_z(L_k, s_j)]^T. \tag{4.35}$$

[2]Die gewonnenen Erkenntnisse decken sich mit der Arbeit von Lamb [80]. Auch sie identifiziert für ihren Datensatz vermessener Schaufeln einen Mode als offensichtlich nicht normalverteilt. Darüber hinaus erkennt sie, dass die Moden zwar unkorreliert, jedoch nicht unabhängig voneinander auftreten. Sie kann zeigen, dass die zu Grunde liegenden intermodalen Zusammenhänge zu berücksichtigen sind, um die Charakteristik der gemessenen Schaufeln korrekt im probabilistischen Modell wiederzugeben.

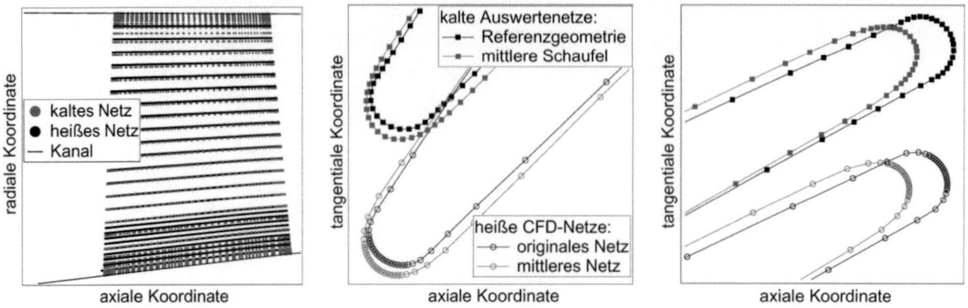

Abb. 4.22. Diskretisierung von kaltem und heißem Netz.

Die Koeffizienten A_i in Gl. (4.34) bestimmen sich durch die vier von $[L_k, s_j]$ benachbarten Stützstellen $[L_{k-}, s_{j-}]$, $[L_{k-}, s_{j+}]$, $[L_{k+}, s_{j-}]$ und $[L_{k+}, s_{j+}]$ im kalten Netz. Die CFD–Netze der Realisierungen sind anschließend über

$$\vec{x}^{\,real,cfd} = \vec{x}^{\,org,cfd} + \vec{v}_0^{\,cfd} + \sum_{i=1}^{m} \widetilde{a}_i\, \vec{v}_i^{\,cfd} \quad \text{mit} \quad 1 \leq m \leq N_m \tag{4.36}$$

bekannt. Dieser Transformationsansatz liefert gute Ergebnisse, wenn interpoliert wird. Für Bereiche nahe der Schaufelblattspitze $s > 0.95$ sowie nahe der Nabe $s < 0.02$ ist jedoch Extrapolation erforderlich. Hinzu kommt, dass nahe der Nabe, begründet durch die großen geometrischen Gradienten, die Qualität der Scans abnimmt. Folglich kann die Extrapolation mit Gl. (4.34) zur Überschätzung der geometrischen Variabilität führen. Ergänzend soll ein weiterer Aspekt der linearen Extrapolation aufgezeigt werden. Es kann mit diesem Modell kein klassisch verrundeter Fillet an der Nabe abgebildet werden, obwohl dieser sowohl Inhalt des Designs als auch der Messungen war. Hierzu wären zusätzliche Annahmen, wie z.B. die des elliptischen Filletmodells (vgl. Abschnitt 3.4.4) erforderlich, welches durch Freiwerte lediglich die Ausprägung der Ellipse festlegt.

4.4.4. Mesh–Morphing

Das CFD–Netz der gesamten Passage wird durch Mesh–Morphing angepasst. Dies stellt den finalen Schritt zur Erzeugung der Realisierungen dar und wird gleichermaßen sowohl für den parametrischen als auch hauptkomponentenbasierten Ansatz angewendet. Das Morphing erfolgt anhand des originalen Oberflächennetzes $\vec{x}_{jk}^{\,org}$ und integriert die Variation $\vec{x}_{jk}^{\,var}$, welche bspw. in Form einer Realisierung nach Gl. (4.36) bekannt ist. Der Index i beschreibt die Richtung normal zur Oberfläche in die Tiefe des gesamten CFD–Netzes $\vec{x}_{ijk}^{\,org}$. Der Änderungsvektor an der Oberfläche

$$\Delta\vec{x}_{jk} = \vec{x}_{jk}^{\,var} - \vec{x}_{jk}^{\,org} \tag{4.37}$$

wird dem originalen Netz hinzugefügt, um das gemorphte Netz

$$\vec{x}_{ijk}^{\,var} = \vec{x}_{ijk}^{\,org} + A_i\, \Delta\vec{x}_{jk} \tag{4.38}$$

zu erhalten. Der Faktor A_i sichert mit $A_1 = 1$ auf der Schaufeloberfläche und $A_{N_i} = 0$ an den Modellrändern bzw. Passagengrenzen sowie dem linearen Verlauf dazwischen die homogene Aufteilung der Verzerrung. Gegenüber alternativer Neuvernetzung repräsentiert Mesh–Morphing die wesentlich schnellere Variante. Die erforderliche Rechenzeit pro Passage verringert sich von wenigen Minuten auf wenige Sekunden. Der zeitliche Faktor wird wichtig, wenn viele Realisierungen oder Realisierungen mit

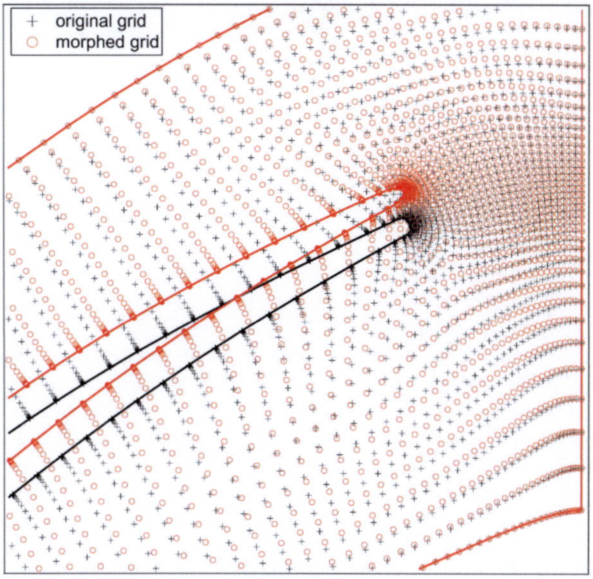

Abb. 4.23. Mesh–Morphing des CFD–Netzes um die Hinterkante der Rotorschaufel.

vielen Passagen (wie bspw. für die Modelle in Kapitel 5 und 6) anzupassen sind. Für die in Kapitel 5 behandelten Mehrpassagenmodelle folgt noch eine weitere Restriktion. So bildet die unveränderte Passagenmitte zwischen verschiedenen Schaufeln eine Voraussetzung, die bei Neuvernetzung schwierig zu realisieren ist. Dies verdeutlicht die Gegenüberstellung von originalem und gemorphtem Netz in Abb. 4.23. Es ist zu erkennnen, dass beide Netze an den Passagengrenzen übereinander liegen und dass im Übergang zum Oberflächennetz die relativen Abstände des originalen Netzes auf die Variation übertragen wurden.

4.5. Nicht–deterministisches strömungsmechanisches Verhalten einer Verdichterstufe

Das nicht–deterministische strömungsmechanische Verhalten der untersuchten Verdichterstufe resultiert durch Anwendung der in Abschnitt 4.4 abgeleiteten probabilistischen Modelle. In beiden Fällen wird eine MCS mit $N_{sim} = 500$ deterministischen Berechnungen durch die Software ProSi [166] durchgeführt. Die Ergebnisse des parametrischen, probabilistischen Modells sind in Abschnitt 4.5.1 aufgeführt und die des hauptkomponentenbasierten Ansatzes folgen in Abschnitt 4.5.2. Die Auswertung hat den Fokus auf die Bewertung der stochastischen Ergebnisgrößen (Wirkungsgrad, Totaldruckverhältnis, etc.) und deren Sensitivitäten gegenüber den stochastischen Eingangsgrößen (135 Moden im Fall der PCA bzw. 18 geometrische Parameter im Falle des parametrischen Ansatzes) gelegt.

4.5.1. Ergebnisse der parameterbasierten probabilistischen Simulation

Als erste Ergebnisgröße wird der **isentrope Wirkungsgrad** η der Verdichterstufe nach Gl. (2.29) mit den Sensitivitäten gegenüber den Eingangsgrößen diskutiert. Sowohl der Rangkorrelationskoeffizient nach Gl. (2.11) als auch das Wichtigkeitsmaß (CoI) nach Gl. (2.21) zeigen, dass die Dicke der Vorderkante der einflussreichste Parameter auf den Wirkungsgrad ist und ca. 60% der Streuungen erklärt. Als Darstellung wird im Falle des CoI das Balkendiagramm in Abb. 4.24(d) und im Falle des Korrelationskoeffizienten das Tortendiagramm in Abb. 4.24(e) genutzt. Der negative Koeffizient von $\rho = -0.78$ sowie die Farbcodierung in Abb. 4.24(c) bestätigen, dass mit zunehmender Vorderkantendicke der isentrope Wirkungsgrad abnimmt.

Die Wichtigkeit der weiteren Eingangsgrößen bewerten beide Methoden unterschiedlich. Während der Korrelationskoeffizient die max. Dicke und die Hinterkantendicke als nachfolgend wichtigste Größen bestimmt, zeigt der CoI die Filletdicke und die axiale Position (Abstand der Vorderkante zur Mischungsebene) als nachfolgend wichtigste Parameter an. Diese unterschiedlichen Einstufungen begründen sich in den unterschiedlichen Auswertungsmethoden. Der CoI basiert auf einem Regressionsmodell (hier: ein 18–dimensionales Polynom 2. Ordnung) und ermittelt die Wichtigkeit der Eingangsgrößen durch systematisches Weglassen der zu den Eingangsgrößen gehörenden approximierten Koeffizienten. Die Korrelationskoeffizienten von Ergebnis– und Eingangsgrößen werden hingegen anhand der in Abb. 4.24(a) und 4.24(b) dargestellten relativen Streuung ermittelt. Sie hängen somit direkt von der Korrelation unter den Eingangsgrößen ab, welche z.T. erheblich sind, wie Abb. 4.24(c) zeigt. Somit sind die Korrelationskoeffizienten querempfindlich auf weitere einflussreiche Eingangsgrößen. Diese Tatsache kann den berechneten Einfluss auf die Ergebnisgröße verstärken oder abschwächen und somit das Ranking verzerren. Im konkreten Fall wird der Parameter maximale Dicke durch die hohe Korrelation zur VK–Dicke wichtiger. Der CoI–Ansatz ist gegenüber korrelierten Eingangsgrößen weniger sensitiv (aber nicht insensitiv). Er stellt somit das aussagekräftigere Maß zum Ranking der Eingangsgrößen dar. Nachteilig ist jedoch, dass er keine Vorzeicheninformation enthält. Hier kann alternativ wieder auf die Korrelationskoeffizienten geschaut werden. Sie zeigen anhand der negativen Werte an, dass die dünner ausgeformten Querschnitte zu höheren Wirkungsgraden führen.

Die massenstromgemittelte **Strömungsumlenkung** $\Delta\beta$ nach Gl. (2.32) ist ein Maß für die Totalenthalpiezunahme über der Rotorreihe und soll Parameter identifizieren, die auf den Druckaufbau Einfluss nehmen. Hier wird der Betrag $|\Delta\beta|$ ausgewertet, um das Vorzeichen dem des Energieeintrags in die Strömung anzugleichen. Sowohl der Rangkorrelationskoeffizient (Abb. 4.24(j)) als auch das Wichtigkeitsmaß (Abb. 4.24(i)) bestätigen, dass der Staffelungswinkel gefolgt von der max. Wölbung und dem Hinterkantenwinkel die einflussreichsten Größen sind. Anhand des CoI wird ermittelt, dass etwa 57% der Ergebnisgrößenstreuung der Streuung des Staffelungswinkels und weitere etwa 24% der Streuung der maximalen Wölbung zuzuordnen sind. Der Korrelationskoeffizient von $\rho = -0.67$ zeigt, dass geringere Staffelungswinkel eine Steigerung der Umlenkung erzeugen, genau wie eine größere maximale Wölbung mit $\rho = 0.54$. Die Streudiagramme in Abb. 4.24(f) und 4.24(g) bestätigen diese Aussage. Abbildung 4.24(h) zeigt die erreichte Umlenkung als Farbcodierung über dem Streudiagramm der beiden diskutierten Eingangsgrößen an. In Übereinstimmung mit den vorher diskutierten Einflüssen, zeigen sich die höchsten Umlenkungen für kleine Staffelungswinkel und große Werte der maximalen Wölbung. Das Diagramm erlaubt weiterhin eine Bewertung der Eingangsgrößenkorrelation dieser beiden Variablen, welche vglw. gering ist ($\rho = 0.14$). Diese geringe Querabhängigkeit begründet auch die gute Übereinstimmung des Rankings des Korrelationskoeffizienten mit dem des Wichtigkeitsmaßes.

Eine präzise Analyse der Schaufelumströmung und deren Änderung auf Grund der geometrischen Variation erlaubt das **statische Druckfeld**, welches in Abb. 4.25(b) für den Mittelschnitt von zwei ausgewählten Realisierungen dargestellt ist. Die Profile der beiden dargestellten Realisierungen sind vergleichend in Abb. 4.25(a) gezeigt. Sie wurden auf Grund der wesentlich verschiedenen VK–Dicke ausgewählt. Während Realisierung 496 diejenige mit der geringsten VK–Dicke ist, weist Realisierung 325 die höchste VK–Dicke des probabilistischen Schaufelsatzes auf. Es ist zu erkennen, dass die dicke

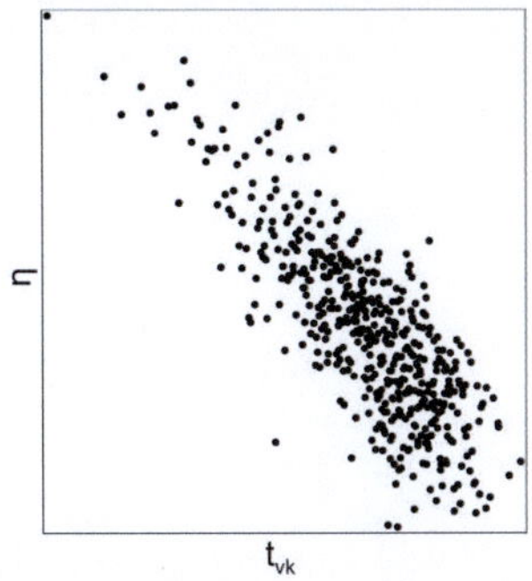

(a) Wirkungsgrad vs. VK-Dicke

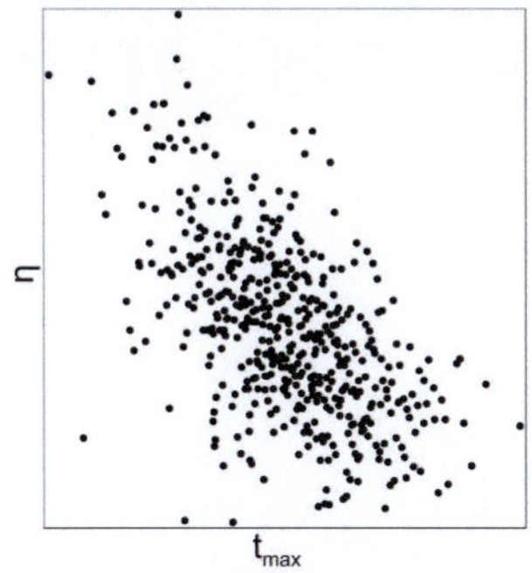

(b) Wirkungsgrad vs. max. Dicke

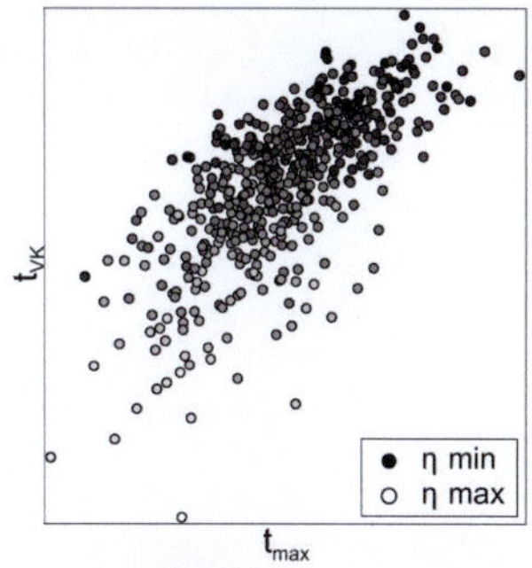

(c) VK-Dicke vs. max. Dicke.

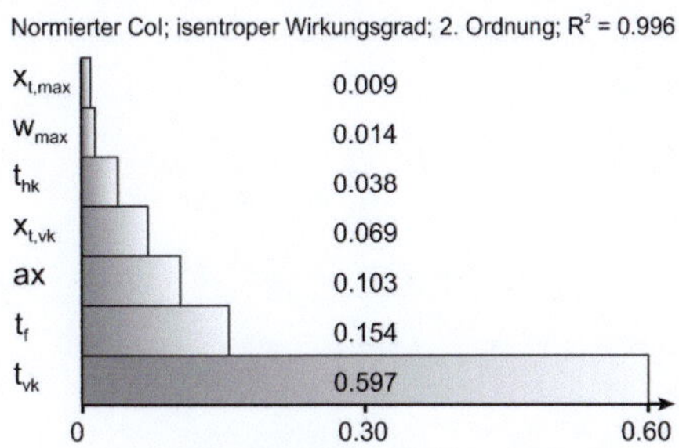

(d) Wirkungsgrad: Wichtigkeitsmaße

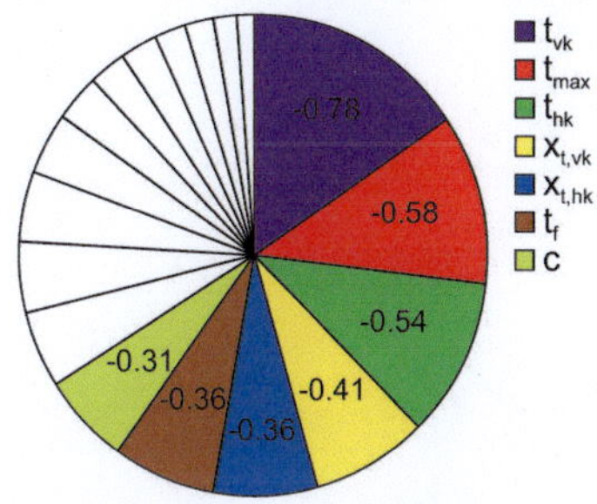

(e) Wirkungsgrad: Korrelationskoeffizienten

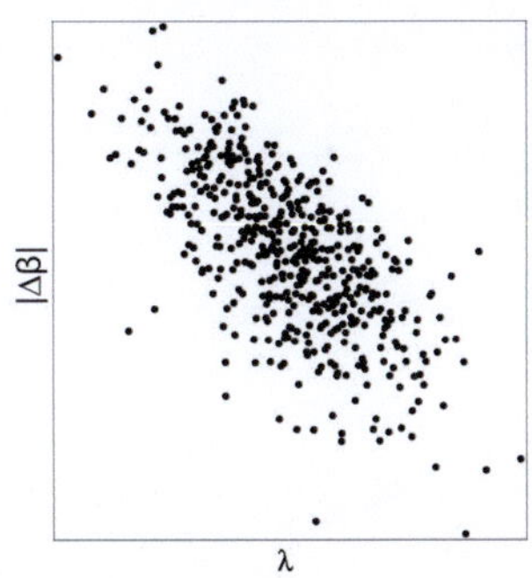

(f) Umlenkung vs. Staffelungsw.

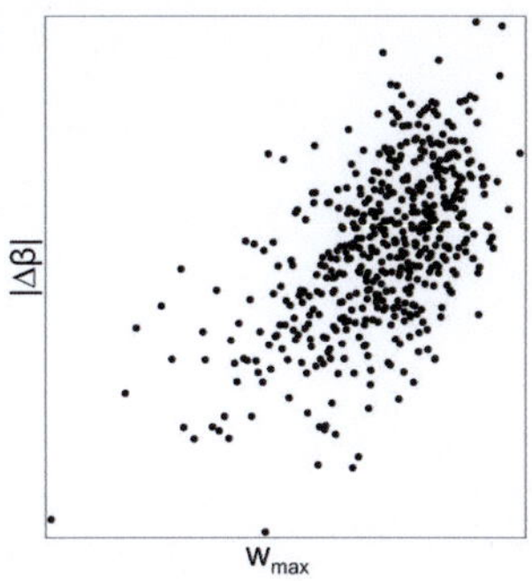

(g) Umlenkung vs. max. Wölbung

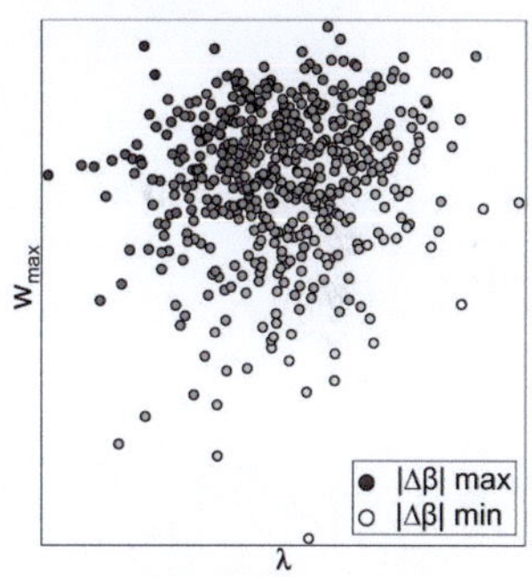

(h) Staffelungsw. vs. max. Wölbung.

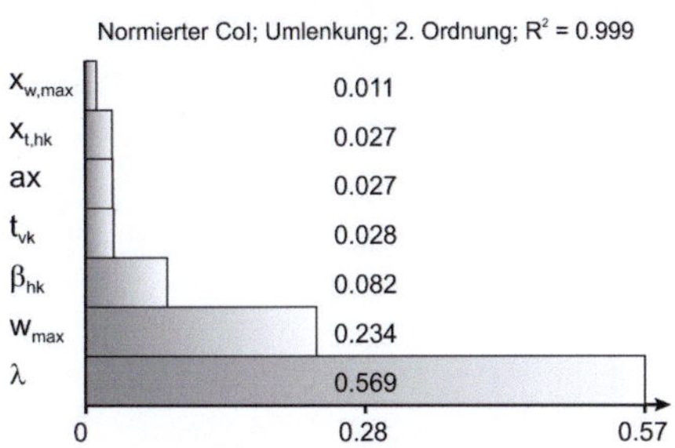

(i) Umlenkung: Wichtigkeitsmaße

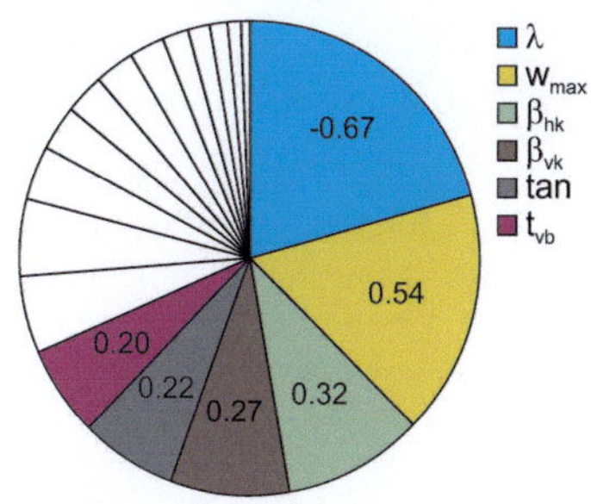

(j) Umlenkung: Korrelationskoeffizienten

Abb. 4.24. Statistische Auswertung von isentr. Wirkungsgrad (oben) und Umlenkung (unten).

Schaufel ein größeres Totwassergebiet vor der Vorderkante erzeugt als die dünne Geometrie. Mit diesem Unterschied einher gehen die stärker ausgeprägten Beschleunigungsspitzen am Blendpunkt von Vorderkante zu Druck– bzw. Saugseite.

Für eine quantitative Bewertung des statischen Drucks wird weiterhin der **Druckbeiwert** c_p (bzw. der Druckkoeffizient) nach Gl. (2.35) bestimmt. Er setzt den statischen Druck auf der Oberfläche zu dem dynamischen Druck an der vorangehenden Mittelungsebene zwischen Stator 5 und Rotor 6 ins Verhältnis. Abbildung 4.25(c) zeigt die resultierenden Verteilungen über der Sehnenlänge. Es sind alle 500 Realisierungen grau und die beiden ausgewählten Realisierungen hervorgehoben dargestellt. Es bestätigen sich die bereits diskutierten Ergebnisse, indem die dicke Schaufel einen stärkeren Druckabfall im Blendpunkt zeigt als die dünne Schaufel. Weiterhin ist zu erkennen, dass beide Schaufeln, die Variation von c_p auf der Saugseite von etwa 10% bis 30% Sehnenlänge einhüllen, und folglich die ausgeprägteste Variation abbilden. Dem gegenüber sind, besonders für den angesprochenen Blendpunkt, weitere Realisierungen enthalten, die zu einer stärkeren Variation des Druckbeiwertes führen. Folglich sind weitere Parameter enthalten, die die Variation dieser Ergebnisgröße maßgeblich beeinflussen.

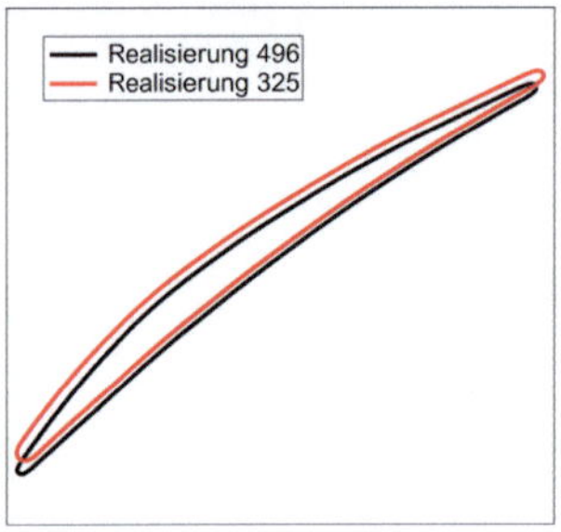

(a) Zwei ausgewählte Realisierungen.

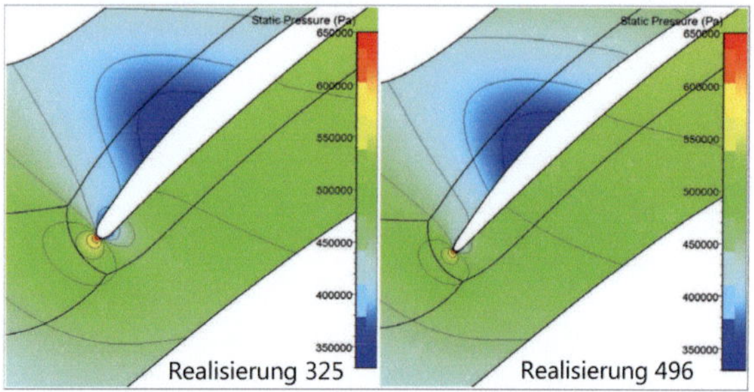

(b) Statischer Druck am Mittelschnitt.

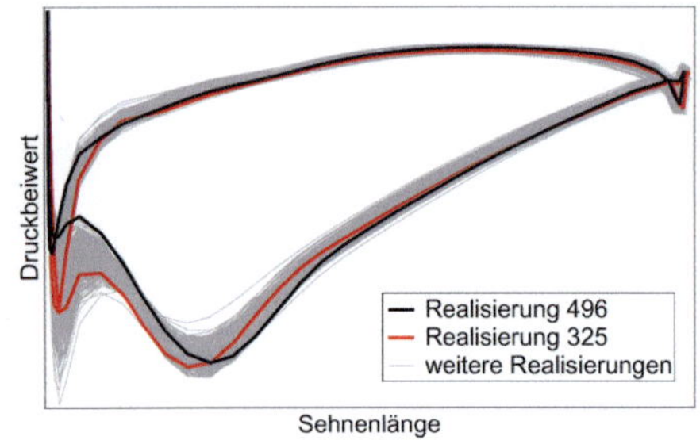

(c) Druckbeiwert c_p über der Sehne bei 50% Schaufelhöhe.

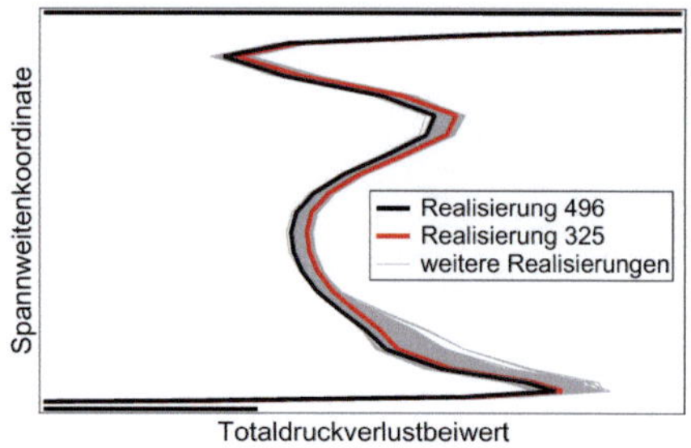

(d) Verlustbeiwert y_p über der Schaufelhöhe.

Abb. 4.25. Statischer Druck– und Totaldruckverlustbeiwert für zwei Realisierungen.

Ergänzend soll der **Totaldruckverlustbeiwert** $y_{p,j}$ gemäß Gl. (2.33) die radiale Ausprägung der Strömungsbeeinflussung erklären. Dieser Kennwert beschreibt die normierte Abnahme des Totaldrucks auf einer Stromlinie über der Rotorschaufel (beachte: alle Größen im relativen Bezugssystem). Hierzu sind in Abb. 4.25(d) alle 500 Realisierungen grau und die beiden diskutierten Realisierungen hervorgehoben dargestellt. Es ist zu erkennen, dass die dicke Schaufel über einen großen radialen Bereich einen höheren Verlust aufweist, als die dünne Schaufel. In diesem Bereich der Schaufelhöhe repräsentieren beide Schaufeln die Einhüllende aller Realisierungen. Die VK–Geometrie beider Schaufeln grenzt offensichtlich die Ausprägung des gesamten Datensatzes ein. Dies ändert sich für geringere

Schaufelhöhen. Hier sind weitere Parameter (vermutlich die Filletparameter) zunehmend wichtiger, die beiden Schaufeln bilden nicht mehr die Einhüllende aller Realisierungen.

Als **Zusammenfassung** kann festgehalten werden, dass das parametrische probabilistische Modell einen intuitiven und ingenieurmäßigen Zugang zu dem nicht–deterministischen strömungsmechanischen Verhalten bereitet. Die Sensitivitäten der designähnlichen Parameter sind dem Aerodynamiker vertraut und die Ergebnisse leicht interpretierbar. Die Eingangsgrößenkorrelation impliziert Quereinflüsse unter den geometrischen Parametern und führt zu Verzerrungen bei der Sensitivitätsanalyse. Dieser Nachteil kann durch Verwendung des Wichtigkeitsmaßes anstelle des Korrelationskoeffizienten vermindert werden. Die Vorderkantendicke konnte als der einflussreichste Parameter auf den Wirkungsgrad identifiziert werden. Er entscheidet über die Ausprägung des Strömungsfeldes bis ca. 30% stromab der Vorderkante und über Totaldruckverluste in dem vom Profilverlust dominierten Teil des Schaufelblattes. Die Streuung des Druckaufbaus des Rotors wird von den Streuungen des Staffelungswinkels und der maximalen Wölbung bestimmt. Die ermittelten Zusammenhänge zwischen Eingangs– und Ergebnisgrößen entsprechen vielmals den zu Grunde liegenden physikalischen Gesetzmäßigkeiten und sind in dieser Weise erwartet. Es ist jedoch bemerkenswert, dass sie anhand des probabilistischen Modells gewonnen werden und in der erwarteten Weise auch für die gemessenen (relativen) Streuungen der Eingangsgrößen gelten.

4.5.2. Ergebnisse der hauptkomponentenbasierten probabilistischen Simulation

Die Diskussion der hauptkomponentenbasierten Simulation fokussiert neben der Bestimmung einflussreicher stochastischer Variablen auch die Konvergenzbetrachtung der stochastischen Ergebnisgrößen.

Die **Konvergenzbetrachtung der stochastischen Ergebnisse** ergänzt die rein geometrische Bewertung aus Abschnitt 4.3.2, indem anwendungsbezogene Kennwerte zur Konvergenz des probabilistischen strömungsmechanischen Modells bestimmt und die erforderliche Anzahl an Moden abgeleitet werden. Vorteilhaft ist, dass der hauptkomponentenbasierte Ansatz entsprechend Gl. (4.36) flexibel hinsichtlich der berücksichtigten Anzahl an Moden m ist. Die Konvergenzbetrachtung erfolgt daher anhand vier separat durchgeführter probabilistischer Simulationen mit 6, 20, 60 sowie allen 135 Moden.

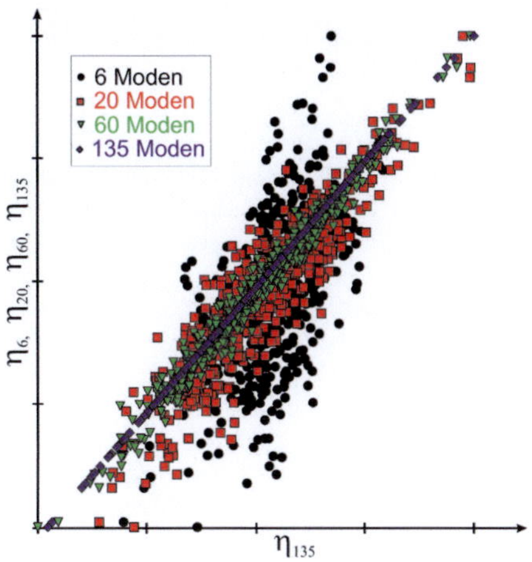

(a) Streudiagramm von η_m vs. η_{135}.

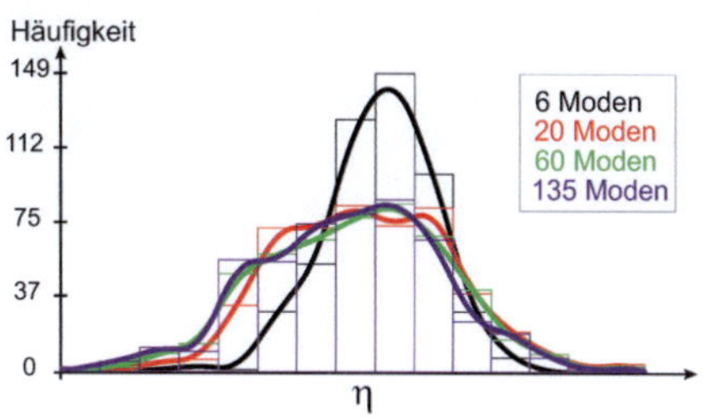

(b) Histogram des isentropen Wirkungsgrades

Abb. 4.26. Streuung des isentropen Wirkungsgrades der vier probabilistischen Simulationen.

Das statistische Verhalten der Ergebnisgrößen kann Abb. 4.26(a) entnommen werden. Hier ist ein Streudiagramm des isentropen Wirkungsgrades aller vier durchgeführten Simulationen gegenüber der Referenzrechnung mit 135 Moden dargestellt. Ergänzend zeigt Abb. 4.26(b) die zugeordneten Histogramme. In beiden Abbildungen ist zu erkennen, dass die Ergebnisse mit hoher Anzahl an Moden eine bessere Übereinstimmung mit der Referenz zeigen als z.B. die Simulation mit nur sechs Moden. So nähern sich die Punktewolken im Streudiagramm zu einer Linie und es gleichen sich die Kurven im Histogramm immer weiter an.

Tab. 4.2. Konvergenz der stochastischen Ergebnisse.

	6 Moden	20 Moden	60 Moden
$\bar{\eta}_m/\bar{\eta}_{135}$	1.00050	1.00025	1.00009
$\bar{\pi}_m/\bar{\pi}_{135}$	1.00012	1.00006	1.00002
$\bar{\dot{m}}_m/\bar{\dot{m}}_{135}$	1.00034	1.00016	1.00006
$S(\eta_m)/S(\eta_{135})$	0.593	0.926	0.996
$S(\pi_m)/S(\pi_{135})$	0.743	0.970	0.992
$S(\dot{m}_m)/S(\dot{m}_{135})$	0.726	0.964	0.993
$\rho_{\eta_m\eta_{135}}$	0.58	0.91	0.99
$\rho_{\pi_m\pi_{135}}$	0.69	0.98	0.99
$\rho_{\dot{m}_m\dot{m}_{135}}$	0.69	0.97	1.00

Ergänzend zu der qualitativen Bewertung quantifizieren statistische Kennzahlen in Tab. 4.2 die Konvergenz. Demnach steigt der Rangkorrelationskoeffizient nach Gl. (2.11) für den isentropen Wirkungsgrad von $\rho = 0.58$ (sechs Moden) über $\rho = 0.91$ (20 Moden) auf $\rho = 0.99$ (60 Moden) an. Die weiteren Ergebnisgrößen konvergieren in vergleichbarer Art und Weise. Die Bewertung der stochastischen Eigenschaften erfolgt durch den Mittelwert und die empirische Standardabweichung gemäß Gl. (2.3) bzw. (2.4). Obwohl die Mittelwerte durch die mittelwertzentrierte Modellierung (vgl. Gl. (4.17)) nur geringe Abweichungen gegenüber der Referenz aufweisen, sind die Standardabweichungen bis zu $\approx 40\%$ (6 Moden), $\approx 7\%$ (20 Moden) und $\approx 1\%$ (60 Moden) zu gering bewertet. Diese Zahlen erlauben eine anwendungsbezogene Abschätzung der erforderlichen Anzahl an Moden. Während 20 Moden nach Gl. (4.27) etwa 99% der geometrischen Streuung beschreiben, quantifizieren sie nur 93% der Ergebnisgrößenstreuung. Zur Modellierung von 99% der Ergebnisgrößenstreuung sind etwa 60 Moden erforderlich.

Die **Sensitivitäten der Ergebnisse** der Referenzrechnung mit 135 Moden vervollständigen die Auswertung der probabilistischen Simulation. Die Rangordnung der stochastischen Variablen folgt unter Anwendung des Wichtigkeitsmaßes nach Gl. (2.21). Abbildung 4.27(a) zeigt die einflussreichsten Moden auf den isentropen Wirkungsgrad und Abb. 4.27(b) auf das Totaldruckverhältnis. Im Falle des Wirkungsgrades bilden Mode 16, Mode 2 und Mode 14 sowie für das Totaldruckverhältnis Mode 6, Mode 9 und Mode 2 die einflussreichsten stochastischen Variablen. Hieraus folgt die Erkenntnis, dass die ersten Moden mit der größten Standardabweichung nicht unbedingt den größten Einfluss auf die Ergebnisse haben müssen. Vielmehr hängt der Einfluss von der korrespondierenden Eigenform sowie von der Physik ab, die der Anwendung zu Grunde liegt. Da die Eigenformen rein statistischer Natur sind, gestaltet sich die Interpretation der Sensitivitäten gegenüber den modalen Amplituden als schwierig. Um die Interpretationsmöglichkeiten dieses Verfahrens zu erweitern, wurden von Garzon und Darmofal [42] jeder Eigenform geometrische Änderungscharakteristiken zugeordnet. Demnach kann für den vorliegenden Datensatz bspw. ausgewertet werden, dass der wichtige Mode 16 im mittleren Schaufelblattbereich zu merklichen Variationen der Vorderkantengeometrie führt. Eine umfassende Bewertung aller (dreidimensionaler) Moden ist mit dieser Herangehensweise jedoch mühselig.

Ein alternativer Zugang zum Verständnis der Moden und ihrer Einflüsse ist über das in Kapitel 3 abgeleitete Verdichterschaufelmodell gegeben. Die in Abschnitt 3.4 beschriebenen Methoden der Para-

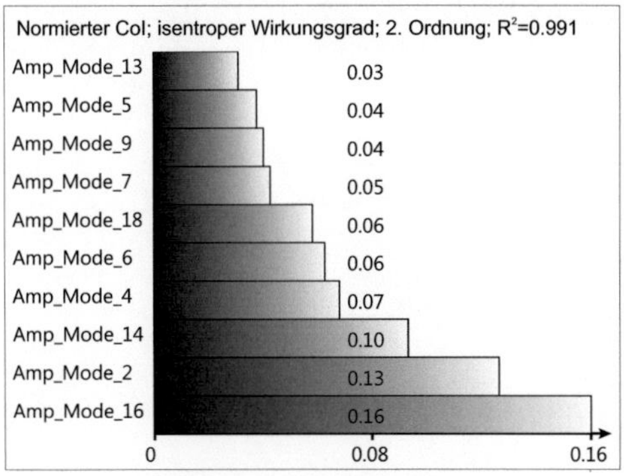

(a) CoI von η zu den Moden.

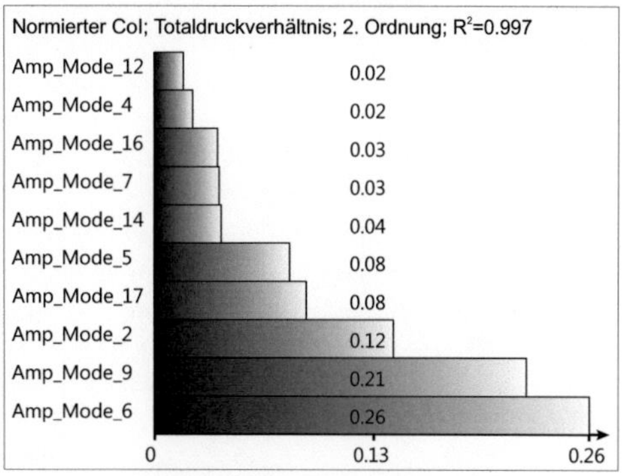

(b) CoI von π zu den Moden.

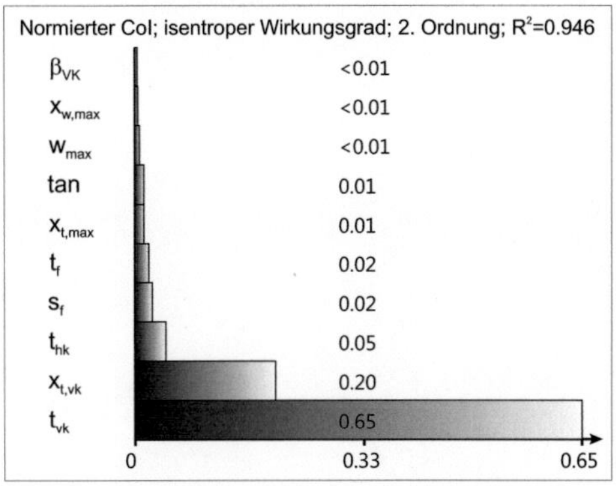

(c) CoI von η zu geometrischen Parametern.

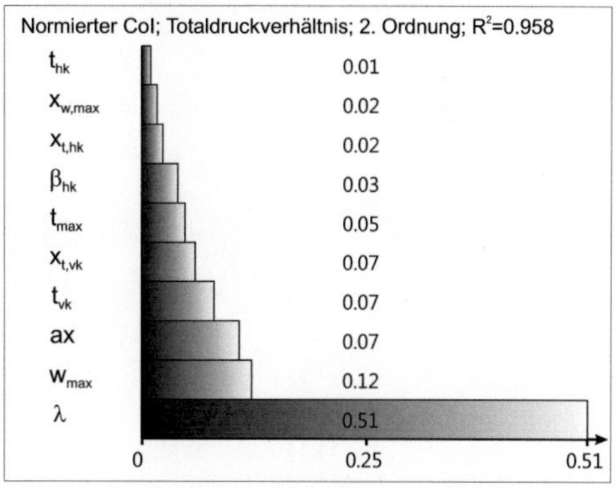

(d) CoI von π zu geometrischen Parametern.

Abb. 4.27. Rangordnung der einflussreichsten Moden (oben) und geometrischen Parameter (unten) auf isentropen Wirkungsgrad (links) und Totaldruckverhältnis (rechts).

meteridentifikation erlauben (in Analogie zu den vermessenen Schaufeln) die Analyse der Oberflächennetze der mit $m = 135$ Moden erstellten hauptkomponentenbasierten Realisierungen. Im vorliegenden Fall wird von jeder Schaufel ein Vektor $N_p = 16$ geometrischer Parameter berechnet (14 radial gemittelte Profilparameter sowie zwei Filletparameter)[3]. Die in Gl. (4.4) eingeführte Matrix $\mathfrak{P}$ mit der Dimension 500×16 fasst die identifizierten geometrischen Parameter aller Realisierungen zusammen. Diese virtuellen stochastischen Eingangsgrößen fließen anstelle der modalen Amplituden in die Sensitivitätsanalyse ein. Die Wichtigkeitsmaße dieser virtuellen Eingangsgrößen gegenüber des isentropen Wirkungsgrades sind in Abb. 4.27(c) und gegenüber des Totaldruckverhältnisses in Abb. 4.27(d) dargestellt. Die Bestimmtheitsmaße der zu Grunde liegenden Regressionsmodelle reduzieren sich geringfügig von $R^2 \approx 0.99$ auf $R^2 \approx 0.95$. Dieser Rückgang zeigt, dass der Vektor geometrischer Parameter die Streuung der Ergebnisgrößen nicht vollständig beschreiben kann. Da jedoch noch immer 95% der Streuungen mit dem Modell abgebildet werden, sind die berechneten Sensitivitäten aussagekräftig. Für beide untersuchten Ergebnisgrößen zeigte sich, dass jeweils wenige geometrische Parameter zur Beschreibung der Streuungen ausreichen. Im Falle des isentropen Wirkungsgrades werden 65% der

[3]Die vier Parameter der korrigierten Dickenverteilung aus Abschnitt 3.5.5 wurden nicht berücksichtigt.

Variation durch Änderungen der Vorderkantendicke und weitere 20% durch deren Position auf der Sehne erklärt. Insgesamt beschreiben beide VK–Parameter somit 85% der Ergebnisgrößenstreuung. Die Streuung des Totaldruckverhältnisses ist zu 51% durch die Streuung des Staffelungswinkels und etwa weitere 12% durch die Streuung der maximalen Wölbung definiert.

Ergänzend zu dem normierten CoI, welcher zunächst nur die Rangfolge der Eingangsgrößen festlegt, kann die berechnete Antwortfläche genutzt werden, um zu bestimmen, wie sich eine Eingangsgrößenänderung auf die Ergebnisgrößen auswirkt. Beispielhaft ist in Abb. 4.28 die Antwortfläche des isentropen Wirkungsgradegs über den beiden einflussreichsten Eingangsgrößen gezeigt. Wie erwartet, steigt der Wirkungsgrad für dünner und spitzer ausgeführte Vorderkanten. Diese Erkenntnis wird durch den Rangkorrelationskoeffizienten von $\rho = -0.81$ zwischen isentropen Wirkungsgrad und VK–Dicke bestätigt. Analoge Ergebnisse werden für das Totaldruckverhältnis mit $\rho = -0.73$ zu der Eingangsgröße Staffelungswinkel bestimmt.

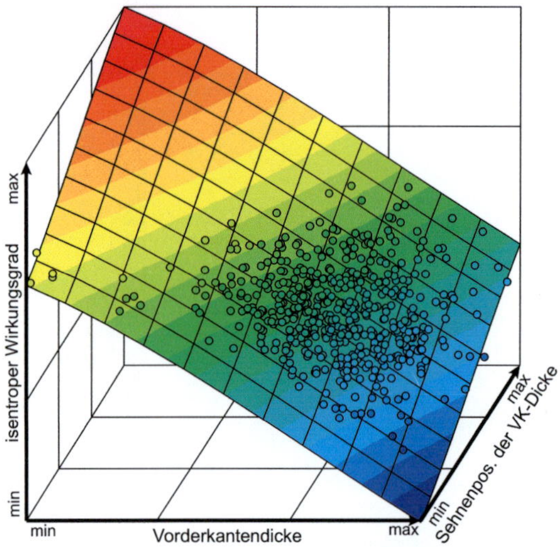

Abb. 4.28. Antwortfläche des isentropen Wirkungsgrades über den einflussreichsten Parametern.

Zusammenfassend kann zu dem hauptkomponentenbasierten probabilistischen Modell folgendes festgehalten werden. Der hauptkomponentenbasierte Ansatz stellt ein statistisches Verfahren dar, welches die präzise Modellierung geometrischer Variabilität ermöglicht und bei Verwendung aller Moden auf die exakte Lösung konvergiert. In der praktischen Anwendung zeigt das Verfahren jedoch nicht die erwartete Performance zur Dimensionsreduktion. So waren zur Abbildung von 99% der Ergebnisgrößenstreuung etwa 60 der 135 Parameter erforderlich und nicht 20, wie durch die relativen Eigenwerte suggeriert. Des Weiteren war die Amplitudenmatrix zwar unkorreliert, jedoch wiesen die Amplituden nichtlineare Abhängigkeiten auf. Es zeigte sich, dass die Berücksichtigung dieser intermodalen Zusammenhänge und somit die Anwendung wenig effizienter Samplingverfahren erforderlich ist, um realistische Realisierungen zu erzeugen. Die unkorrelierten Amplituden üben keine Quereinflüsse bei der Korrelationsanalyse aus, weswegen eine präzise Bestimmung der Sensitivitäten möglich ist. Die Interpretation von Sensitivitäten modaler Amplituden ist jedoch kaum möglich. Einen Ausweg beschreibt die Analyse der probabilistisch erstellten Schaufeln zur Identifikation geometrischer Parameter. Die Verwendung dieser Parameter als virtuelle stochastische Eingangsgrößen erlaubt die ingenieurmäßige Interpretation der Sensitivitäten. Somit ist ein intuitiver Zugang zum physikalischen Verständnis des sonst rein auf mathematischen Moden basierenden Variabilitätsmodells gegeben.

4.6. Zusammenfassende Bewertung beider probabilistischer Modelle

In diesem Abschnitt sollen beide Modelle zur probabilistischen Simulation geometrischer Variabilität vergleichend bewertet werden. Dabei gilt es,

- die Anzahl verwendeter stochastischer Eingangsgrößen und
- die damit erreichte Genauigkeit stochastischer Ergebnisgrößen abzuwägen.

Neben der rein geometrischen Bewertung wiederaufgebauter Schaufeln in Abschnitt 4.6.1 erfolgt auch der Vergleich des mit beiden Modellen berechneten nicht–deterministischen Systemverhaltens in Abschnitt 4.6.2. Im Anschluss wird in Abschnitt 4.6.3 das für den weiteren Verlauf der Arbeit angewendete Modell ausgewählt. Abschließend stellt Tab. 4.5 beide Modelle hinsichtlich genereller Kriterien einander gegenüber.

Es gilt zu beachten, dass die Datenbasis beider Modelle nicht identisch ist. Die 150 digitalisierten Schaufeln konnten zwar vollständig für das parametrische Modell (PAR), aber nur eine Teilmenge von 136 Schaufeln für das hauptkomponentenbasierte Modell (PCA), ausgewertet werden (vgl. Abschnitt 4.2.2). Trotz dieser unterschiedlichen Datenbasis liefert der Vergleich (mit eingeschränkter Aussagekraft) generelle Genauigkeitsgrenzen inkl. der damit einhergehenden erforderlichen Anzahl an stochastischen Eingangsgrößen.

4.6.1. Geometrische Abbildungsgenauigkeit

Der Vergleich der geometrischen Abbildungsgenauigkeit führt die Ausführungen von Abschnitt 4.3 zusammen. Es werden die, mit beiden statistischen Methoden wiederaufgebauten, Schaufeln gegenüber dem gemessenen Schaufelsatz bewertet. Die Abweichungsfelder der insgesamt 150 Schaufeln (bzw. 136 für den hauptkomponentenbasierten Ansatz) lassen eine statistische Bewertung zu. Aus den Abweichungsfeldern von Dicken– und Wölbungsverteilung wird die radiale Abweichungsverteilung durch Mittelung über der Sehne

$$\Delta t_j = \frac{1}{N_k} \sum_{k=1}^{N_k} \Delta t_{jk} \quad \text{und} \quad \Delta w_j = \frac{1}{N_k} \sum_{k=1}^{N_k} \Delta w_{jk} \tag{4.39}$$

gewonnen. Hierbei sind Δt_{jk} und Δw_{jk} für die hauptkomponentenbasierte Methode durch Gl. (4.30) und für die parametrische Methode anhand Gl. (4.25) bekannt. Die radialen Verläufe werden für folgende Konfigurationen berechnet:

- <u>Parametrisches Modell (PAR):</u> $N_a = 1$, 2, 4 und 7 radial gemittelte Bereiche (folglich 20, 38, 74 und 128 stochastische Variablen)
- <u>Hauptkomponentenbasiertes Modell (PCA):</u> $N_m = 6$, 20 und 60 verwendete Moden, welche den stochastischen Variablen entsprechen.

Die Verläufe der gemittelten Abweichung sind in Abb. 4.29 zusammengestellt. Es ist die erwartete generelle Tendenz zu erkennen, dass mit zunehmender Anzahl an stochastischen Variablen der Abbildungsfehler abnimmt. Im Falle des hauptkomponentenbasierten Modells geht die Abweichung über der Schaufelhöhe homogen zurück. Nur im Filletbereich verbleiben für $N_m = 6$ und $N_m = 20$ höhere Werte. Bei Verwendung von 60 Moden ist über der gesamten Schaufelhöhe eine gleichmäßig präzise Abbildung gewährleistet. Die verbleibende Abweichung hat ein Niveau unter 5μm erreicht und entspricht somit der Genauigkeit der optischen Messtechnik.

Das parameterbasierte Modell zeigt neben den ebenfalls höheren Werten im Filletbereich besonders für $N_a = 1$ eine stark über der Schaufelhöhe veränderliche Charakteristik. Während die Konvergenz in der Schaufelmitte besser ist als die von 6 Moden und z.T. an die 20 Moden Lösung reicht, verbleiben in den Randbereichen größere Abweichungen. Diese vermindern sich deutlich für zwei Bereiche, da

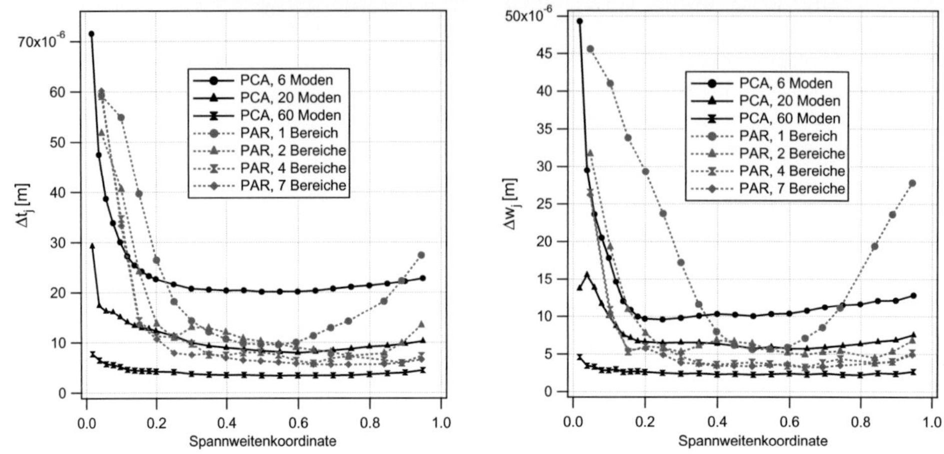

(a) Dickenverteilung. (b) Wölbungsverteilung.

Abb. 4.29. Abweichungen von Dicken– und Wölbungsverteilung wiederaufgebauter Schaufeln.

das Modell auch linear verlaufende Parameterabweichungen $\Delta P(s)$ korrekt erfassen kann. Mit weiter steigender Bereichsanzahl verbessert sich die Abbildungsgenauigkeit nicht im selben Maße. Dies gilt besonders im Filletbereich, wo keine Konvergenz hin zur präzisen Abbildung erkennbar ist.

Tab. 4.3. Mittlere Abweichungen wiederaufgebauter Schaufeln.

Methode	PAR				PCA		
Anzahl gemittelter Bereiche	1	2	4	7	–	–	–
Anzahl stochastischer Variablen	20	38	74	128	6	20	60
$\Delta\bar{t}$ [μm] gesamte Schaufel	21.2	15.2	12.5	11.5	23.8	10.5	4.0
$\Delta\bar{t}$ [μm] im Schaufelblatt $s > 0.15$	15.1	10.5	7.8	6.7	21.2	9.4	3.7
$\Delta\bar{w}$ [μm] gesamte Schaufel	18.4	8.3	5.9	5.5	12.7	7.1	2.5
$\Delta\bar{w}$ [μm] im Schaufelblatt $s > 0.15$	14.0	5.8	4.2	3.9	10.8	6.3	2.4
$0.5\,(\Delta\bar{w} + \Delta\bar{t})$ [μm] gesamte Schaufel	19.8	11.7	9.2	8.5	18.2	8.8	3.3
$0.5\,(\Delta\bar{w} + \Delta\bar{t})$ [μm] im Schaufelblatt $s > 0.15$	14.6	8.1	6.0	5.3	16.0	7.9	3.1

Unterstützend sind in Tab. 4.3 radial gemittelte Werte der Abweichungskurven (analog Gl. (3.26)) zusammengefasst. Um von dem Filletbereich unabhängig analysieren zu können, wurden jeweils Werte der gesamten Schaufel $0 < s < 1$ sowie im Schaufelblatt oberhalb des Filletbereichs mit $0.15 < s < 1$ berechnet. Für letztere zeigt der parametrische Ansatz mit zwei Bereichen eine vergleichbare Performance wie das 20 Moden Modell. Während 4 Bereiche nochmal eine Verbesserung um ca. 25% ermöglichen, bringen 7 Bereiche kaum einen weiteren Genauigkeitsgewinn. Es scheint, dass für den untersuchten Schaufelsatz bei einer verbleibenden Abweichung von etwa $5\mu m$ im Schaufelblatt die Grenzen des parametrischen Modells erreicht sind. Eine weitere Verbesserung kann bspw. über die Erweiterung der Stützstellen (insbesondere im Filletbereich) und einer datensatzspezifisch angepassten Wichtungsfunktionen erreicht werden. Besonders der zweite Punkt würde jedoch dem Wunsch eines übertragbaren Variabilitätsmodells widersprechen. Ein weiterer Grund für die verbleibende Abweichung des parametrischen Modells liegt in den unterschiedlichen Berechnungsverfahren von Δt_{jk} und

Δw_{jk}. Diese erfordern (nur) für den parametrischen Ansatz die Interpolation verschieden diskretisierter Netze und sind somit per se nie exakt. Außerdem startet die hauptkomponentenbasierte Methode bei der gemittelten und das parametrische Modell bei der originalen, nicht mittelwertkorrigierten Geometrie. Dies beeinflusst zwar nicht die geometrische Variabilität, wirkt sich jedoch negativ auf die absolute Abbildungsgenauigkeit aus. Dieser Fehler hat auch Einfluss auf die Berechnung der Ergebnisgrößenstreuung — jedoch nur bei nichtlinearen Systemen. Er kann bspw. durch die von Scharfenstein et al. [147] vorgestellte Mittelwertkorrektur der radialen Parameterverläufe $\Delta P(s)$ eliminiert werden, womit auch die geometrische Abbildungsgenauigkeit steigt.

4.6.2. Nicht–deterministisches Systemverhalten

Der Vergleich der stochastischen Ergebnisgrößen, welche das nicht–deterministische Systemverhalten beschreiben, fasst die Erkenntnisse aus Abschnitt 4.5 zusammen. Entgegen der in Abschnitt 4.6.1 betrachteten absoluten geometrischen Abbildungsgenauigkeit, steht hier die anwendungsfallbezogene Variabilität im Vordergrund. Es werden folgende probabilistische Modelle gegenübergestellt:

- Parametrisches Modell (PAR): mit $N_a = 1$ Bereich ($N_p = 18$ stochastische Variablen)[4]
- Hauptkomponentenbasiertes Modell (PCA): mit $N_m = 135$ Moden.

Die analysierten Ergebnisse sind in Abb. 4.30 anhand von Histogrammen, Streudiagrammen und c_p–Kurven mit Fehlerbalken visualisiert. Qualitativ betrachtet zeigen die Histogramme ein vergleichbares Verhalten mit z.T. verschobenen Mittelwerten und leicht abgewandelter Charakteristik. Die Streudiagramme verweisen auf nahezu übereinstimmende Abhängigkeiten unter den Ergebnisgrößen, was durch die Korrelationskoeffizienten beider Ergebnisgrößenpaarungen in Tab. 4.4 bestätigt wird. Weiterhin unterstützen die Verhältnisse der empirischen Standardabweichung und die der Mittelwertabweichung (am Bsp. von η)

$$\chi_\sigma = \frac{S(\eta^{par})}{S(\eta^{pca})} \quad \text{und} \quad \chi_\mu = \frac{\bar{\eta}^{par} - \bar{\eta}^{pca}}{S(\eta^{pca})} \tag{4.40}$$

die quantitative Gegenüberstellung der Ergebnisgrößenstatistik. Demnach liegt das Verhältnis der Standardabweichungen zwischen 78% und 98%, womit die Abweichung in allen Fällen kleiner 22% ist. Eine gute Übereinstimmung wird für den Massenstrom und das Totaldruckverhältnis erzielt. Diese Größen konvergieren darüber hinaus sowohl in der Konvergenzbetrachtung des PCA–Modells (vgl. Abschnitt 4.5.2) als auch in der von Lange et al. [86] vorgestellten Studie schneller.

Tab. 4.4. Verhältnisse statistischer Kenngrößen der stochastischen Variablen.

Parameter	χ_σ	χ_μ	ρ(PAR)	ρ(PCA)
Totaldruckverlustbeiwert y_p	86%	-40%	-0.89	-0.91
Isentroper Wirkungsgrad η	78%	103%		
Totaldruckverhältnis π	96%	42%	0.99	0.98
Massenstrom $\dot{m}$	98%	73%		

Die insgesamt gute Übereinstimmung wird durch die (im Mittel) mit einem Bereich bereits korrekt abgebildete Variabilität der einflussreichen Parameter, wie z.B. max. Wölbung und Staffelungswinkel, begründet. Diese Zahlen bestätigen die Diskussion aus Abschnitt 4.3.1. Demnach sind die rein geometrischen Abweichungskriterien Δt_{jk} und Δw_{jk} ungeeignet, die Genauigkeit der abgebildeten Variabilität zu messen. Obwohl das parametrische Modell mit einem Bereich und das 6–Moden PCA–Modell laut Tab. 4.3 einen vergleichbaren geometrischen Abweichungsfehler von knapp 20μm zeigen,

[4] Wie in Tab. 4.1 ausgeführt, wurden die Parameter $x_{t,vb}$ und $x_{t,hb}$ anhand eines konstanten Wertes und nicht als stochastische Variable erfasst. Die Anzahl an stochastischen Eingangsgrößen ist somit 18 und nicht 20.

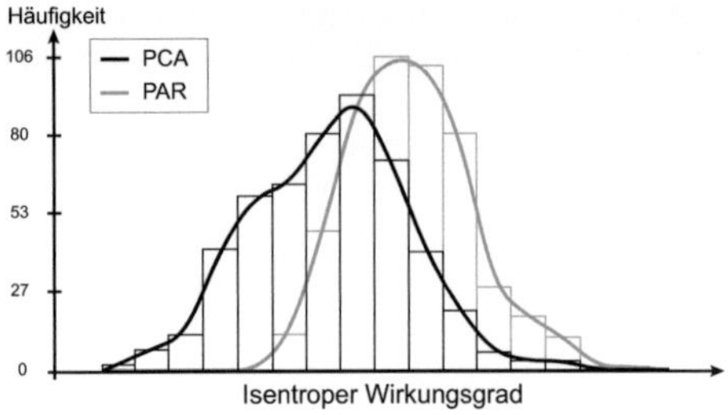

(a) Histogramm η.

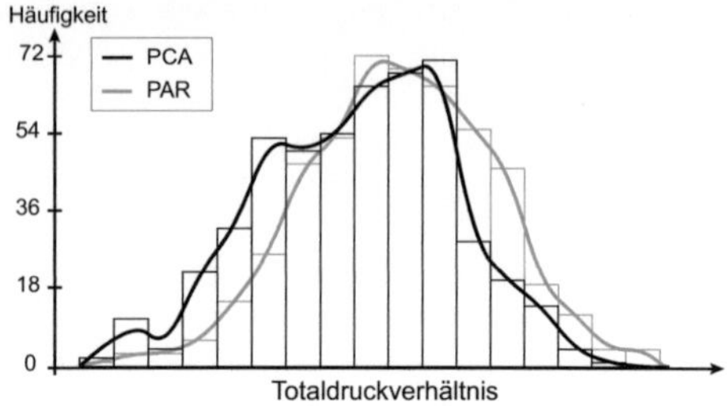

(b) Histogramm π.

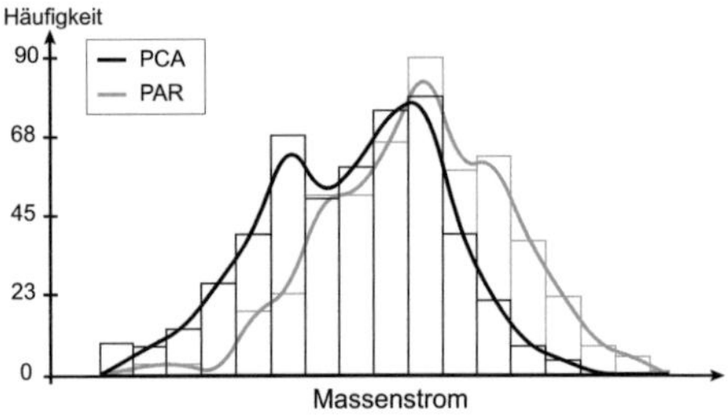

(c) Histogramm $\dot{m}$.

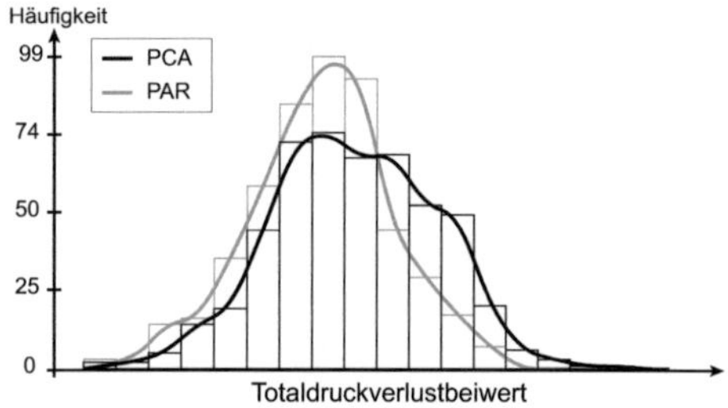

(d) Histogramm y_p.

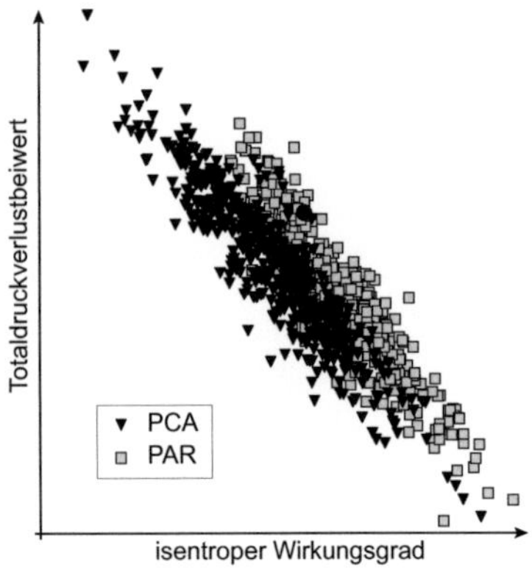

(e) Streudiagramm y_p vs. η.

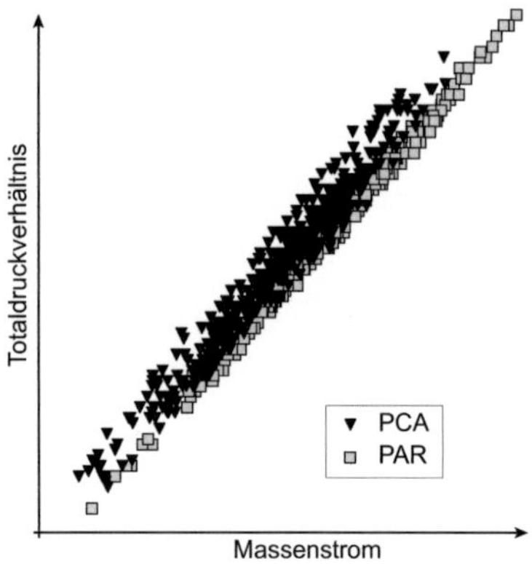

(f) Streudiagramm π vs. $\dot{m}$.

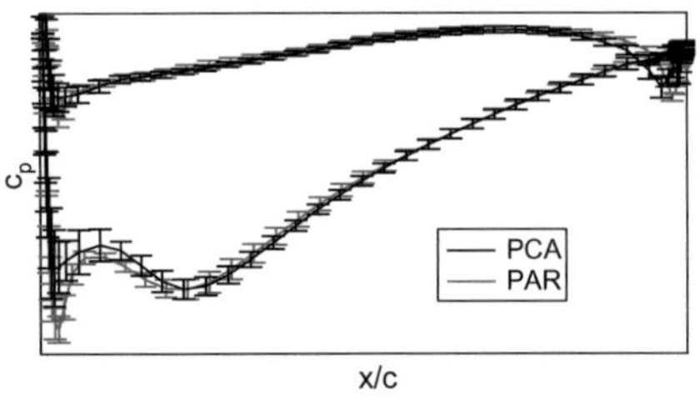

(g) Profildruckverteilung c_p für $s = 3\%$.

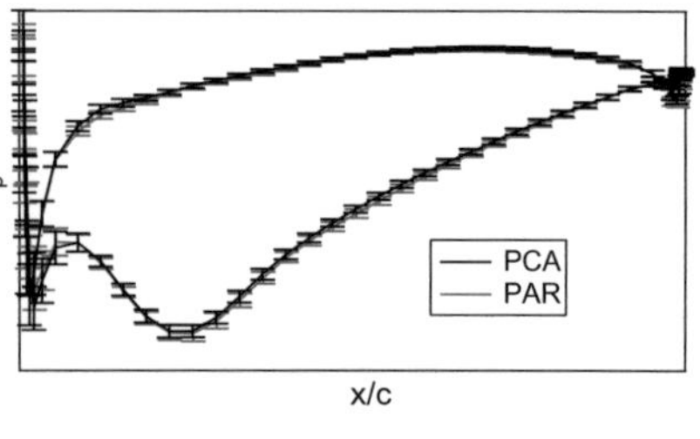

(h) Profildruckverteilung c_p für $s = 50\%$.

Abb. 4.30. Vergleich stochastischer Ergebnisse beider Methoden.

weichen die Streuungen um nur 22% statt 40% gegenüber der Referenz ab (vgl. Tab. 4.2). Neben der im Mittel richtig abgebildeten Variabilität besteht ein weiterer Grund für das bessere Ergebnis des PAR–Modells in der radialen Verteilung der geometrischen Abweichungen. Wie Abb. 4.29 zeigt, ist besonders der energetisch relevante und somit für das Systemverhalten entscheidende Bereich in der Schaufelmitte genauer abgebildet als bei dem 6–Moden PCA–Modell. Werden die Ergebnisse des 135–Moden PCA–Modells als richtig angenommen, ist mit dem PAR–Modell bei Verwendung von einem gemittelten Bereich (und somit 18 Parametern) bereits eine zu mind. 78% korrekte Bestimmung der Streuung aller berücksichtigen Ergebnisgrößen gesichert.

Die auf die Standardabweichung bezogene Mittelwertabweichung nach Gl. (4.40) zeigt, dass die Ergebnisse beider Modelle um bis zu einer Standardabweichung verschoben sind. Die Erklärung hierfür kann in der unterschiedlichen Modellierung des Fillets liegen. In einer Studie zum Einfluss des Grenzwinkels nach Gl. (3.69) konnte für die Anpassung des Grenzwinkels eine wesentliche Änderung des Wirkungsgrades festgestellt werden. So führte die Änderung von $\alpha_{limit} = 45°$ auf $5°$ auf eine Wirkungsgradänderung in der Größenordnung von $S(\eta^{pca})$. Die Topologie des Fillets hat demnach wesentlichen Einfluss auf die Ergebnisse. Folglich sind Unterschiede von dem elliptischen und durch Grenzwinkel begrenzten gegenüber dem aus (linearer) Extrapolation benachbarter Profilschnitte gewonnenem Fillet nicht verwunderlich.[5] Weiterhin zeigt der parametrische Ansatz, wie bereits in Abschnitt 4.3.1 diskutiert, im Filletbereich die größten geometrischen Abweichungen. Die Profildruckverteilung nach Gl. (2.35) zeigt entsprechend für den 3% Schnitt (Abb. 4.30(g)) eine größere Abweichung beider Methoden als für den 50% Schnitt (Abb. 4.30(h)), wo beide Kurven gut übereinander liegen. Wie die Diskussion zur Mittelwertabweichung der stochastischen Ergebnisse aufzeigt, ist eine absolute Bewertung von Ergebnissen verschiedener Modelle schwierig.

4.6.3. Auswahl des probabilistischen Modells

In diesem Abschnitt werden Gründe zur Auswahl des parametrischen Modells (PAR) für die in dieser Arbeit durchgeführten nicht–axialsymmetrischen Simulationen der Verdichterstufen in Kapitel 5 als auch für die probabilistische Untersuchung des gesamten Verdichters in Kapitel 6 gegeben.

Bezogen auf die Analyse des gesamten Verdichters begründet sich die Auswahl hauptsächlich in der vordefinierten parametrischen Basis. Während die PCA geometrische Abweichungen des konkreten Schaufelsatzes durch optimal passende spezifische Eigenvektoren und korrespondierende Amplituden modelliert, nutzt der parametrische Ansatz vordefinierte designähnliche geometrische Parameter zur Beschreibung realer Schaufeln. Diese fest definierten Parameter können zwar nur die geometrischen Änderung erfassen, die dem Modell im Vorfeld trainiert wurden, erlauben jedoch die Anwendung dieser Änderungen auch auf ähnliche Geometrien. Anhand des in Abschnitt 4.1.2 abgeleiteten Interpolationsansatzes ist die Übertragung der geometrischen Variabilität von den drei vermessenen Reihen auf die nicht vermessenen Reihen und folglich auf den gesamten Verdichter gegeben. Im Gegensatz dazu ist eine vergleichbare Übertragung der datensatzspezifischen PCA–Daten kaum möglich. Der Interpolationsansatz sichert implizit, dass für alle Rotorreihen die gleichen beschreibenden geometrischen Parameter Verwendung finden. Dadurch liefert die statistische Auswertung intuitive und gut vergleichbare Ergebnisse, die auch eine relative Bewertung der Rotorreihen ermöglicht.

Wichtige Aspekte für den Aufbau der hochdimensionalen probabilistischen Modelle mit über 200 stochastischen Variablen stellen die erforderliche Anzahl an Realisierungen sowie der Aufwand bei der Zufallszahlenerstellung dar. Hierbei ist es von signifikantem Vorteil, die bei dem parametrischen Modell anwendbaren, oLHS–Methoden anstelle des mSRS–Ansatzes, wie bei PCA erforderlich, zu verwenden. Zum einen ist die Rechenzeit beim Erstellen der Zufallszahlen vernachlässigbar, was bei

[5] Die unterschiedlichen Fillet–Ansätze haben auch Einfluss auf die modellierte geometrische Variabilität und folglich auch auf das stochastische Systemverhalten. Dieser ist schwer zu bestimmen, leistet jedoch einen wesentlichen Beitrag an den bis zu 22% abweichenden Ergebnissen beider Verfahren (vgl. Tab. 4.4).

Tab. 4.5. Gegenüberstellung von parametrischem und hauptkomponentenbasiertem Modell.

Kriterium	Parametrisches Modell	Hauptkomponentenbasiertes Modell
Hintergrund	• Speziell entwickelte Methode zur parametrischen Beschreibung geometrischer Variabilität realer Verdichterschaufeln • Eher ingenieurmäßige Beschreibungsweise	• Auf Verdichterschaufeln angepasstes Standardverfahren der multivariaten Statistik • Rein statistische Beschreibungsweise
Anwendungsmöglichkeiten	• Analyse einzelner Schaufeln • Analyse von Schaufelsätzen • Vergleich verschiedener Messungen • Statistische Analysen einer Messung (z.B. Clusteranalyse der Parameter) • Übertragung der Variabilität auf ähnliche Schaufeln durch fest definierte parametrische Basis anhand Interpolation möglich	• Nur Analyse von Schaufelsätzen • Parameter nur für untersuchten Schaufelsatz gültig; Vergleich mit anderen Messungen ist nicht möglich • Änderung der parametrischen Basis bei Hinzunahme weiterer Schaufeln • Interpolation durch datensatzspezifische parametrische Basis nicht möglich
Qualitätsanforderungen	• Geringe Anforderungen an gescannte Schaufeln • Fehlstellen der Parametermatrix werden vermittelt; dadurch tolerant gegenüber schlecht gescannten Schaufeln	• Hohe Anforderungen an gescannte Schaufeln • Erfordert voll besetzte Abweichungsmatrix • Schlecht gescannte Schaufeln sind auszuschließen oder erneut zu scannen
Verwendete Parameter	• Fest definierte designähnliche geometrische Parameter	• Spezifische Eigenwerte und Eigenformen der geometrischen Abweichungsfelder
Parameterberechnung	• Extraktion der Profilschnitte • Symmetrische Profilzerlegung • Ermittlung der Verteilungen (Dicke, Wölbung und Sehne) • Identifikation der Profilparameter • Berechnung der Filletparameter	• Extraktion der Profilschnitte • Strukturierung der Profilschnitte • Generierung der Abweichungsmatrix aller Schaufeln • Hauptkomponentenzerlegung
Erstellung geometrischer Variationen	• Radiale Synthese der Parameter • Morphing der Verteilungen (Dicke, Wölbung, Sehne) • Profilaufbau durch Überlagerung gemorphter Verteilungen • Gute CFD–Netzqualität durch das Filletmodell mit Grenzwinkel gesichert	• Linearkombination von Moden und Eigenwerten • CFD–Netz aus Auswertenetz inter– bzw. extrapoliert
Abbildungsgenauigkeit	• Durch Flexibilität der Parameter limitiert • Präzise Abbildung an den Stützstellen; zwischen den Stützstellen durch Wichtungsfunktion vordefiniert • Geringere Genauigkeit im Filletbereich • Abweichung von ca. 10μm für 38 Parameter • Mit 20 Parametern (1 Bereich) bereits gute Modelierung der Variabilität möglich	• Konvergenz auf die exakte Lösung • Homogene Abweichungsreduktion über gesamter Schaufel • Abweichung von ca. 8μm für 20 Moden • Bei zu starker Reduktion der Modenanzahl besteht Risiko unrealistischer Variationen
Aspekte probabilistischer Simulation	• Stochastische Variablen über die Matrix korrelierter geometrischer Parameter gegeben • Varianzreduziertes Samplingverfahren mit Korrelationseinstellung (oLHS) anwendbar • Sensitivitäten gegenüber designähnlichen Parametern sichern intuitive Interpretation	• Stochastische Variablen über Matrix unkorrelierter Amplituden gegeben • Direktes Sampling der mehrdimensionalen Wahrscheinlichkeitsdichte zur Berücksichtigung intermodaler Zusammenhänge erforderlich • Sensitivitäten gegenüber rein mathematischen Eigenformen

den vielen durchzuführenden probabilistischen Simulationen ein wichtiger Punkt ist. Zum anderen sind die Konfidenzintervalle der stochastischen Ergebnisgrößen, wie in Abschnitt 2.3.2 diskutiert, für das varianzreduzierte Verfahren geringer, da oLHS die erforderliche multivariate Homogenität der erstellten Parametermatrix absichert. Die damit verbundene verbesserte Konvergenz erlaubt es, weniger Realisierungen zu verwenden und spart somit Rechenzeit und Speicherplatz.

Als weiterer Punkt soll die Toleranz des parametrischen Verfahrens gegenüber schlecht gescannten Schaufeln genannt werden. So resultieren aus optischen Messungen z.T. Punktewolken mit lokal größeren Punkteabstand oder stärkerem Rauschen. Das parametrische Modell erlaubt es betroffene Profilschnitte aus der Mittelwertbildung herauszurechnen und dennoch repräsentative Parameter der Schaufel anhand der verbliebenen Schnitte abzuleiten. Im Fall der PCA würde eine Schaufel mit nicht vollständig abgebildeten Schnitten zu einer ungültigen Variabilitätsmatrix führen und muss ausgeschlossen werden. Hiermit geht für die weiteren (vorerst nicht mit PCA untersuchten) vermessenen Schaufelsätze von R3 und R9 eine unbekannte Anzahl an auszuschließenden Datensätzen einher. Das parametrische Modell erlaubt es hingegen, die Reduktion der Datenbasis zu vermeiden.

Der prinzipielle Vorteil des hauptkomponentenbasierten Modells besteht in der verbesserten Genauigkeit, indem es bei Berücksichtigung aller Moden die gemessene Geometrie exakt reproduziert. Eine im Hinblick auf probabilistische Simulation handhabbare Anzahl von 20 der insgesamt 135 Moden, sichert noch immer eine zu etwa 92% korrekte Bestimmung der stochastischen Ergebnisgrößen. Für den untersuchten Datensatz (bzw. das untersuchte Fertigungsverfahren) kann das parametrische Verfahren mit 18 Parametern die Variabilität zu 78% genau beschreiben, was als ausreichend betrachtet wird. Dies begründet auch die Entscheidung, das PAR–Modell zumeist mit nur einem Bereich anstelle einer höheren Ordnung zu verwenden. Alleinig für eine der drei nicht–axialsymmetrischen Simulationen der Verdichterstufen (in Kapitel 5) wurde dieser Mehraufwand zum Zwecke der verbesserten Abbildung der radial variablen Passenquerschnitte akzeptiert. Im Falle der Simulation des gesamten Verdichters (in Kapitel 6) hätte die Verwendung von zwei Bereichen nahezu eine Verdoppelung der Parameteranzahl und somit auch nahezu eine Verdoppelung der Anzahl an erforderlichen Realisierungen (ca. 400 statt 200) mit verdoppeltem numerischen Aufwand gefordert. Die verbesserte Genauigkeit der stochastischen Ergebnisgrößen rechtfertigt den wesentlich gesteigerten Aufwand zumeist nicht. Es soll dennoch betont werden, dass das Verfahren durch Berücksichtigung von mehr gemittelten Bereichen eine gesteigerte Abbildungsgenauigkeit bis fast auf die Messgenauigkeit optischer Messtechnik von ca. 5μm erlauben würde.

5. Einfluss nicht–axialsymmetrischer Beschaufelung auf die Performance von Verdichterstufen

Inhalt dieses Kapitels ist die Bewertung des Einflusses einer nicht–axialsymmetrisch beschaufelten Rotorreihe auf das strömungsmechanische Verhalten von Verdichterstufen. Die nicht–symmetrische Simulation hinterfragt die üblicherweise getroffene Annahme, dass eine Reihe identische Schaufeln enthält und das Systemverhalten durch Simulation einer einzelnen Passage mit symmetrischen Randbedingungen bestimmt werden kann. Dem entgegen finden in der nachfolgenden Untersuchung Mehrpassagenmodelle Anwendung, welche mehrere vernetzte Passagen der Rotorreihe enthalten. Die Schaufeln werden durch Methoden der Probabilistik bereit gestellt, womit abgesichert ist, dass jede Schaufel über eine individuelle Geometrie verfügt. Das Kapitel behandelt sowohl die Methoden zur Erstellung der Mehrpassagenmodelle (Abschnitt 5.1) als auch die Ableitung der probabilistischen Modelle (Abschnitt 5.2). Die Ergebnisse werden in Abschnitt 5.3 diskutiert und in Abschnitt 5.4 zusammengefasst.

5.1. Erstellung der Mehrpassagenmodelle

Die nicht–axialsymmetrischen Simulationen werden mit Mehrpassagenmodellen der Verdichterstufen 3, 6 und 9 aufbauend auf entsprechenden Einzelpassagenmodellen durchgeführt. Die Einzelpassagenmodelle bilden jeweils ein deterministisches CFD–Modell ab, welches hinsichtlich Topologie und Netzauflösung sowie den applizierten Randbedingungen dem diskutierten Referenzfall aus Abschnitt 4.4.1 entspricht. Ausgehend von diesen Modellen erfolgt die Duplikation des nominalen Rotorblocks in Umfangsrichtung, bspw. in dem Preprozessor IGG von Numeca [122]. Die Statorreihen bleiben bei dieser Vorgehensweise unverändert. Die Symmetrierandbedingung verbleibt für die Rotorreihe nur an den jeweils äußeren Passagengrenzen — muss jedoch auf die aktuelle Periodizität gemäß der Anzahl an vernetzten Passagen angepasst werden. In der Passagenmitte zwischen zwei modellierten Schaufeln ist die Randbedingung auf „matching connection“ zu ändern.

Abb. 5.1. Mehrpassagenmodell von Stufe drei mit acht vernetzten Passagen der Rotorreihe.

Es wurden folgende Mehrpassagenmodelle erstellt:

- Verdichterstufe 3: 1-fach, 2-fach, 4-fach, 8-fach, 15fach
- Verdichterstufe 6: 1-fach, 2-fach, 4-fach, 8-fach
- Verdichterstufe 9: 1-fach, 2-fach, 4-fach, 8-fach

Beispielhaft sind in Abb. 5.1 die umströmten Flächen des 8–Passagenmodells von Stufe 3 gezeigt.

5.2. Probabilistische Modelle

Die probabilistischen Modelle verwenden das in Kapitel 3 eingeführte parametrische Verdichterschaufelmodell. Die statistische Basis der geometrischen Parameter resultiert aus den ausgewerteten Schaufelmessungen. Sie wird gemäß den Ausführungen in Abschnitt 4.1.1 in der Matrix $\mathfrak{P}$ abgebildet. Die zu den Parameterverteilungen identifizierten Verteilungsfunktionen sind in Tab. 4.1 zusammengefasst. Diese Informationen fließen in die probabilistischen Modelle ein und steuern die Erstellung der Zufallszahlen sowie die Zusammenführung zu probabilistischen Realisierungen. Die gesamte Prozesskette ist in Abschnitt 4.4.2 für eine einzelne, symmetrische Rotorschaufel eingeführt worden und findet hier erweitert auf Mehrpassagenmodelle Anwendung. Die dabei getroffene Annahme ist, dass zwischen den Schaufeln einer Reihe keine Zusammenhänge bestehen und sie somit unabhängig voneinander sind. Im probabilistischen Modell wird dies anhand der Korrelationsmatrix abgebildet, welche folgende Struktur hat:

- Parameterkombination einer Schaufel: gemessene Werte ρ.
- Parameterkombination unterschiedlicher Schaufeln einer Reihe: $\rho = 0$.

Dies führt zu der in Abb. 5.2 am Beispiel des Zweipassagenmodells gezeigten Korrelationsmatrix.

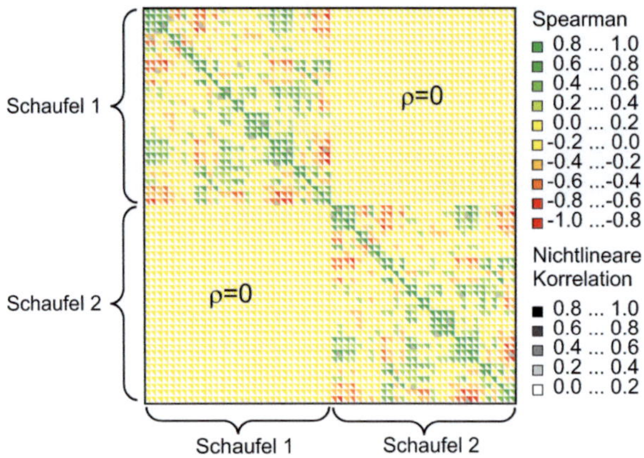

Abb. 5.2. Korrelationsmatrix eines 2–Passagenmodells.

Aufbauend auf den drei vermessenen Rotorreihen wurden insgesamt fünf Gruppen probabilistischer Modelle erstellt. Drei beschäftigen sich mit Stufe 3 und jeweils eine mit Stufe 6 und 9. Jede Gruppe beinhaltet die Einzelpassagenrechnung sowie Berechnungen mit 2, 4 und 8 sowie z.T. mit 15 Passagen. Diese Modelle unterscheiden sich hinsichtlich ihres vorrangigen Beitrags zum Erkenntnisgewinn:

Einzelpassagenmodell: Fungiert als Referenz für Mehrpassagenmodelle, dient zur Bestimmung von Sensitivitäten und bildet den Grenzfall einer idealisiert symmetrischen Beschaufelung ab.

Zweipassagenmodell: Alle zusätzlichen Freiheitsgrade einer nicht–axialsymmetrischen Beschaufelung sind abgebildet. Folglich ist das Modell geeignet, um Verständnis über den Einfluss variabler Passagenquerschnitte zu erlangen.

Weitere Mehrpassagenmodelle: Erforderlich zum Ableiten von Extrapolationsgesetzen, um auf den Vollkreis einer idealisiert unabhängigen Beschaufelung schließen zu können.

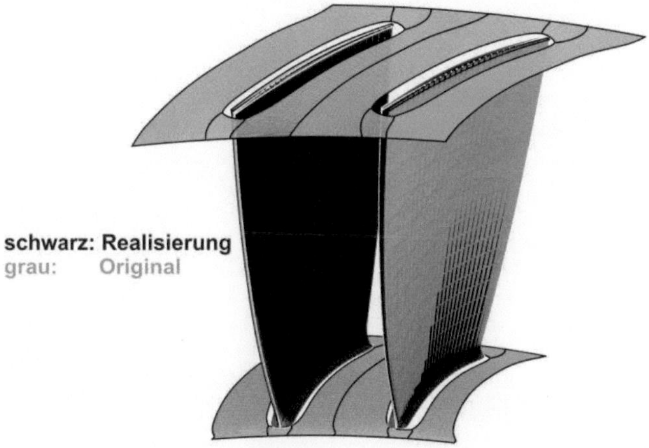

Abb. 5.3. Realisierung des Modells R3_2 mit merklicher Kanalquerschnittsänderung.

Die Parameteranzahl der probabilistischen Modelle ist in Tab. 5.1 festgehalten. Sie skaliert mit der Anzahl an vernetzten Passagen sowie der Anzahl an Parametern pro Passage. Diese Werte sind durch die statistische Datenbasis gemäß Tab. 4.1 festgelegt. Wie in dieser Tabelle bereits diskutiert wurde, konnte für die vermessenen R3 Schaufeln keine statistisch gültige Verteilung zur Abbildung der Parameter der Dickenkorrektur (vgl. Abschnitt 3.5.5) bestimmt werden. Folglich verwenden die R3 Modelle 14 Profilparameter. Die R6 und R9 Modelle nutzen die Dickenkorrektur mit konstanter Position, womit 16 Profilparameter folgen. Für die gesamte Schaufel führt das, unter Berücksichtigung der beiden Filletparameter, zu 16 bzw. 18 beschreibenden geometrischen Parametern. Bei der Erweiterung auf zwei Mittelungsbereiche verdoppelt sich die Anzahl der Profilparameter entsprechend. So berücksichtigt das R3 Modell mit 2 gemittelten Bereichen insgesamt 30 Parameter. Durch die zwei Bereiche können neben konstanten auch radial linear verlaufende Änderungen der Parameterverläufe und somit des Kanalquerschnitts modelliert werden. Abbildung 5.3 verdeutlicht dies anhand einer Realisierung mit merklich geändertem Kanalquerschnitt. Da dieses Modell somit den höchsten Freiheitsgrad von allen fünf Mehrpassagenmodellen repräsentiert, werden die Ergebnisse vorrangig anhand R3_2 diskutiert.

Tab. 5.1. Probabilistisch untersuchte Mehrpassagenmodelle.

	R3_Studie	R3_2	R3	R6	R9
modellierte Passagen	1, 2, 4, 8, 15	1, 2, 4, 8	1, 2, 4, 8	1, 2, 4, 8	1, 2, 4, 8
gemittelte Bereiche	1	2	1	1	1
Parameter pro Passage	16	30	16	18	18
Parameter pro Modell	16, 32, 64, 128, 240	30, 60, 120, 240	16, 32, 64, 128	18, 36, 72, 144	18, 36, 72, 144

In der Konzeptphase der Arbeit wurde außerdem ein Modell berechnet, welches als R3_Studie bezeichnet wird. Es entspricht in etwa dem Modell R_3, enthält jedoch folgende Abweichungen:

- Anderer Betriebspunkt (Drehzahl, Randbedingungen)
- Unvollständige statistische Datenbasis (reduzierte Korrelationsmatrix, genäherte Wahrscheinlichkeitsdichtefunktionen)

Die Ergebnisse von R3_Studie sind folglich nicht mit den weiteren R3 Modellen vergleichbar und sollen auch nicht in diesem Kontext diskutiert werden. Der vorrangige Grund für die Auflistung von R3_Studie ist, dass mit diesem Modell neben 1, 2, 4 und 8 auch die wesentlich zeitaufwendigere 15–Passagenrechnung simuliert wurde. Da das zu Grunde liegende probabilistische Modell zur Mehrpassagensimulation das gleiche ist, können die später abgeleiteten Extrapolationsgesetze bei R3_Studie eine um eine Stützstelle vergrößerte Datenbasis nutzen.

Insgesamt wurden 21 probabilistische Simulationen mit je 500 deterministischen Berechnungen durchführt. Als probabilistisches Verfahren fand in allen Fällen die in Abschnitt 2.3.2 diskutierte MCS mit optimalem LHS (oLHS) Anwendung. Diese Methode ermöglicht es, eine hohe Anzahl an stochastischen Eingangsgrößen (hier erforderlich 240) zu berücksichtigen. Ein weiterer wichtiger Aspekt ist, dass es dieser Ansatz erlaubt, verschiedene probabilistische Untersuchungen zu vergleichen. Durch die Nähe zum klassischen Zufallsexperiment haben die Ergebnisse bei gleicher Anzahl an deterministischen Stützstellen, wie in Tab. 2.1 diskutiert, die gleiche statistische Güte und können relativ zueinander bewertet werden. Die strömungsmechanische Simulation der erstellten Modelle erfolgt, in Übereinstimmung mit dem in Abschnitt 4.4.1 diskutierten Referenzmodell, mit FINE^{TM}/Turbo, womit der Einfluss der variablen Geometrie auf die Performance quantifiziert wird. Der Aufwand solcher mehrfachen probabilistischen Untersuchungen sind nicht unerheblich. Als Abschätzung sollen für einen Rechner mit Intel core i7 Quadcore CPU folgende Rechenzeiten angegeben werden:

- 1–Passagenrechnung ≈ 20 min; 500 1–Passagenrechnungen ≈ 1 Woche
- 15–Passagenrechnung ≈ 4 h; 500 15–Passagenrechnungen ≈ 3 Monate.

Eine Reduzierung des Zeitaufwandes kann durch Parallelisierung der deterministischen Berechnungen erfolgen. Alternativ kann eine reduzierte Anzahl an deterministischen Berechnungen (verbunden mit einem größeren statistischen Konfidenzintervall) eine geringere Rechenzeit bewirken.

5.3. Ergebnisse

5.3.1. Qualitative strömungsmechanische Bewertung

Der MCS Ansatz erlaubt es einzelne Realisierungen auszuwählen, deren strömungsmechanische Lösung zu bewerten und somit physikalisches Verständnis über das Wesen nicht–axialsymmetrischer Simulationen zu gewinnen. In Abb. 5.4 erfolgt dies beispielhaft für zwei ausgewählte Realisierungen der 8–Passagenvariante des R3_2 Modells. Abbildung 5.4(a) zeigt den statischen Druck mit signifikant verschiedenen Minima auf der Saugseite der einzelnen Rotorschaufeln für Realisierung 455. Hier unterscheiden sich besonders die ersten drei Passagen. Passagen 1 und 3 sind durch einen wesentlich geringeren minimalen Druck gekennzeichnet als Passage 2. Damit einher geht die relative Machzahl, welche für Realisierung 135 in Abb. 5.4(b) anhand des Mittelschnittes dargestellt ist. Für diese Realisierung ist abwechselnd eine Passage hoher und niedriger Geschwindigkeit und somit Machzahl zu erkennen. Es zeigt sich besonders der kleine Überschallbereich als sehr sensitiv hinsichtlich der variablen Kanalgeometrie. Er weist z.T. erhebliche Unterschiede der Machzahlverteilung auf. Während eine Passage mit einer Machzahl von etwa 1 kaum in den Überschallbereich kommt, strömt in der benachbarten Passage die Strömung mit einer Machzahl von über 1.2. Wenngleich diese Erkenntnisse bereits einen wesentlichen Mehrwert der nicht–axialsymmetrischen Simulation abbilden, ist zum systematischen Verständnis des beobachteten Phänomens ein parameterbasiertes quantitatives Postpro-

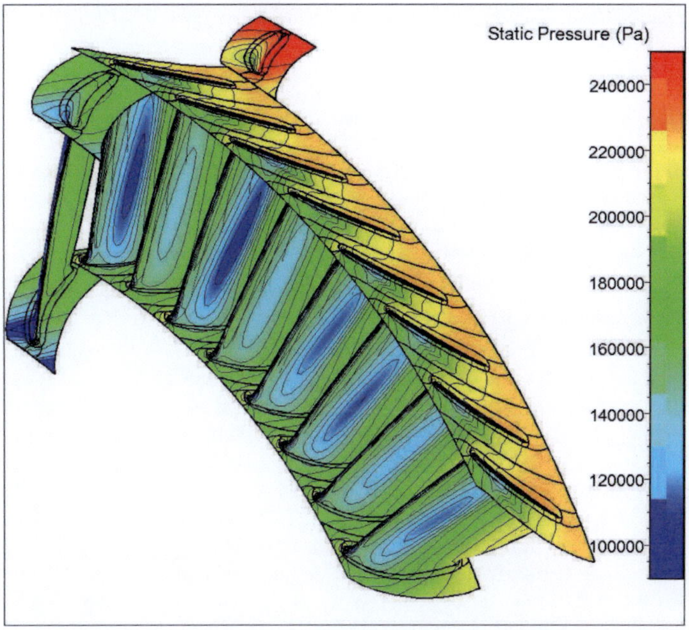

(a) Statischer Druck auf den umspülten Flächen von Realisierung #455.

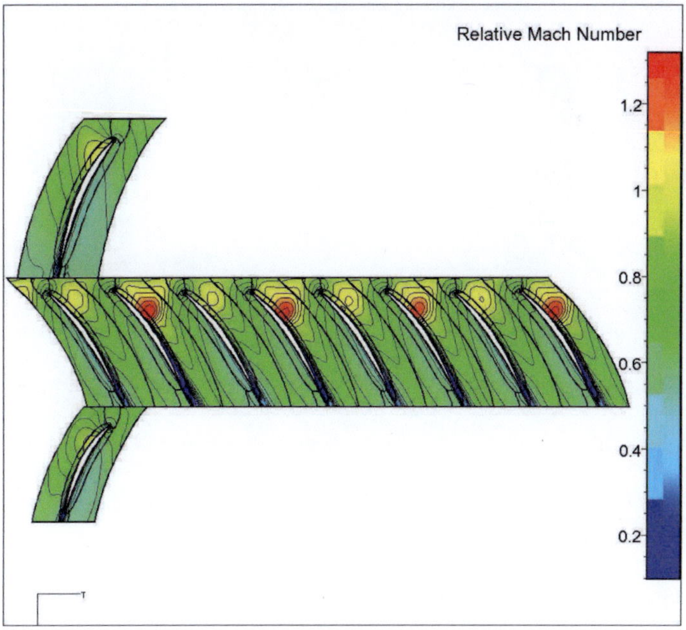

(b) Relative Machzahl am Mittelschnitt von Realisierung #135.

Abb. 5.4. 3D–CFD Ergebnisse ausgewählter Realisierungen des R3_2 Modells.

cessing der probabilistischen Simulationen erforderlich. Diese quantitativen Ansätze sind Gegenstand der nächsten Abschnitte.

5.3.2. Wichtigkeit der geometrischen Parameter

Die Bestimmung der einflussreichen geometrischen Parameter erfolgt mit dem normierten Wichtigkeitsmaß (CoI) nach Gl. (2.21). Die Ergebnisse der Einzelpassagenmodelle sind zusammenfassend für die Modelle R3_2, R3, R6 sowie R9 in Abb. A.5 dargestellt. Alle vier Konfigurationen weisen in Übereinstimmung die folgenden Größen als einflussreichste Parameter auf:

- Die Vorderkantendicke erklärt 40 bis 60% der Streuung des Wirkungsgrades.
- Der Staffelungswinkel erklärt 50 bis 70% der Streuung des Totaldruckverhältnisses.

Dieses Ergebnis ist beachtlich, da es unabhängig von der Stufe, den leicht unterschiedlichen Massenströmen sowie den individuell verschiedenen Streuungen der Parameter bestimmt wurde. Die einflussreichen Parameter scheinen für das untersuchte Fertigungsverfahren übergreifend gültig zu sein.

Das Modell R3_2 mit zwei Mittelungsbereichen ermöglicht darüber hinaus eine differenzierte Analyse. So zeigt sich, dass die Vorderkantendicke im Bereich „B“ (obere Schaufelhälfte) für den Wirkungsgrad wichtiger ist als im Bereich A. Dem entgegen ist der Staffelungswinkel im Bereich „A“ (untere Schaufelhälfte) mit etwa 40% wichtiger als im Bereich „B“ (24%). Vertiefend soll die Strömungsumlenkung der Simulation von R3 und R3_2 verglichen werden. Wie Abb. 5.5 zeigt, bietet das R3_2 Modell gegenüber R3 in radiale Richtung ein differenziertes Bild, welches auch die differenzierte Gewichtung der Parameter erklärt. Dennoch ist die integrale Statistik mit beiden Modellen etwa gleich erfasst. So folgen die Verhältnisse der empirischen Standardabweichungen des Wirkungsgrades mit $S(\eta_{R3-2})/S(\eta_{R3}) = 1.03$ sowie des Totaldruckverhältnisses mit $S(\pi_{R3-2})/S(\pi_{R3}) = 1.05$, womit beide Modelle annähernd gleiche Streumaße der Ergebnisgrößen bestimmen.

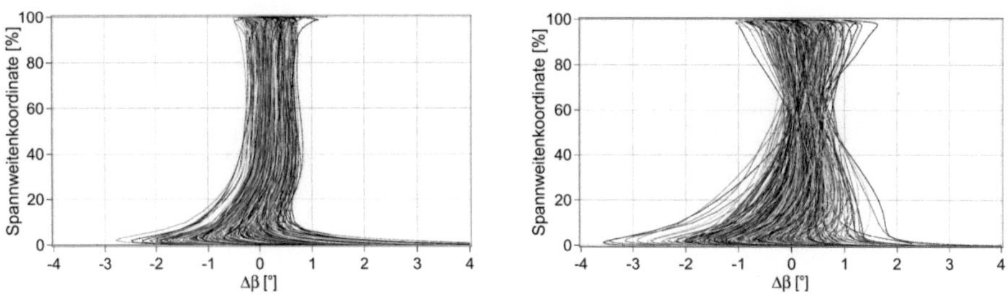

(a) R3 — ein gemittelter Bereich

(b) R3_2 — zwei gemittelte Bereiche

Abb. 5.5. Abweichung der Strömungsumlenkung gegenüber der Referenzlösung.

Unterstützend sollen die Streudiagramme der Modelle eines Mittelungsbereiches aufgeführt werden. Abb. A.6 zeigt die beiden diskutierten Ergebnisgrößen als Farbinformation über dem Streudiagramm der einflussreichen Eingangsgrößen, wobei folgende Parameter dargestellt werden:

- Wirkungsgrad: Vorderkantendicke und zugeordnete Sehnenposition.
- Totaldruckverhältnis: Staffelungswinkel und maximale Wölbung.

Für alle drei diskutierten Modelle können — wie aus aerodynamischer Sicht erwartet — höhere Wirkungsgrade für dünnere und spitzere Vorderkanten erzielt werden. Ein höheres Totaldruckverhältnis wird hingegen für geringe Staffelungswinkel und stärker gewölbte Schaufeln erreicht. In beiden Fällen finden sich die höheren Werte in Form von weißen Kreisen im unteren rechten Bereich der Diagramme.

Gegenüber den Einzelpassagenmodellen ist die Bestimmung der Wichtigkeit von Parametern bei Mehrpassagenmodellen erschwert, wofür die folgenden Gründe gelten:

- Die größere Anzahl an Parametern erfordert ein Ersatzmodell höherer Dimension.
- Unbekannte Koppeleffekte unter den Parametern der Schaufeln mit Einfluss auf die gemeinsame Passage führen zu einer unbekannten parametrischen Basis.
- Generell liegen mehr Parameter vor, die Einfluss ausüben können, womit sich die Wichtigkeit eines Parameters relativiert.

Am Beispiel des R3_2 Modells mit einem und zwei radialen Mittelungsbereichen sollen diese Punkte erläutert werden. Hierzu zeigt Abb. 5.6 die Wichtigkeiten auf Basis des normierten CoI nach Gl. (2.21) sowie die Sensitivitäten im Pie–Chart summierter Korrelationskoeffizienten nach Gl. (2.11).

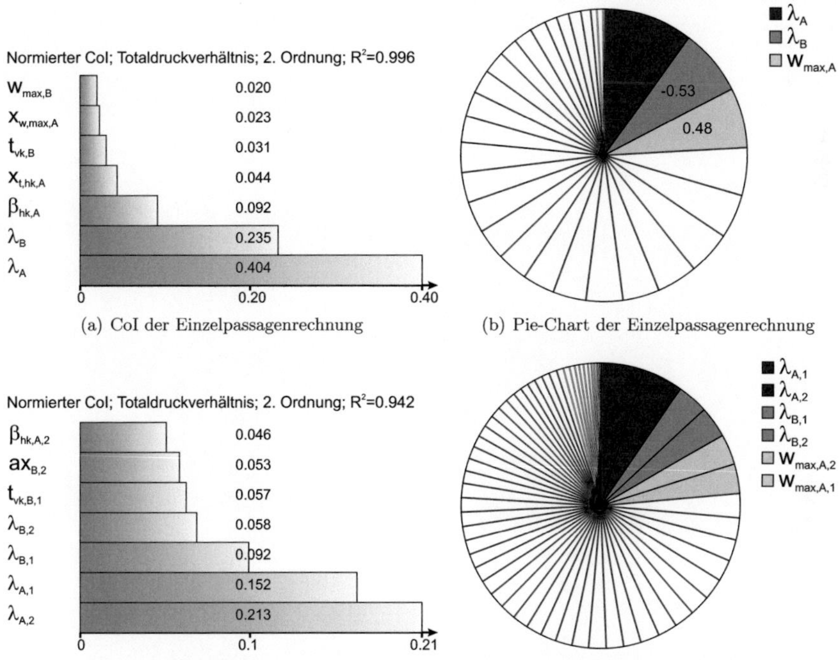

(a) CoI der Einzelpassagenrechnung (b) Pie-Chart der Einzelpassagenrechnung

(c) CoI der Zweipassagenrechnung (d) Pie-Chart der Zweipassagenrechnung

Abb. 5.6. Wichtigkeit und Sensitivitäten des R3_2 Modells auf das Totaldruckverhältnis.

Diese Auswertung zielt auf den Vergleich des Einpassagenmodells (30 Parameter) mit dem Zweipassagenmodell (60 Parameter) für die Ergebnisgröße Totaldruckverhältnis. Die größere parametrische Basis hat Auswirkungen auf die Pie–Charts. Es ist zu erkennen, dass sich mehr wichtige Parameter ihren Einfluss teilen und weniger Parameter hervorstechen. Zwar bleibt die Reihenfolge der einflussreichsten Parameter für beide Modelle etwa gleich, jedoch teilen sich sechs anstelle von drei Parametern (die Staffelungswinkel sowie max. Wölbung im Bereich A) etwa ein Viertel der Summe aller Korrelationskoeffizienten. Das Wichtigkeitsmaß bestätigt die beiden Staffelungswinkel als wichtigste Parameter für die beiden untersuchten Modelle. Analog zu dem Pie–Chart reduzieren sich auch hier die Zahlenwerte der Einflüsse. Wenn beide Staffelungswinkel bei einer Passage 40% bzw. 24% der Streuung erklären, halbieren sich diese Zahlen in etwa für das Modell mit zwei Passagen. Gleichzeitig ist zu beachten, dass das Bestimmtheitsmaß abnimmt. Die Reduktion von $R^2 = 0.996$ auf $R^2 = 0.942$ zeigt an, dass das System von dem Ersatzmodell nicht mehr so präzise abgebildet werden kann. Dies wird mit den Koppeleffekten begründet, die z.B. wegen des variablen Kanalquerschnittes entstehen und nicht Bestandteil des eigentlichen Parametervektors sind.

Zusammenfassend soll festgehalten werden, dass es für die Mehrpassagenmodelle schwieriger ist, die entscheidenden geometrischen Parameter zu bestimmen, und dass hierfür eine Einzelpassagenrechnung von Vorteil ist.

5.3.3. Analyse der Strömung in Passagen variabler Querschnitte

Zum Verständnis der geänderten Durchströmung einer nicht–axialsymmetrischen Beschaufelung ist die Analyse des Zweipassagenmodells ausreichend, da auch bei Modellen höherer Passagenanzahl keine weiteren Freiheitsgrade hinzukommen. Die Bewertung der Strömung in Passagen variabler Querschnitte erfolgt daher beispielhaft an der Zweipassagenkonfiguration des R3_2–Modells. Es ist erforderlich die Passagen sowie die Schaufeln zu indizieren, wofür die Notation nach Abb. 5.7 Anwendung findet. Passage 1 wird der Saugseite von Schaufel 1 zugeordnet, womit diese Passage an der Druckseite von Schaufel 2 endet. Passage 2 beginnt folglich an der Saugseite von Schaufel 2 und endet an der Druckseite von Schaufel 1.

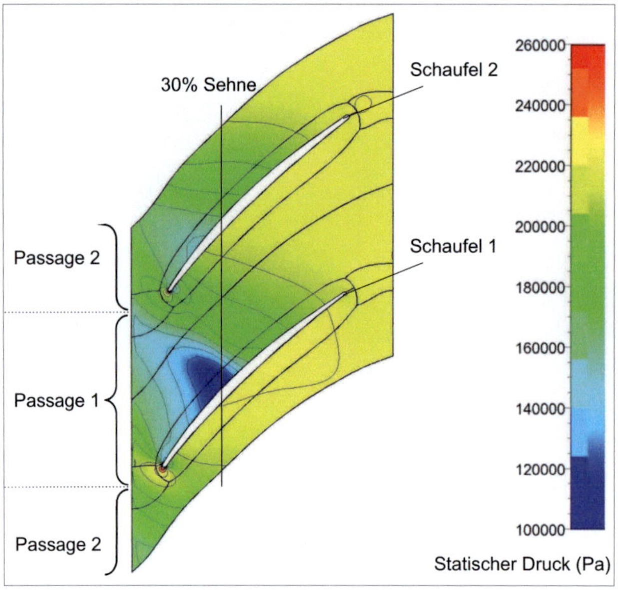

Abb. 5.7. Statischer Druck der Rotorreihe für Realisierung #455 bei 75% Schaufelhöhe.

Die in Abb. 5.7 dargestellte Realisierung #455 erreicht den geringsten Wirkungsgrad der R3_2 Untersuchung und wurde daher zur Diskussion ausgewählt. Eine Begründung für den geringen Wirkungsgrad besteht in der wesentlich unterschiedlichen Verteilung des statischen Drucks zwischen den beiden Passagen. Hiermit einher geht eine signifikant unterschiedliche Belastungsaufteilung beider Passagen sowie wesentlich verschiedene Geschwindigkeiten in den Passagen. Abbildung 5.8 zeigt zur Verdeutlichung die Machzahlen der Realisierung und der Referenzgeometrie. Der Vergleich bildet die Machzahl entlang der in Abb. 5.7 gezeigten Linie bei 30% axialer Sehnenlänge und 75% Schaufelhöhe ab. Die ausgewählte Realisierung erreicht in Passage 1 mit $M_{rel} \approx 1.25$ eine wesentlich höhere maximale Machzahl als in Passage 2 mit $M_{rel} \approx 0.98$. Die entsprechende Machzahl der Referenzgeometrie beträgt $M_{rel} \approx 1.15$ für jede Passage. Wie eingangs erwähnt, gehen die ermittelten Unterschiede in der Machzahlverteilung mit den Unterschieden in der Verteilung des statischen Drucks einher. Die Passage 2 zeigt in beiden Fällen einen homogenen, annähernd linearen Verlauf. Dem entgegen weist Passage 1 eine Machzahlspitze mit stark reduziertem statischen Druck auf.

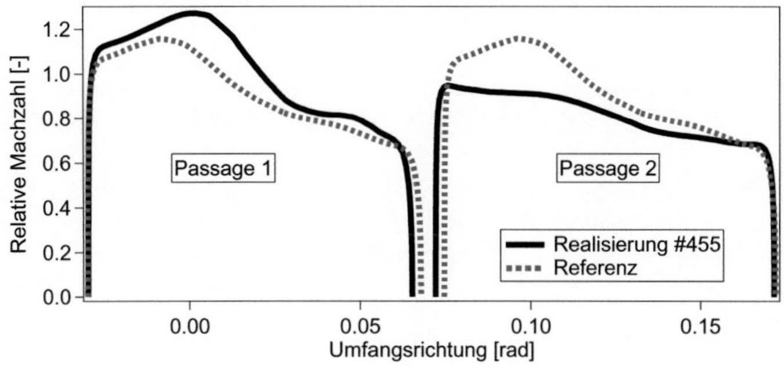

Abb. 5.8. Relative Machzahl für Realisierung #455 bei 75% Schaufelhöhe und 30% Sehnenlänge.

Eine effizientere Bewertung der Ergebnisgrößenstreuung ist anhand statistischer Methoden möglich. Die Auswertung des Druckkoeffizienten auf der Schaufeloberfläche nach Gl. (2.35) ebnet den Weg für einen statistischen Vergleich des Einzelpassagenmodells mit dem Zweipassagenmodell. Hierzu werden für jeweils alle $N_{sim} = 500$ Realisierungen die Verläufe der Druckkoeffizienten entlang des Profils aufgenommen. Die für jeden Knoten k entstehenden Verteilungen werden durch Mittelwert und Standardabweichung beschrieben. Durch Auftragen der Mittelwerte mit den Standardabweichungen als Fehlerbalken über der normierten Sehne resultiert der probabilistische c_p–Plot in Abb. 5.9.

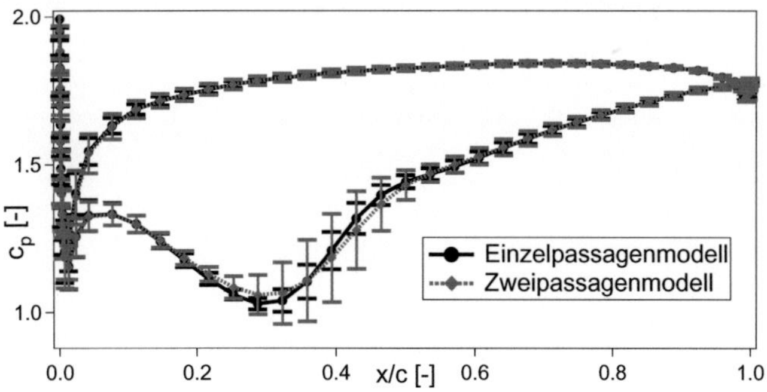

Abb. 5.9. Probabilistischer c_p–Plot von Einzel– und Zweipassagenmodell bei 75% Schaufelhöhe.

Die Zweipassagenrechnung zeigt in dieser Darstellung größere Variationen des Druckbeiwerts — besonders im Überschallbereich auf der Saugseite bei etwa 35% Sehne. Dem entgegen weist die Druckseite für beide Modelle vergleichsweise geringe Variationen auf. Offensichtlich führt die Änderung des

Passagenquerschnittes zu einer örtlichen Verlagerung bzw. zu einer veränderten Ausprägung des Gebietes mit Überschallströmung. Dies erklärt die starke Streuung des statischen Drucks und begründet die unterschiedliche Machzahlverteilung der Realisierung #455 aus Abb. 5.8. Entgegen den großen Unterschieden der Standardabweichung, zeigen die Mittelwerte beider Modelle ähnliche Verläufe. Die einzig auffällige Änderung ist der gleichmäßigere Verlauf des Zweipassagenmodells auf der Saugseite.

Einen vollständig statistischen Zugang zur Auswertung der probabilistischen Simulationen bietet das in Abschnitt 2.4.3 eingeführte Konzept **Statistics on Passage (SoP)**. Der grundlegende Gedanke von SoP besteht in der statistischen Bewertung von Strömungsergebnissen aller berechneten Realisierungen. Abgeleitete statistische Kennzahlen erlauben eine effiziente Analyse der ausgewerteten Feldgröße. Weiterhin ermöglicht das Korrelationsfeld zwischen Ergebnis– und Eingangsgröße Aussagen hinsichtlich des direkten Einflusses der Eingangsgröße auf die untersuchte Feldgröße. Nachfolgend dient SoP zum Vergleich der Strömungsergebnisse von Einzel– und Zweipassagenkonfiguration des R3_2 Modells.

Zuerst wird SoP angewendet, um die vergrößerten Variationen des statischen Drucks der Zweipassagenrechnung gegenüber der Einzelpassagenrechnung zu quantifizieren. Wie Abb. 5.10(a) zeigt, liefert SoP neben den Standardabweichungen beider Modelle ebenfalls Erkenntnisse hinsichtlich der Ausdehnung des Variationsgebiets in die Tiefe der Passage. Der Plot zeigt in Übereinstimmung mit Abb. 5.9 für den 75% Schnitt höhere Standardabweichungen für das Zweipassagenmodell – besonders im Bereich bei etwa 35% Sehnenlänge auf der Saugseite. Diese Überhöhung der Streuung bestätigt den Einfluss der variablen Passagengeometrie auf den Punkt maximaler Geschwindigkeit auf der Saugseite. Während die Standardabweichung des Einzelpassagenmodells 10 kPa kaum erreicht, übersteigt das Zweipassagenmodell diesen Wert deutlich. Im Gegensatz zu diesem Ergebnis zeigen beide Modelle annähernd gleiche Streuungen nahe der Vorderkante. Offensichtlich haben geänderte Passagenquerschnitte kaum Einfluss auf die Strömung nahe der Vorderkante. Folglich wird die Strömungsvariation hier vorrangig von Parametern mit lokal begrenztem Einfluss determiniert, welche für beide Modelle gleiche statistische Eigenschaften aufweisen.

Zur Quantifizierung des Einflusses der Eingangsgrößen auf die Feldgröße statischer Druck werden Korrelationskoeffizienten mit der Eingangsgröße maximale Wölbung berechnet. Die Darstellung dieser Korrelationskoeffizienten erfolgt in Abb. 5.10(c) für jede Zelle der Passagengeometrie vergleichend für das Ein– und Zweipassagenmodell. In beiden Fällen steht der Parameter maximale Wölbung in einem starken Zusammenhang mit der Ergebnisgröße, charakterisiert durch betragsmäßig große Korrelationskoeffizienten bis nahe 1. Für das Einzelpassagenmodell (links) führt eine Vergrößerung der maximalen Wölbung zu einer Vergrößerung des statischen Drucks stromauf und zu einer Verkleinerung stromab eines Punktes bei etwa 30% Sehnenlänge. Die so induzierte Änderung des statischen Drucks wird durch die periodische Randbedingung übertragen und ist auf der Druckseite entsprechend wieder vorhanden. Für das Zweipassagenmodell zeigt sich vorrangig ein, auf die Saugseite der jeweiligen Schaufel begrenzter, Einfluss des Parameters. Darüber hinaus verringern sich die Korrelationskoeffizienten durch die jeweils unabhängig modellierte zweite Schaufel deutlich. Im Bereich der zweiten Passage erreichen sie schlussendlich annähernd den Wert Null.

Nahe der Nabe weist der Parameter Filletdicke einen starken Zusammenhang mit dem Druckfeld auf. In Abb 5.10(b) sind hierzu die Korrelationskoeffizienten des statischen Drucks zu der Filletdicke aufgetragen. Bei beiden Modellen zeigt sich eine positive Korrelation zwischen Filletdicke und Druck im Bereich des Staupunktes vor der Vorderkante. Diese Korrelation bildet den erwarteten Zusammenhang von steigendem Druck und stärker verzögerter Strömung durch eine dickere Schaufel ab. Der prinzipielle Unterschied beider Modelle liegt weiter stromab vor. Für das Einzelpassagenmodell zeigt die Korrelation eine Tendenz zu geringerem statischen Druck und somit zu höherer Geschwindigkeit bei größerer Filletdicke, was durch den sich verringernden Passagenquerschnitt begründet werden kann. Für das Zweipassagenmodell liegen teilweise andere Korrelationen vor. Die Beschleunigungsregion ist auf die an der Saugseite angrenzenden Passage begrenzt, z.B. Passage 1 für Schaufel 1 gemäß der in

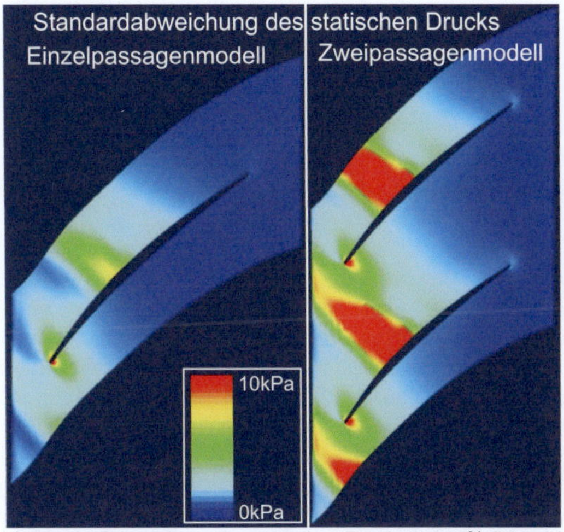

(a) Standardabweichung des statischen Drucks bei 75% Schaufelhöhe.

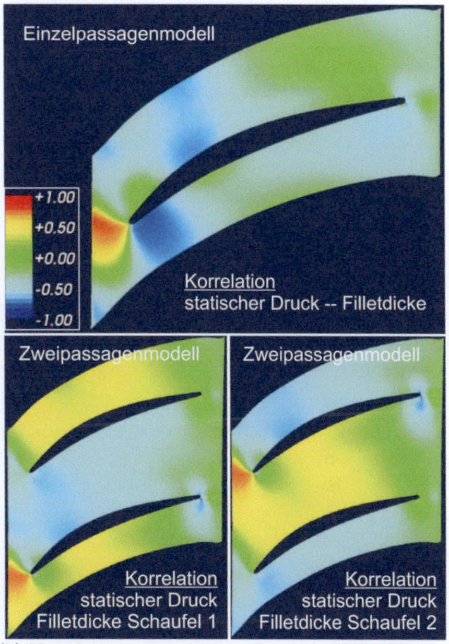

(b) Korrelation von statischem Druck und Filletdicke bei 5% Schaufelhöhe.

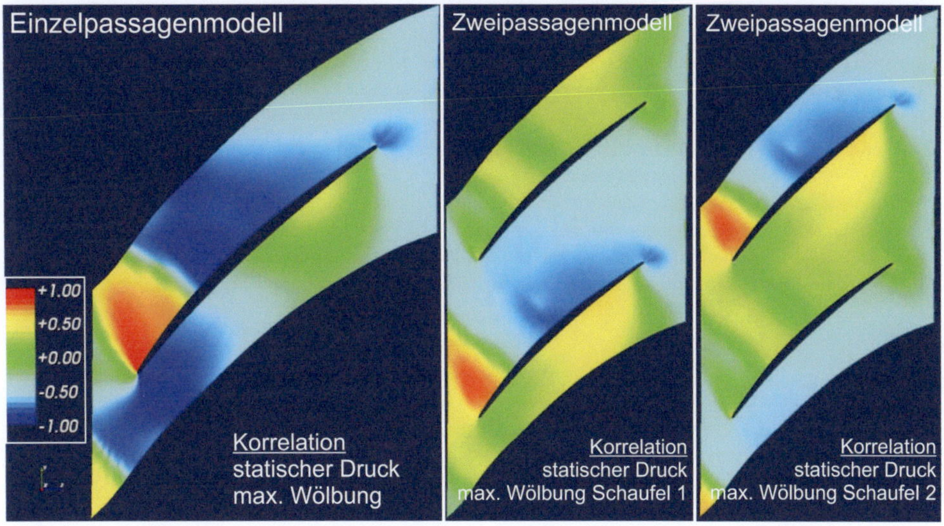

(c) Korrelation zwischen statischem Druck und maximaler Wölbung bei 75% Schaufelhöhe.

Abb. 5.10. SoP–Auswertung des R3_2 Modells für Einzel– und Zweipassagenergebnisse.

Abb. 5.7 eingeführten Notation. Die andere Passage auf der Druckseite zeigt gegensätzliches Verhalten mit geringerem Druck und höherer Geschwindigkeit.

5.3.4. Statistisches Extrapolationsmodell

Das Ziel des statistischen Extrapolationsmodells ist es, von den bekannten nicht–axialsymmetrischen Berechnungen auf die idealisiert nicht–axialsymmetrisch beschaufelte Rotorreihe zu schließen. Die Basis dieser Extrapolation bilden die statistischen Parameter der stochastischen Ergebnisgrößen aller in Tab. 5.1 zusammengefassten probabilistischen Simulationen. Einen Überblick über diese Ergebnisse bietet Abb. A.2 in Form von Streudiagrammen und Abb. A.1 durch überlagerte Histogramme aller Untergruppen des jeweiligen Simulationsmodells.

Die direkte Einschätzung berechneter Realisierungen ermöglichen die Streudiagramme in Abb. A.2, welche den Totaldruckverlustbeiwert nach Gl. (2.34) über dem isentropen Wirkungsgrad der Stufe nach Gl. (2.29) zeigen. Neben der Lage individueller Realisierungen und der Korrelation der Ergebnisgrößen ist deutlich die zentrale Konzentration der Punktewolken für eine zunehmende Passagenanzahl zu erkennen. Diese Konzentration kann durch das zu Grunde liegende probabilistische Modell ideal unabhängiger Schaufeln verstanden werden. Demnach ist die Performance der ersten Schaufel unabhängig davon, ob die zweite Schaufel eine gute oder schlechte Performance zeigt. Schlussendlich führt dieser Ansatz zu vermehrter Kombination von guten und schlechten Schaufeln, was zur Ausmischung der Effekte beiträgt und somit zur Verringerung der Varianz führt. Entgegen dieser allgemeinen Tendenz sind besonders für das Zweipassagenmodell auch zu kleineren Wirkungsgraden verschobene Werte enthalten und es ist z.T. eine vergrößerte Varianz zu erkennen. Beides kann auf die geänderten Passagenquerschnitte durch veränderte Schaufelpositionen und Orientierungen zurückgeführt werden. Durch die Symmetriebedingung des Zweipassagenmodells wechseln sich jeweils eine weite und eine enge Passage ab. Der resultierende zu beiden Passagen schlecht passende Querschnitt kann zu einer Performance führen, die im allgemeinen zur Verschlechterung der Ergebnisse beiträgt sowie im Speziellen zu Werten führt, die wesentlich unter denen der Einzelpassagenrechnung liegen. Folglich werden besonders für die Zweipassagenkonfiguration der (sensitiven) R3–Modelle die geringsten Wirkungsgrade bestimmt. Diese Analyse bestätigt sich bei Betrachtung der Histogramme in Abb. A.1, welche für die Zweipassagenmodelle durch einen flacheren und nach links verlagerten Verlauf gekennzeichnet sind.

Eine analytische Bewertung der Streuungen der Ergebnisgrößen erschließt sich über die statistischen Kennzahlen empirische Standardabweichung und Mittelwert. Die stochastischen Ergebnisgrößen werden zum Zwecke der Auswertung als normalverteilt angenommenen. Bei der Analyse der statistischen Kennwerte in Abhängigkeit von der Anzahl vernetzter Passagen erwies es sich als vorteilhaft, die Größen bezogen auf die Einzelpassagenrechnung zu betrachten. Folglich werden die Verhältnisse der Standardabweichungen normiert auf die Standardabweichung der Einzelpassagenrechnung analysiert

$$\lambda_\sigma(p) = \frac{\sigma_p}{\sigma_1}\,. \tag{5.1}$$

Für die bezogene Standardabweichung λ_σ ist im doppelt logarithmischen Koordinatensystem ein linearer Verlauf über der Anzahl an Passagen zu erkennen. Wie die Diagramme in Abb. A.3 zeigen, sind diese linearen Verläufe charakteristisch für alle durchgeführten Berechnungen. Die diskreten Punkte liegen für alle Ergebnisgrößen nahezu perfekt auf den approximierten Geraden. Besonders die hohe Approximationsgüte für das Modell R3_Studie mit vier ausgewerteten Stützstellen und der expliziten Analyse von bis zu 15 vernetzten Schaufeln (90° Segment) bestätigt die empirisch bestimmte Gesetzmäßigkeit. Aufbauend auf dem identifizierten Zusammenhang wird eine lineare Funktion

$$\ln(\widetilde{\lambda}_\sigma(p)) = A_0 + A_1 \ln(p) \tag{5.2}$$

angewandt, um die Punkte zu approximieren. Dieses empirische Gesetz erlaubt in Abhängigkeit der als unabhängig angenommenen Passagen p die Abschätzung der Standardabweichung der stochastischen Ergebnisse

$$\sigma_p = \sigma_1 \, e^{A_0 + A_1 \ln(p)}. \tag{5.3}$$

Die extrapolierte Standardabweichung der gesamten Rotorreihe folgt mit $p = N_p$, woraus die in Tab. 5.2 aufgeführten relativen Werte resultieren. Die Tabelle der relativen Standardabweichung

Tab. 5.2. Relative Standardabweichung der Mehrpassagenrechnungen.

	R3_Studie		R3_2		R3		R6		R9	
	σ_2/σ_1	σ_{N_p}/σ_1	σ_2/σ_1	σ_{N_p}/σ_1	σ_2/σ_1	σ_{N_p}/σ_1	σ_2/σ_1	σ_{N_p}/σ_1	σ_2/σ_1	σ_{N_p}/σ_1
η	1.79	0.19	1.07	0.13	1.08	0.14	0.84	0.10	0.73	0.10
π	0.75	0.12	0.77	0.13	0.78	0.13	0.72	0.11	0.71	0.12
$\dot{m}$	0.78	0.12	0.82	0.13	0.82	0.12	0.72	0.10	0.71	0.09
$\Delta\beta$	0.90	0.13	0.73	0.13	0.75	0.13	0.72	0.10	0.73	0.11
y_p	1.48	0.17	1.15	0.14	1.22	0.14	0.87	0.10	0.74	0.11

offenbart, dass der Wirkungsgrad und die direkt in Zusammenhang stehende Größe Totaldruckverlustbeiwert stark auf die variablen Passagenquerschnitte reagieren. Die Streuung der Zweipassagenmodelle übersteigt die Streuung der symmetrischen Einzelpassagenrechnung um bis zu 79%. Besonders die transsonische Stufe 3 reagiert sensitiv. Dem entgegen zeigen Stufe 6 und Stufe 9 keine Überhöhung an, was vermutlich auf die wenig sensitive Unterschallströmung zurückgeführt werden kann. Die weiteren Größen Strömungsumlenkung, Totaldruckverhältnis und Massenstrom reagieren weniger sensitiv auf individuelle Passagengeometrien. Die Zweipassagenrechnung aller Modelle weist relative Werte um die 80% auf. Eine weitere Erkenntnis ist, dass alle untersuchten Ergebnisgrößen auf Verhältnisse $\lambda_\sigma(N_p) = [9\% \ldots 19\%]$ konvergieren. Der Schwerpunkt kann für R6 und R9 bei 10% sowie für R3 bei 13% ausgemacht werden. Folglich reduzieren sich die Streuungsverhältnisse vollständig unabhängig beschaufelter Rotorreihen verglichen mit der symmetrischen Betrachtungsweise auf etwa reichlich 10%.

Tab. 5.3. Mittelwertverschiebungen der Mehrpassagenrechnungen.

	R3_Studie		R3_2		R3		R6		R9	
p	2	15	2	8	2	8	2	8	2	8
$\lambda_\mu(\eta)$	-1.42	-0.53	-0.71	-0.37	-0.70	-0.34	-0.24	-0.11	-0.06	0.02
$\lambda_\mu(\pi)$	-0.14	0.04	-0.18	-0.11	-0.18	-0.08	-0.03	-0.02	-0.01	0.01
$\lambda_\mu(\dot{m})$	-0.23	0.00	-0.23	-0.11	-0.25	-0.11	-0.04	-0.02	0.00	0.03
$\lambda_\mu(\Delta\beta)$	-0.57	-0.38	-0.24	-0.14	-0.26	-0.15	-0.09	-0.04	-0.09	-0.08
$\lambda_\mu(y_p)$	1.14	0.48	0.79	0.46	0.83	0.48	0.30	0.06	0.05	0.10

Die Verschiebung des Mittelwertes über der Anzahl unabhängiger Passagen wird in Analogie zu Gl. (5.1) normiert auf die Standardabweichung der Einzelpassagenrechnung bewertet, woraus für die normierte Verschiebung der Mittelwerte

$$\lambda_\mu = \frac{\mu_p - \mu_1}{\sigma_1} \tag{5.4}$$

folgt. Abbildung A.4 zeigt die Diagramme und Tab. 5.3 stellt für die fünf untersuchten Modelle die Ergebnisse des Zweipassagenmodells dem Modell mit der höchsten Anzahl an vernetzten Passagen gegenüber. In allen Fällen wird für das Zweipassagenmodell die größte Mittelwertverschiebung verzeichnet. Weiterhin konnte für eine steigende Passagenanzahl übereinstimmend eine Stabilisierung der Verschiebungen zu geringeren Werten λ_μ ermittelt werden. Diese Tendenz kann mit der nicht optimalen, weil nicht gleichen Aufteilung der individuellen Passagenquerschnitte begründet werden. Die Wahrscheinlichkeit hierfür ist im Falle des Zweipassagenmodells am größten und nimmt dann kontinuierlich ab. Die Tatsache, dass die Wahrscheinlichkeit für identische Passagen nahezu Null ist, begründet die schwache, aber bestimmte Abnahme der Wirkungsgrade sowie die Zunahme der Totaldruckverlustbeiwerte. Die weiteren untersuchten Ergebnisgrößen reagieren in Analogie mit den zuvor diskutierten Streuungen weniger sensitiv auf variable Passagenquerschnitte.

Die Verbindung beider Abschätzungen zu Standardabweichung und Mittelwertverschiebung, erlaubt die Berechnung des Streubereichs für die untersuchten Stützstellen sowie die Abschätzung für eine Rotorreihe mit rein unabhängig zusammengestellten Schaufeln. Beispielhaft soll dies anhand des R3_2–Modells für den normierten isentropen Wirkungsgrad

$$\eta^* = \frac{\eta}{\eta(p=1)} \, [\%] \tag{5.5}$$

diskutiert werden. Abbildung 5.11 zeigt die Kurven von Mittelwert und Streuband über der Passagenanzahl. Das Streuband für einfache und dreifache Standardabweichung ist durch Überlagerung auf die Kurve der Mittelwerte der nicht–symmetrischen Berechnung mit $\eta_p = \mu_p \pm \sigma_p$ bzw. $\eta_p = \mu_p \pm 3\sigma_p$ gegeben. Als Fehlerbalken sind die Konfidenzintervalle gemäß Gl. (2.5) und (2.7) in gleicher Skalierung ergänzt. Das Einzelpassagenmodell erreicht demnach den höchsten mittleren Wirkungsgrad. Durch die Mittelwertverschiebung nehmen die Werte besonders für das Zweipassagenmodell, bei gleichzeitiger Zunahme der Streuungen, ab. Beide Effekte führen zu geringeren minimalen Wirkungsgraden. Mit zunehmender Anzahl unabhängiger Passagen reduziert sich das Band der Standardabweichungen erheblich und konzentriert sich knapp unterhalb dem symmetrischen probabilistischen Referenzwert.

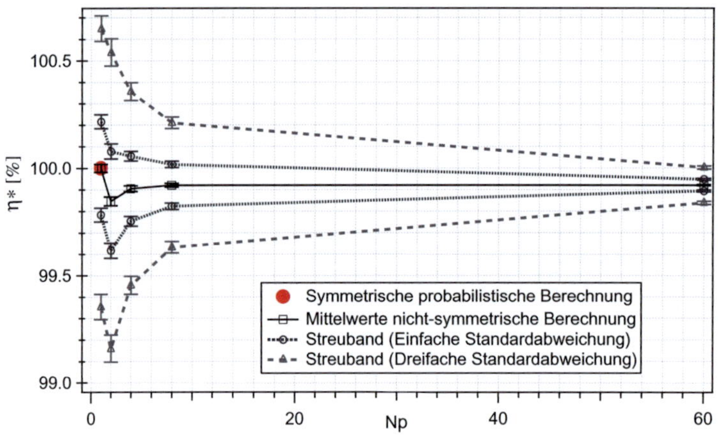

Abb. 5.11. Streuband des normierten isentropen Wirkungsgrades für das R3_2–Modell.

Ausgehend von dieser Darstellung kann der Bogen zu einer realen Rotorbeschaufelung gezogen werden. Für eine reale Rotorreihe ist es unwahrscheinlich, dass alle Schaufeln identisch (wie im Einzelpassagenmodell) oder vollständig unabhängig voneinander (auf N_p extrapolierte Werte) sind. Vermutlich sind die einzelnen Schaufeln einer Rotorreihe eher durch geringe Abhängigkeiten charakterisiert. Die Streuung einer realen Beschaufelung wird daher zwischen den Extremen des Einzel– bzw. Zweipassagenmodells und den als vollständig unabhängig extrapolierten Werten liegen. Folglich besteht eine zusätzliche Aufgabe in der Quantifizierung dieser Abhängigkeiten, bspw. durch die ingenieurmäßige Bewertung des zu Grunde liegenden Fertigunghintergrundes. Diese zusätzliche Information sollte dann in die statistische Abschätzung des Einflusses der nicht–axialsymmetrischen Beschaufelung einfließen und die Einordnung der vorliegenden Rotorreihe ermöglichen.

5.4. Zusammenfassung der Erkenntnisse zur nicht–axialsymmetrischen Simulation

Dieses Kapitel stellte die probabilistische Untersuchung nicht–axialsymmetrischer Konfigurationen von drei Verdichterstufen vor. Innerhalb der probabilistischen Simulation wurden den Rotorschaufeln der drei vermessenen Reihen (R3, R6 und R9) in Umfangsrichtung individuelle Geometrien zugewiesen, woraus individuelle Passagenquerschnitte resultieren. Es wurden für jede Stufe Varianten mit einer, zwei, vier, acht und z.T. bis zu 15 individuell geformten Passagen erstellt und durch 3D–CFD berechnet. Die regulär 16 geometrischen Parameter pro Schaufel führen auf bis zu 240 stochastische Eingangsgrößen des probabilistischen Modells, welche jeweils anhand 500 oLHS Realisierungen einer MCS modelliert wurden.

Die Ergebnisse der probabilistischen Simulationen erlauben Rückschlüsse hinsichtlich des Einflusses eines variablen Passenquerschnitts auf die Performance der Verdichterstufe. Es zeigt sich, dass dieser Einfluss bei der transsonisch durchströmten Stufe besonders ausgeprägt ist. Hier ist eine z.T. wesentlich veränderte Aufteilung des Massenstroms zwischen den Passagen festzustellen, womit eine verschlechterte Performance einher geht.

Die Ergebnisse der Modelle verschiedener Passagenanzahl zeigen eine generelle Tendenz zu geringeren Streuungen für eine höhere Anzahl individuell beschaufelter Passagen. Dies bestätigt den Ansatz zur Ausmischung der Einflüsse einzelner einflussreicher Schaufeln in Umfangsrichtung resultierend aus der unabhängigen Modellierung der individuellen Schaufeln. Aufbauend auf diesen Erkenntnissen konnte ein Modell zur Approximation der Streubereiche einer vollständig individuell beschaufelten Rotorreihe abgeleitet werden. Es zeigt sich für alle untersuchten Konfigurationen, dass sich die Standardabweichungen der gesamten Rotorreihe auf etwa reichlich 10% der Einzelpassagenrechnung reduzieren. Dem entgegen konnten besonders für die Zweipassagenmodelle auch vergrößerte Streubereiche für den Wirkungsgrad verzeichnet werden. Hier dominiert der Einfluss der individuellen Passagenquerschnitte, da die symmetrischen Randbedingungen die Abweichungen der individuellen Passagen zum Vollkreis ergänzen. Im Extremfall kann sich hier periodisch eine enge mit einer weiten Passage abwechseln, wodurch keine Ausmischung der Effekte erfolgt. Die Erkenntnisse führen zu der Schlussfolgerung, dass der Streubereich der Performancegrößen einer realen Beschaufelung zwischen dem des Einzel– bzw. Zweipassagenmodells und dem der extrapolierten Rotorreihe liegen wird. Es kann demnach vorteilhaft sein, wenn die Schaufeln komplett unabhängig voneinander sind. Dem gegenüber können besonders bei Konfigurationen abwechselnd ähnlicher Schaufeln, die im Groben dem Zweipassagenmodell entsprechen, nachteilige Effekte entstehen.

Abschließend soll ein weiterer Aspekt angesprochen werden, der auf die Validierung numerischer Ergebnisse gegen experimentelle Daten zielt. Regulär erfolgt die numerische Vorhersage mit einem axialsymmetrischen Modell. Die Beschaufelung einer realen Rotorreihe wird zumeist durch geringe Abhängigkeiten charakterisiert sein. Somit liegt ein Zustand vor, der sich zwischen dem des Zweipassagenmodells und dem der vollständig unabhängig extrapolierten Rotorreihe befindet. Die Erkenntnisse dieses Kapitels zeigen eine z.T. wesentliche Verschiebung der Ergebnisse durch die Berücksichtigung nicht–axialsymmetrischer Effekte. Eine verbesserte Validierung ist somit möglich, wenn die Abhängigkeiten unter den Rotorschaufeln bestimmt werden und in einer nicht–axialsymmetrischen probabilistischen Simulation entsprechend Berücksichtigung finden. Alternativ können die numerischen Ergebnisse eines symmetrischen Modells durch Erkenntnisse dieses Kapitels entsprechend der erwarteten Abhängigkeiten korrigiert werden, um einen verbesserten numerischen Referenzpunkt zur Validierung zu erhalten.

6. Bewertung und Verbesserung von Performance und Robustheit eines Hochdruckverdichters

Inhalt dieses Kapitels ist die probabilistische Bewertung sowie die Verbesserung von Performance und Robustheit eines zehnstufigen Hochdruckverdichters. Aufbauend auf den drei vermessenen Rotorreihen (R3, R6 und R9) wird, anhand des in Abschnitt 4.1.2 beschriebenen Interpolationsansatzes, ein statistisches Modell aller Rotorreihen abgeleitet, welches die geometrische Variabilität gemäß der gemessenen Fertigungsabweichungen beinhaltet. Im Rahmen der probabilistischen Simulation (Abschnitt 6.2) werden mittels der stochastischen geometrischen Parameter Schaufelgeometrien abgeleitet und in das deterministische Modell (Abschnitt 6.1) des Verdichters implementiert. Die CFD Simulation der resultierenden virtuellen Verdichter ermittelt deren strömungsmechanisches Verhalten und erlaubt die Ableitung des probabilistischen Verdichterkennfeldes. Abschnitt 6.3 behandelt die Ergebnisdiskussion der probabilistischen Simulation, wobei neben der Bestimmung der stochastischen Ergebnisgrößenstreuung, die Identifikation einflussreicher geometrischer Parameter sowie einflussreicher Stufen im Vordergrund steht. Die gewonnenen Erkenntnisse finden bei der in Abschnitt 6.4 diskutierten Verbesserung des Verdichters Verwendung. Hierbei wird die einflussreichste Stufe hinsichtlich Absolutwert und Streuung von Wirkungsgrad und Druckverhältnis bewertet und eine verbesserte Konfiguration abgeleitet. Die probabilistische Nachrechnung des um diese Stufe modifizierten Hochdruckverdichters bestätigt die Verbesserung von Performance und Robustheit.

6.1. Deterministisches Modell

Die Erstellung des dreidimensionalen CFD–Modells erfolgt in Numeca AutoGrid [119] sowie in Numeca IGG [122]. Die Modellerstellung beginnt in AutoGrid, wobei zunächst die Kanalgeometrie sowie die 21 geomTurbo–Files zur Beschreibung der Schaufeloberflächen eingeladen und vernetzt werden. Die Netzparameter entsprechen dem in Abschnitt 4.4.1 diskutierten Referenzfall. Folglich werden pro Schaufel ca. 300.000 Punkte verwendet, womit das gesamte Netz des Verdichters mit etwa 6.6 Mio Punkten diskretisiert ist. Die Statoren 4 bis 10 sind mit einem Fillet am Gehäuse sowie einem Laufspalt an der Nabe ausgestattet. Alle Rotoren verfügen über einen Laufspalt am Gehäuse. Die Fillets der Rotorschaufeln sind in dem Referenzmodell ausgespart und werden als geometrische Eigenschaft im Rahmen der parametrischen Geometrievariation implementiert. Das damit erstellte AutoGrid–Modell wird im Anschluss in IGG um die Teilspalte des IGVs sowie der Statoren 1 bis 3 erweitert, welche im realen Hochdruckverdichter als Verstellstatoren ausgeführt sind. Das Verdichtermodell wurde bereits in Kapitel 4 andiskutiert. Die umströmten Flächen können Abb. 4.1 entnommen werden.

Als Randbedingungen am Einlass sind radiale Verläufe von Totalgrößen (Druck und Temperatur) bei näherungsweise drallfreier Zuströmung vorgegeben. Der Verdichter wird entlang einer Drehzahllinie untersucht, welche durch sieben Betriebspunkte steigenden statischen Gegendrucks (OP1 bis OP7) diskretisiert ist. Die höher belasteten Betriebspunkte erfordern durch die langsamere Konvergenz der numerischen Lösung eine höhere Anzahl an Iterationen, woraus eine Iterationsanzahl zwischen 1250 für OP1 und 2000 für OP7 resultiert. Die Summe an Iterationen aller sieben Betriebspunkte beträgt 10500. Die hiermit einher gehende Rechenzeit entspricht etwa 3 Tagen auf einer Intel Core i7 Quad Core CPU unter Verwendung vier paralleler Lizenzen.

6.2. Probabilistisches Modell

Das probabilistische Modell des zehnstufigen Hochdruckverdichters setzt auf dem in Abschnitt 4.1.2 abgeleiteten statistischen Modell auf. Hierbei findet pro Rotorreihe ein Vektor von 14 geometrischen Parametern Verwendung. Zur Abbildung der geometrischen Variabilität aller 10 Reihen resultiert ein 140 stochastische Parameter umfassendes statistisches Modell. Wie in Abschnitt 4.1.2 diskutiert, basieren die Verteilungsparameter auf der Annahme der Normalverteilung und werden anhand Interpolation gemessener Verteilungen von Rotorreihe 3, 6 und 9 gewonnen. Die Abhängigkeiten der Parameter einer Reihe werden über die gemittelte Korrelationsmatrix gemäß Gl. (4.9) definiert. Die Rotorreihen untereinander werden als unabhängig angenommen und mit $\rho = 0$ abgebildet, woraus die gesamte Korrelationsmatrix, wie in Abb. 6.1 gezeigt, resultiert.

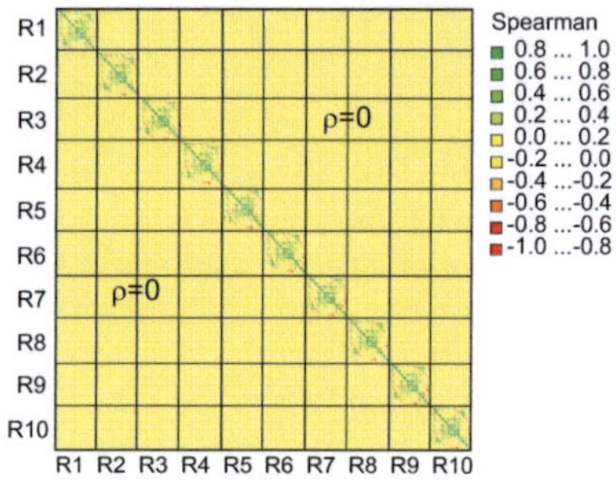

Abb. 6.1. Zusammengesetzte Korrelationsmatrix aller 10 Rotorreihen.

Als probabilistisches Verfahren wird die in Abschnitt 2.3.2 beschriebene MCS mit optimalem LHS (oLHS) verwendet. Zur Diskretisierung der Statistik wurden $N_{sim} = 200$ probabilistische Realisierungen erstellt, was bedeutet, dass 200 virtuelle Verdichter generiert und entlang der Drehzahllinie berechnet werden. Begründet durch die in Abschnitt 6.1 diskutierte Rechenzeit von drei Tagen pro Verdichter ergibt sich ein Aufwand von 600 Tagen für die gesamte probabilistische Simulation. Günstig ist, dass die MCS ohne Verluste parallelisierbar ist, wodurch eine beliebige Beschleunigung realisiert werden kann. Im vorliegenden Fall standen zwei entsprechende Computer bereit, womit 300 Tage reine Rechenzeit verblieben.

Dieser Zeitaufwand ist selbst für akademische Untersuchungen als enorm einzuschätzen, weswegen die Frage nach der Effizienz der Methode zu stellen ist. Hierbei muss berücksichtigt werden, dass die MCS simultan 140 stochastische Parameter einbindet. Alternative Verfahren setzen auf Sensitivitätsstudien, welche im Vorfeld wenig einflussreiche Parameter identifizieren und ausschließen, um den Aufwand der eigentlichen Simulation zu reduzieren. Erfolgt diese Bewertung für alle Parameter, sind jedoch bereits mindestens 141 Berechnungen zur Sensitivitätsbewertung erforderlich. Soll diese Parameterreduktion repräsentativ sein, empfiehlt es sich, alle Betriebspunkte einzubinden sowie die Untersuchung auf mögliche Quereinflüsse unter den stochastischen Parametern auszuweiten. Werden hierfür kombinatorische Ansätze verwandt, steigt die Anzahl an erforderlichen Berechnungen wesentlich über 200. Diese Diskussion verdeutlicht, dass die Rechenzeit des reinen oLHS MCS-Ansatzes zwar hoch, jedoch zur Beantwortung der hochdimensionalen Fragestellung erforderlich und ungleich effizient ist.

Sollen aufbauend auf einer ersten probabilistischen Simulation weitere Untersuchungen durchgeführt werden, empfiehlt es sich jedoch, den Effizienzgedanken wieder aufzugreifen, um nicht die vollständige Berechnung (alle Betriebspunkte, vollständiger Parametersatz) zu wiederholen. So können bekannte Sensitivitäten der ersten MCS genutzt werden, um die parametrische Basis auf einflussreiche Parameter zu reduzieren. Weiterhin ist es möglich, nur ausgewählte Betriebspunkte zu untersuchen und das

Systemverhalten zwischen den Stützstellen aus den bekannten Kennlinien zu interpolieren. Letztere Möglichkeit wurde bspw. in Abschnitt 6.4 genutzt, um die probabilistische Bewertung des verbesserten Verdichters in etwa einem Viertel der Zeit zu realisieren.

6.3. Ergebnisse

6.3.1. Nicht–deterministische Verdichterkennwerte

Die untersuchten integralen stochastischen Ergebnisgrößen sind der isentrope Wirkungsgrad, das Totaldruckverhältnis sowie der reduzierte Massenstrom

$$\dot{m}_{red} = \frac{\dot{m}\sqrt{T_t}}{p_t} \tag{6.1}$$

des Verdichters. Die Entdimensionalisierung auf den jeweils für OP_4 erhaltenen statistischen Mittelwert normiert die Ergebnisgrößen auf den Betriebspunkt des maximalen Wirkungsgrades

$$\begin{aligned} \eta^* &= \frac{\eta}{\overline{\eta}_{OP_4}}\ [\%] \\ \pi^* &= \frac{\pi}{\overline{\pi}_{OP_4}}\ [\%] \\ \dot{m}^*_{red} &= \frac{\dot{m}_{red}}{\overline{\dot{m}}_{red,OP_4}}\ [\%], \end{aligned} \tag{6.2}$$

womit die Darstellung der Kennlinien im Verdichterkennfeld erfolgen kann.

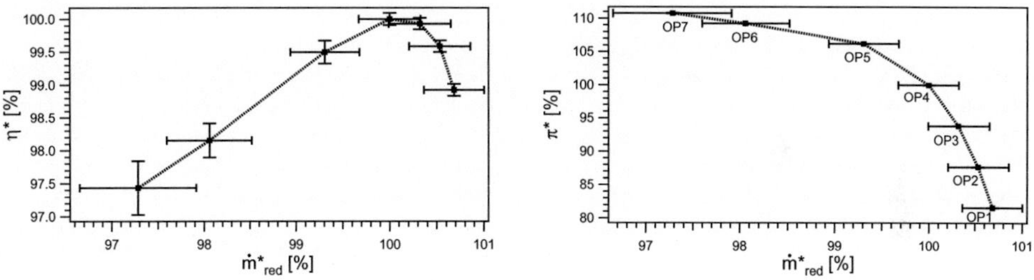

(a) Norm. Wirkungsgrad vs. norm. reduzierten Massenstrom (b) Norm. Totaldruckverhältnis vs. norm. red. Massenstrom

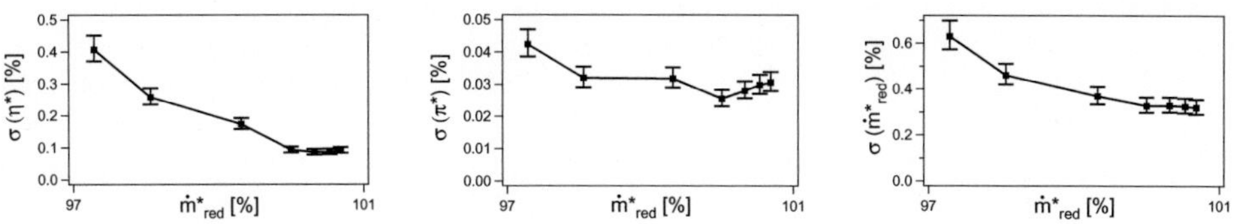

(c) Standardabweichung von η^* (d) Standardabweichung von π^* (e) Standardabweichung von $\dot{m}^*_{red}$

Abb. 6.2. Probabilistisches Verdichterkennfeld.

Abbildung 6.2(a) und Abb. 6.2(b) zeigen die statistischen Mittelwerte mit überlagerter einfacher Standardabweichung in den Fehlerbalken. Es ist zu erkennen, dass für stärker abgedrosselte Betriebspunkte, besonders für Massenstrom und Wirkungsgrad, größere Streuungen bestimmt werden. Im Falle des Totaldruckverhältnisses hingegen kann von generell geringen Streuungen gesprochen werden, die sich durch die Wahl der Randbedingungen (Totaldruck am Einlass und statischer Druck am Auslass) begründen. Für diese Kombination an Randbedingungen werden Variationen im Totaldruckaufbau durch einen angepassten Massenstrom und somit einer verlagerten Kennlinie kompensiert.

Eine präzisere Aussage zu den Streuungen erlauben Abb. 6.2(c) bis 6.2(e), indem die Standardabweichung mit dem 95% Konfidenzintervall nach Gl. (2.7) über dem reduzierten normierten Massenstrom gezeigt sind. Für den Wirkungsgrad und den reduzierten Massenstrom steigen die Streuungen kontinuierlich und progressiv von $S(\eta^*) \approx 0.1\%$ auf $S(\eta^*) \approx 0.41\%$ um Faktor vier bzw. von $S(\dot{m}^*_{red}) \approx 0.32\%$ auf $S(\dot{m}^*_{red}) \approx 0.63\%$ um Faktor zwei an. Die Streuungen des Totaldruckverhältnisses steigen zwar auch geringfügig, zeigen jedoch entgegen des generellen Trends ebenfalls ein Minimum für Betriebspunkt OP_4. Auffällig ist insgesamt, dass die Streuungen des Totaldruckverhältnisses (bezogen auf den Absolutwert) mit $S(\pi^*) \approx 0.03\%$ eine Größenordnung kleiner sind als jene der beiden anderen Ergebnisgrößen. Dieser Unterschied kann ebenfalls auf die bereits diskutierte Art vorgegebener Randbedingungen (Totaldruck am Einlass und statischer Druck am Auslass) zurückgeführt werden.

6.3.2. Sensitivitäten der Verdichterkennwerte

Die Untersuchung von Sensitivitäten integraler Ergebnisgrößen auf die stochastischen Eingangsgrößen erfolgt sowohl mit dem Rangkorrelationskoeffizienten nach Gl. (2.11) als auch mit dem normierten Wichtigkeitsmaß nach Gl. (2.21). Das Wichtigkeitsmaß nutzt ein Polynom von 140 geometrischen Parametern als Freiwerte zur Approximation des durch 200 Stützstellen gegebenen Systemverhaltens. Mit Bestimmtheitsmaßen von $R^2 > 0.95$ konnten für beide Ergebnisgrößen gut passende lineare Polynome ermittelt werden, welche die Bestimmung aussagekräftiger Wichtigkeitsmaße gewährleisten.

In Abb. 6.3(a) ist die Korrelationsmatrix des isentropen Wirkungsgrades mit den Eingangsparametern für alle Betriebspunkte dargestellt. Die Eingangsparameter sind nach gleichen Parametern sortiert, so dass zuerst alle Staffelungswinkel beginnend mit der ersten Rotorreihe usw. gezeigt werden. Diese Sortierung ist geeignet, um gegebenfalls vorhandene Cluster einflussreicher Parameter zu identifizieren. Gelb eingefärbte Dreiecke verweisen auf Korrelationen um den Wert Null, grüne auf Korrelationskoeffizienten größer 0.2 und rote auf Werte kleiner -0.2. Kräftig eingefärbte Felder repräsentieren Koeffizienten mit einem Wert nahe 1 bzw. -1. In der Abbildung ist zu erkennen, dass für niedrig abgedrosselte Betriebspunkte (bis OP_4) der Parameter VK–Dicke (t_{vk}) vieler Rotorschaufeln merklichen Einfluss hat. Dies verlagert sich für höher angedrosselte Betriebspunkte hin zu dem Parameter maximale Wölbung (w_{max}), welcher ab OP_5 die einflussreichste Größe darstellt. Die Einfärbung der Felder zeigt, dass höhere Wirkungsgrade für dünnere sowie stärker gewölbte Schaufeln erreicht werden. Die CoI–Auswertung in Abb. 6.3(b) bestätigt die Ergebnisse der Korrelationsanalyse. Sie zeigt Wichtigkeitsmaße der VK–Dicke auf den isentropen Wirkungsgrad für alle Betriebspunkte über dem Rotorindex. Bis einschließlich OP_4 üben besonders die Rotorreihen 3 bis 5 bestimmenden Einfluss auf den Wirkungsgrad aus. Wie Abb. 6.3(c) zeigt, verschiebt sich dies für höher angedrosselte Betriebspunkte zugunsten des Parameters maximale Wölbung. Besonders die maximale Wölbung von Rotorreihe 2, 3 und 4 erklärt dann signifikante Teile der Wirkungsgradstreuung.

Die Sensitivitäten des reduzierten Massenstroms zeigen anhand der Korrelationsmatrix in Abb. 6.3(d) eine analoge Verschiebung. In diesem Falle verlagert sich der einflussreichste Parameter vom Staffelungswinkel, welcher besonders durch die ersten beiden Stufen den Massenstrom dominiert, für die höher belasteten Betriebspunkte hin zum Parameter maximale Wölbung. Größere Massenströme werden mit geringeren Staffelungswinkeln und stärker gewölbten Schaufeln erzielt. Die Wichtigkeitsmaße in Abb. 6.3(e) und Abb. 6.3(f) bestätigen diese Verschiebung. Demnach erklären die Staffelungswinkel von R1 und R2 eingangs bis zu 50% der Streuung. Für OP_7 reduziert sich dieser Wert auf etwa 15%. Gleichzeitig erhöht sich der Einfluss der maximalen Wölbung der Rotorschaufeln 1 bis 4 ab OP_6 auf insgesamt etwa 30%.

Eine integrale Bewertung ermöglichen die für alle Rotorreihen aufsummierten normierten Wichtigkeitsmaße. Hierbei werden die Werte $I^*_{e,i}$ der i–ten Rotorreihe (nach Gl. (2.21)) summiert, um das

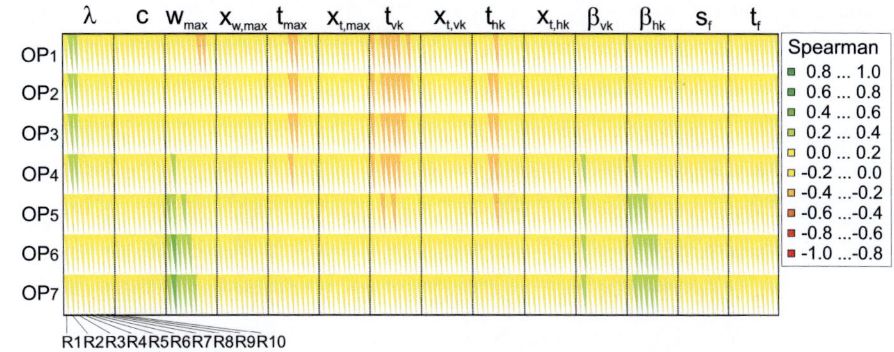

(a) Rangkorrelationskoeffizienten von isentropem Wirkungsgrad und geometrischen Parametern

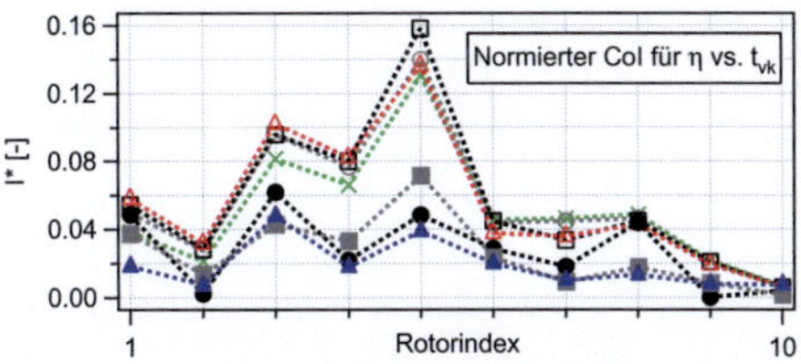

(b) Wichtigkeitsmaß der VK–Dicke

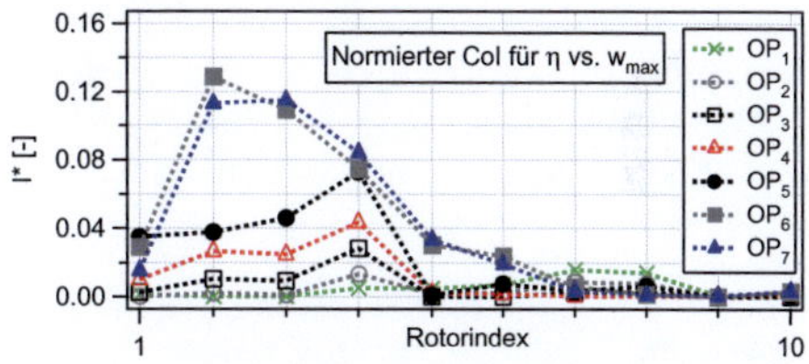

(c) Wichtigkeitsmaß der max. Wölbung

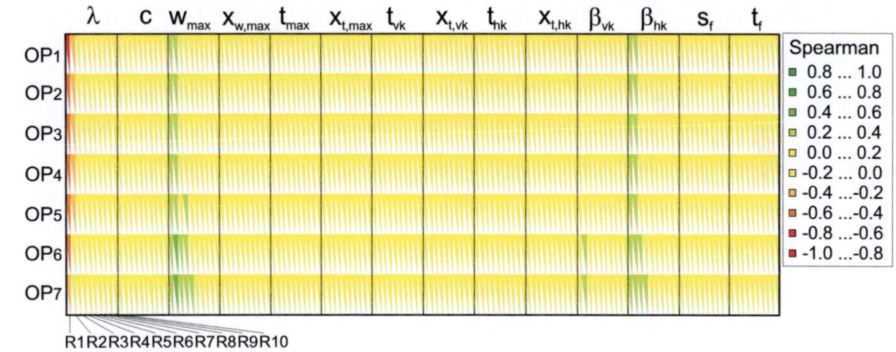

(d) Rangkorrelationskoeffizienten von reduziertem Massenstrom und geometrischen Parametern

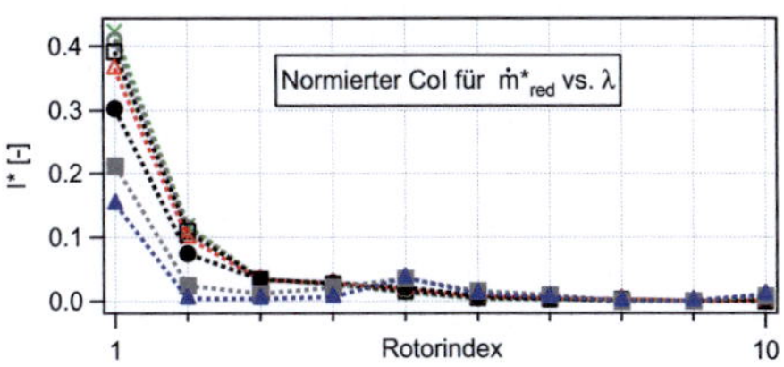

(e) Wichtigkeitsmaß des Staffelungswinkels

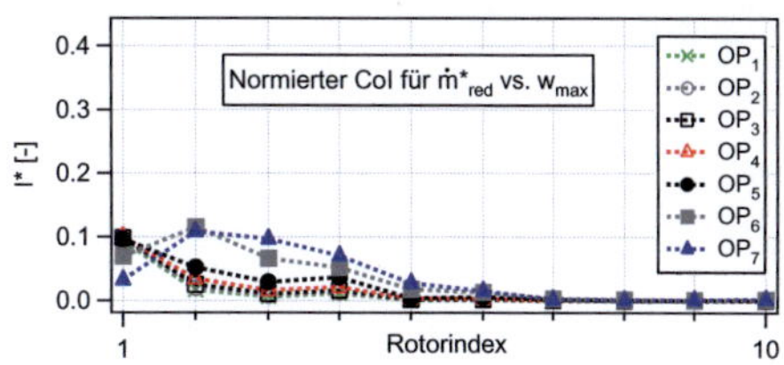

(f) Wichtigkeitsmaß der max. Wölbung

Abb. 6.3. Sensitivitäten integraler Ergebnisse auf die geometrischen Parameter.

summierte Wichtigkeitsmaß

$$I_e^* = \sum_{i=1}^{N_{ST}=10} I_{e,i}^* \tag{6.3}$$

zu berechnen. Dieses Maß erlaubt eine generalisierte Bewertung der Wichtigkeit der geometrischen Parameter auf die untersuchten Ergebnisgrößen. Anhand Tab. 6.1 können diese integralen Einflüsse auf den isentropen Wirkungsgrad (obere Hälfte) sowie den reduzierten Massenstrom (untere Hälfte) bewertet werden. Jede Spalte ordnet die Wichtigkeiten einem der 14 Parameter zu. Zur besseren Lesbarkeit werden Wichtigkeiten über 20% fett und über 50% rot hervorgehoben.

Im Falle des Wirkungsgrades erklärt die Variation der VK–Dicke (t_{vk}) zusammen mit dem Elliptizitätsmaß ($x_{t_{vk}}$) bis OP_4 zwischen 60% und 70% der Streuung des isentropen Wirkungsgrades. Weiterhin ist der deutliche Wechsel ab OP_5 von der VK–Dicke zur maximalen Wölbung als dominierender Parameter zu erkennen. Während die max. Wölbung bis OP_4 einen geringen Einfluss ausübt, beschreibt dieser Parameter für die beiden hoch angedrosselten Betriebspunkte etwa 40% der Wirkungsgradstreuung. Für den reduzierten Massenstrom erfolgt ebenfalls eine Umkehr der dominierenden geometrischen Parameter. Die Variation der Staffelungswinkel aller Rotorreihen erklärt eingangs um die 60% der Ergebnisgrößenstreuung. Dies reduziert sich für OP_7 auf 23%, wobei gleichzeitig der Einfluss der max. Wölbung von 13% auf 36% zunimmt.

Tab. 6.1. Über alle Reihen summierte normierte Wichtigkeit I_e^* der geometrischen Parameter auf isentropen Wirkungsgrad und reduzierten Massenstrom.

isentroper Wirkungsgrad														
1	0.12	0.01	0.05	0.01	0.02	0.01	**0.51**	0.10	0.09	0.04	0.01	0.01	0.01	0.01
2	0.09	0.01	0.04	0.02	0.02	0.02	**0.55**	0.09	0.09	0.03	0.02	0.01	0.01	0.01
3	0.07	0.01	0.06	0.02	0.02	0.02	**0.57**	0.10	0.07	0.03	0.02	0.01	0.01	0.01
4	0.06	0.01	0.11	0.02	0.02	0.01	**0.55**	0.09	0.06	0.02	0.02	0.01	0.01	0.01
5	0.07	0.02	**0.21**	0.02	0.03	0.02	**0.28**	0.08	0.11	0.04	0.04	0.05	0.01	0.01
6	0.09	0.01	**0.41**	0.01	0.01	0.00	**0.26**	0.07	0.04	0.03	0.02	0.03	0.00	0.00
7	0.10	0.01	**0.39**	0.02	0.02	0.01	0.19	0.06	0.05	0.05	0.03	0.05	0.01	0.01
Reduzierter Massenstrom														
1	**0.63**	0.00	0.13	0.03	0.01	0.00	0.05	0.01	0.02	0.03	0.01	0.05	0.00	0.00
2	**0.61**	0.00	0.14	0.03	0.01	0.00	0.05	0.01	0.02	0.03	0.01	0.06	0.00	0.00
3	**0.59**	0.00	0.16	0.03	0.01	0.00	0.06	0.01	0.02	0.03	0.01	0.06	0.00	0.00
4	**0.56**	0.00	0.18	0.03	0.01	0.00	0.06	0.01	0.02	0.03	0.01	0.06	0.00	0.00
5	**0.48**	0.00	**0.23**	0.03	0.01	0.01	0.07	0.02	0.03	0.03	0.02	0.07	0.00	0.00
6	**0.34**	0.00	**0.34**	0.02	0.01	0.00	0.10	0.03	0.02	0.04	0.02	0.06	0.00	0.00
7	**0.23**	0.01	**0.36**	0.02	0.01	0.01	0.10	0.04	0.04	0.04	0.03	0.06	0.01	0.01
OP	λ	c	w_{max}	$x_{w,max}$	t_{max}	$x_{t,max}$	t_{vk}	$x_{t,vk}$	t_{hk}	$x_{t,hk}$	β_{vk}	β_{hk}	s_f	t_f

6.3.3. Abgeleitete Stufenergebnisse

Einen detaillierteren Einblick in die Variabilität des strömungsmechanischen Verhaltens des Verdichters bietet die stufenweise Auflösung der Strömungsmechanik. Die Stufenperformance ist als Ergebnis in der Simulation enthalten und über Auswertungsmethoden zugänglich. In diese Betrachtung fließen die massenstromgemittelten Werte des isentropen Stufenwirkungsgrades η_{ST} und Stufentotaldruckverhältnisses π_{ST} (gemäß Gl. (2.25) bzw. Gl. (2.29)) ein. Die OP_4 zugeordneten und über alle zehn Stufen gemittelten Werte $\overline{\eta}_{ST,OP_4}$ und $\overline{\pi}_{ST,OP_4}$ dienen der Normierung

$$\eta^*_{ST} = \frac{\eta_{ST}}{\overline{\eta}_{ST,OP_4}} \, [\%] \qquad \text{und} \qquad \pi^*_{ST} = \frac{\pi_{ST}}{\overline{\pi}_{ST,OP_4}} \, [\%] \, , \tag{6.4}$$

womit die Darstellung der Mittelwerte $\overline{\eta}^*_{ST}$ und $\overline{\pi}^*_{ST}$ und der Standardabweichungen $S(\eta^*_{ST})$ und $S(\pi^*_{ST})$ beider Ergebnisgrößen in Abb. 6.4 ermöglicht wird.

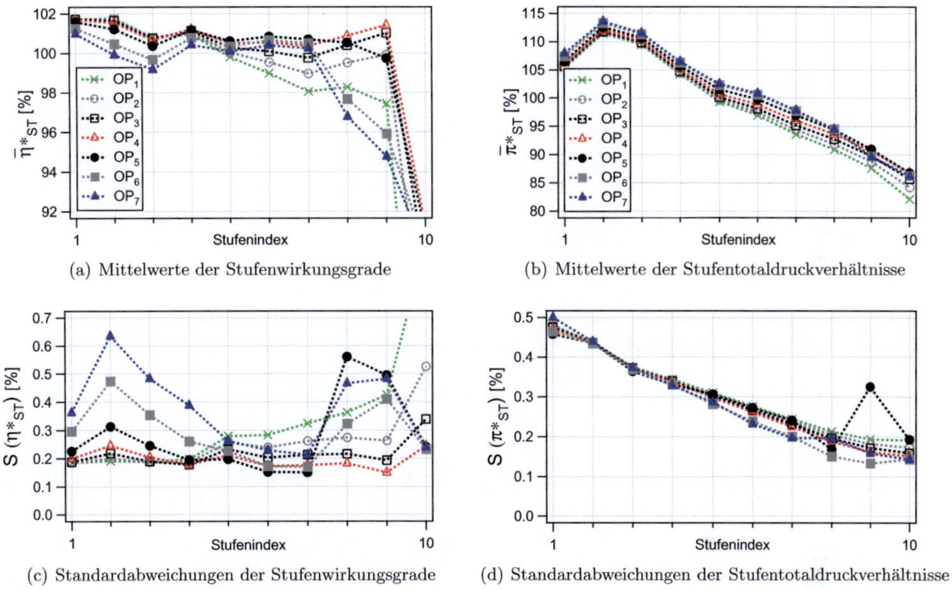

(a) Mittelwerte der Stufenwirkungsgrade

(b) Mittelwerte der Stufentotaldruckverhältnisse

(c) Standardabweichungen der Stufenwirkungsgrade

(d) Standardabweichungen der Stufentotaldruckverhältnisse

Abb. 6.4. Statistische Bewertung normierter Performanceparameter der Stufenauswertung.

Die statistischen Mittelwerte des normierten Stufenwirkungsgrades $\overline{\eta}^*_{ST}$ werden in Abb. 6.4(a) über den Index der Stufen dargestellt. Durch die gewählte Normierung liegen nur wenige Werte über und die meisten knapp unter 100%. Auffällig ist, dass die vorderen Stufen eine kontinuierliche, wenngleich schwache Abnahme des normierten Wirkungsgrades beim Androsseln zeigen. Dem gegenüber steigt dieser für die hinteren Stufen erst bis OP_4 an, um danach umso stärker abzufallen. Einer Abnahme von ca. 2% für die vorderen Stufen steht eine Abnahme von über 6% für Stufe 9 gegenüber. Im Gegensatz zu dieser Tendenz weisen die mittleren Stufen, insbesondere Stufe 5, ein nahezu unverändertes Verhalten über dem gesamten Betriebsbereich auf. Abbildung 6.4(c) ergänzt die zu den Mittelwerten korrespondierenden Standardabweichungen $S(\eta^*_{ST})$. Auffällig ist zunächst die höhere Streuung der hinteren Stufen für OP_1. Da dies auch mit geringeren Mittelwerten $\overline{\eta}^*_{ST}$ einhergeht, arbeiten diese Stufen bei dem geringen Gegendruck von OP_1 offenbar nicht in ihrem optimalen Bereich und zeigen sich gegenüber geometrischer Variabilität (und resultierender Fehlanströmung) sensitiver. Für OP_4 werden für nahezu alle Stufen minimale Werte verzeichnet, was auf ein insensitives und robustes Optimum der Aerodynamik schließen lässt. Für stärker angedrosselte Betriebspunkte nehmen die Streuungen besonders für die Stufe 1 bis 4 sowie 8 und 9 stark zu. Bei Stufe 2 ist dies am deutlichsten ausgeprägt und entspricht einem Faktor von 3.35, welcher einer Zunahme der Standardabweichung des normierten Stufenwirkungsgrades von 0.19% für OP_1 auf 0.64% für OP_7 entspricht. Dem gegenüber zeigen die mittleren Stufen eine nahezu konstante und vergleichsweise geringe Streuung um 0.2% über den gesamten Betriebsbereich.

Abbildung 6.4(b) zeigt die statistischen Mittelwerte $\overline{\pi}^*_{ST}$ und Abb. 6.4(d) die korrespondierenden Standardabweichungen $S(\pi^*_{ST})$ der Stufentotaldruckverhältnisse. Die vorderen Stufen zeigen durchgängig höhere Standardabweichungen und Mittelwerte als die hinteren. Die Mittelwerte nehmen mit dem Androsseln leicht und kontinuierlich zu. Die Standardabweichungen zeigen für alle Betriebspunkte nahezu konstante Werte. Nur Stufe 9 sticht mit einer größeren Streuung für OP_5 hervor. Dies kann durch ein grundsätzlich deterministisches, aber durch geometrische Variabilität in der Ausprägung getriggertes Phänomen, erklärt werden. Während für OP_5 lediglich eine Teilmenge der Realisierungen eine Strömungsablösung von Stator 8 zeigt, löst dieser Stator bei OP_6 und OP_7 für alle erstellten Verdichter ab. Das teilweise Eintreten dieses Phänomens bei OP_5 spiegelt sich in der höheren Standardabweichung wider. Die Auswertung der Reihenergebnisse liefert zusätzliche Erklärungen. So zeigen die mittleren Abströmwinkel von Stator 8 (und auch Stator 9) für höhere Betriebspunkte geringere Werte. Die Minderumlenkung gegenüber OP_1 beträgt etwa 0.5 Grad für OP_4, etwa 2 Grad für OP_5 und etwa 4 Grad für OP_6 und OP_7. Die damit einher gehende Inzidenzsteigerung für R9 resultiert sowohl in den bereits diskutierten höheren Standardabweichungen $S(\pi^*_{ST})$ von Stufe 9 für OP_5 als auch in geringeren Mittelwerten $\overline{\pi}^*_{ST}$ von Stufen 8 bis 10 für OP_6 und OP_7. Während Stufe 8 das maximale mittlere Stufentotaldruckverhältnis für OP_5 erreicht und diesen Wert beibehält, fallen Stufe 9 und 10 für OP_6 und OP_7 sogar unter ihre Werte von OP_5 zurück.

6.3.4. Einfluss der Stufenparameter auf die Stufenergebnisse

Der Einfluss der Stufenparameter auf die Stufenergebnisse wird durch das normierte Wichtigkeitsmaß nach Gl. (2.21) quantifiziert. Es finden dabei nicht alle 140 geometrischen Parameter Verwendung, sondern nur die 14 Parameter der jeweiligen Stufe. Als Regressionsmodell wird ein Polynom dritter Ordnung ohne gemischte Terme gewählt. Dieser hohe Ansatz ist (im Gegensatz zur Sensitivitätsbewertung des gesamten Verdichters) möglich, da die verbliebenen 14 Parameter lediglich 43 Konstanten erfordern, welche anhand der 200 bekannten Stützstellen ermittelt werden. Die Bestimmtheitsmaße der approximierten Polynome sind für die Stufenwirkungsgrade in Abb. 6.5(a) sowie für die Stufentotaldruckverhältnisse in Abb. 6.5(b) dargestellt. Darüber hinaus ergänzt Tab. 6.2 die über alle Stufen gemittelten Werte. Für die Stufenwirkungsgrade liegen die Bestimmtheitsmaße bis OP_5 für nahezu alle Stufen oberhalb 0.9. Die höchsten Werte werden mit nahezu 1 für OP_4 als Betriebspunkt maximalen Wirkungsgrades erreicht. Für OP_5, OP_6 und besonders OP_7 reduzieren sich die Bestimmtheitsmaße für die hinteren Stufen z.T. auf unter 0.5.

Die gewählte parametrische Basis erlaubt anhand der Bestimmtheitsmaße eine Einschätzung hinsichtlich der Quereinflüsse von Parametern weiterer Stufen auf die Performance der untersuchten Stufe. So lässt sich ableiten, dass die Stufen des Verdichters nahe des maximalen Wirkungsgrades mit geringen Abhängigkeiten operieren. Im Mittel können 96% der Variabilität des Stufenwirkungsgrades durch die Variation zugeordneter Parameter erklärt werden. Dies gilt für stärker belastete Betriebspunkte und besonders für die hinteren Stufen nur in geringem Umfang. Folglich ist es für diese Betriebspunkte nicht oder nur eingeschränkt möglich, die Abhängigkeiten der Stufenwirkungsgrade von den Stufenparameter zu untersuchen. Diese Tendenz wird auch von den im Anhang in Abb. A.7(a) bis A.7(d) gezeigten Korrelationen der Stufenwirkungsgrade der Stufen untereinander bestätigt. Es ist zu erkennen, dass für OP_7 diese Werte signifikant zunehmen und sich hohe Stufenwirkungsgrade aller Stufen gegenseitig begünstigen.

Im Falle der Stufentotaldruckverhältnisse betragen die Bestimmtheitsmaße für nahezu alle Stufen und Betriebspunkte $R^2 \approx 0.85$, wonach etwa 85% der Streuungen durch die Stufenparameter erklärt werden. Verbleibende Streuungen haben ihren Ursprung in den Parametern der weiteren, besonders der benachbarten Stufen. Abbildung A.7(e) bis A.7(h) im Anhang bestätigt dies durch die für alle Be-

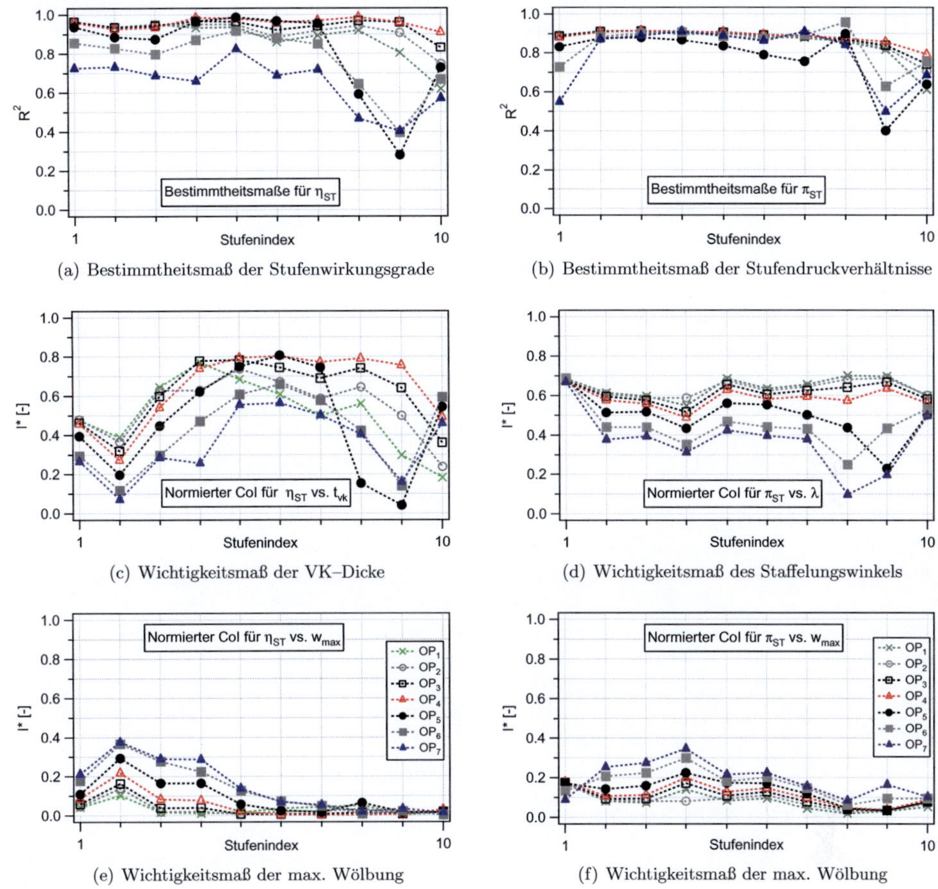

(a) Bestimmtheitsmaß der Stufenwirkungsgrade

(b) Bestimmtheitsmaß der Stufendruckverhältnisse

(c) Wichtigkeitsmaß der VK–Dicke

(d) Wichtigkeitsmaß des Staffelungswinkels

(e) Wichtigkeitsmaß der max. Wölbung

(f) Wichtigkeitsmaß der max. Wölbung

Abb. 6.5. Wichtigkeit der Stufenparameter auf die Stufenergebnisse.

triebspunkte gegebenen geringen negativen Korrelationen der Druckverhältnisse benachbarter Stufen. Dies zeigt an, dass ein geringeres Stufentotaldruckverhältnis teilweise durch die Nachbarn kompensiert wird. Weiter entfernte Stufen üben hingegen kaum merkliche Quereinflüsse aus. Auffällig geringe Bestimmtheitsmaße zeigt Stufe 9 bei OP_5 für beide Ergebnisse. Dies geht mit dem in Abschnitt 6.3.3 diskutierten Phänomen der Ablösung von Stator 8 einher. Als Folge dieser durch die geometrische Variabilität getriggerten Ablösung, ist die ersatzmodellbasierte Vorhersage der Performance von Stufe 9 kaum möglich, was Bestimmtheitsmaße unter 0.5 widerspiegeln.

In Abb. 6.5(c) bis 6.5(f) werden die normierten Wichtigkeitsmaße I^* beider Stufenergebnisse nach Gl. (2.21) bezüglich der jeweils wichtigsten Eingangsparameter angegeben. Tabelle 6.2 ergänzt die korrespondierenden Mittelwerte aller Stufen. Es ist zu erkennen, dass die VK–Dicke besonders für OP_4 mit Werten bis zu 0.8 der entscheidende Parameter ist, welcher bis zu 80% der Streuung der Stufenwirkungsgrade erklärt. Für die höher abgedrosselten Betriebspunkte nimmt seine Wichtigkeit ab und die der maximalen Wölbung zu. Besonders für Stufe 1 bis 5 ist ein stetig zunehmender Einfluss der maximalen Wölbung auf Wichtigkeitsmaße von fast 0.40 zu erkennen. Für das Stufentotaldruckverhält-

Tab. 6.2. Über alle Stufen gemittelte Bestimmtheits– und Wichtigkeitsmaße.

	Normierter Stufenwirkungsgrad			Normiertes Stufentotaldruckverhältnis		
	$\overline{R}^2$	$\overline{I^*}$ von t_{vk}	$\overline{I^*}$ von w_{max}	$\overline{R}^2$	$\overline{I^*}$ von λ	$\overline{I^*}$ von w_{max}
OP1	0.88	0.51	0.03	0.86	0.64	0.08
OP2	0.92	0.55	0.03	0.87	0.64	0.08
OP3	0.94	0.61	0.04	0.88	0.61	0.10
OP4	0.96	0.64	0.05	0.88	0.59	0.11
OP5	0.82	0.47	0.09	0.78	0.49	0.13
OP6	0.77	0.42	0.13	0.84	0.45	0.16
OP7	0.65	0.35	0.15	0.79	0.37	0.19

nis ist der Staffelungswinkel der dominierende Parameter. Wie Abb. 6.5(d) zeigt, beschreibt er für alle Stufen zwischen 50% und 70% der Streuung des Druckverhältnisses. Geringere Werte werden jedoch ab OP_5 ermittelt. Dies begründet sich zum Teil durch die zunehmende Wichtigkeit der max. Wölbung, welche beim Androsseln stetig steigt und für einige Stufen Werte um 0.35 erreicht.

Die ermittelten Sensitivitäten der Stufenergebnisse decken sich mit den in Abschnitt 6.3.2 für den gesamten Verdichter abgeleiteten Sensitivitäten der Verdichterkennwerte. Die VK–Dicke gilt in beiden Fällen als wichtigster Parameter hinsichtlich des Wirkungsgrades und der Staffelungswinkel hinsichtlich des Totaldruckverhältnisses. Analog wird für beide Ergebnisgrößen die zunehmende Wichtigkeit der maximalen Wölbung für stärker angedrosselte Betriebspunkte bestimmt. Eine quantitative Übereinstimmung von Stufen– und Verdichterergebnissen ist jedoch nur bedingt gegeben. Durch z.T. geringe Bestimmtheitsmaße der Stufenersatzmodelle sowie nicht berücksichtige Einflüsse angrenzender Stufen ist die stufenweise Auswertung verzerrt. Weiterhin wäre es erforderlich, den Anteil der jeweiligen Stufe am gesamten Arbeitsumsatz zu erfassen und die Stufenergebnisse entsprechend gewichtet (und nicht arithmetisch gemittelt) zu berücksichtigen.

6.3.5. Einfluss der Stufenergebnisse auf die Verdichterergebnisse

Einen entscheidenden Beitrag zum Verständnis der Performance des Hochdruckverdichters leistet die Bewertung des Einflusses der abgeleiteten Stufenergebnisse auf jene des gesamten Verdichters. Die Korrelationsmatrizen in Abb. 6.6 bieten einen ersten Zugang. Es sind die Korrelationen der integralen Ergebnisgrößen isentroper Verdichterwirkungsgrad η und reduzierter Massenstrom m_{red} mit den Stufenergebnissen Stufentotaldruckverhältnis π_{ST} und Stufenwirkungsgrad η_{ST} dargestellt. Gelb eingefärbte Dreiecke verweisen auf Korrelationen um den Wert Null, grüne auf Werte größer 0.2 und rote auf Werte kleiner -0.2. Kräftigere Farben repräsentieren Koeffizienten nahe 1 bzw. -1. Jede eingerahmte Zeile und Spalte der Matrix bildet einen Betriebspunkt ab. Die Zeilen erfassen die Verdichterergebnisse und die Spalten die Stufenergebnisse. Reale Zusammenhänge können nur entlang der Hauptdiagonale für jeweils gleiche Betriebspunkte gewonnen werden. Die außerhalb liegenden Felder bewerten verschiedene Betriebspunkte gegeneinander. Sie vervollständigen die Matrix und zeigen anschaulich den kontinuierlichen und allmählichen Übergang der Abhängigkeiten beim Androsseln des Verdichters.

Zwischen den Wirkungsgraden in Abb. 6.6(a) dominieren durchweg positive Korrelationen. Während geringer angedrosselte Betriebspunkte schwache Korrelationen zeigen, sind die höheren Betriebspunkte durch ausgeprägte positive Korrelationen charakterisiert. Zwischen η und π_{ST} in Abb. 6.6(b) sind nur geringe Korrelationen für OP_6 und OP_7 erkennbar. Ähnlich geringe Korrelationen finden sich für m_{red} und π_{ST} in Abb. 6.6(d). Auffällig sind nur die gegensätzlichen Werte von Stufe 1 und 2 gegenüber Stufe 9 und 10 für die ersten Betriebspunkte, welche vermutlich durch die gewählten Randbedingungen

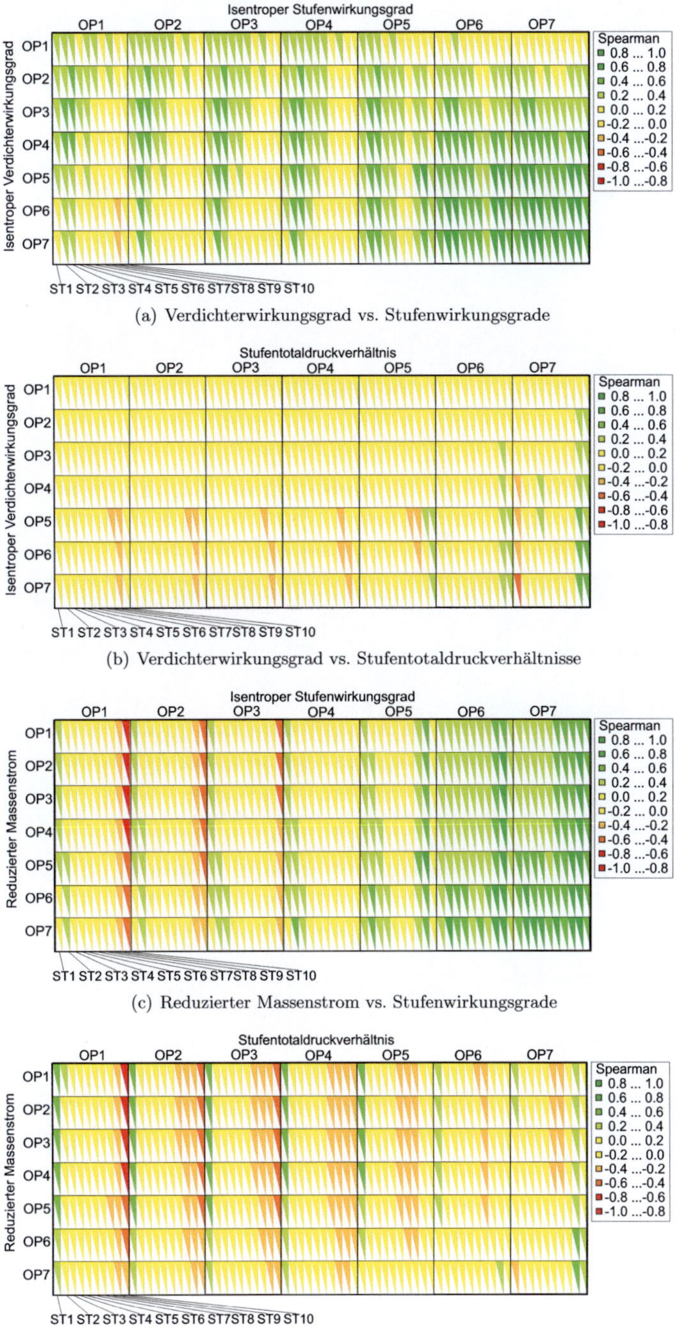

(a) Verdichterwirkungsgrad vs. Stufenwirkungsgrade

(b) Verdichterwirkungsgrad vs. Stufentotaldruckverhältnisse

(c) Reduzierter Massenstrom vs. Stufenwirkungsgrade

(d) Reduzierter Massenstrom vs. Stufentotaldruckverhältnisse

Abb. 6.6. Korrelationsmatrizen der globalen Ergebnisse mit den Stufenergebnissen.

von Totaldruck am Einlass und statischem Druck am Auslass resultieren. Gleiches wird für m_{red} und η_{ST} in Abb. 6.6(c) beobachtet. Zusätzlich zeigen sich hier durchweg hohe Korrelationen für OP_6 und OP_7. Demnach kann bei hoch belasteten Betriebsbedingungen auf die positive Wirkung hoher Stufenwirkungsgrade zum Erreichen eines höheren Massenstroms geschlossen werden.

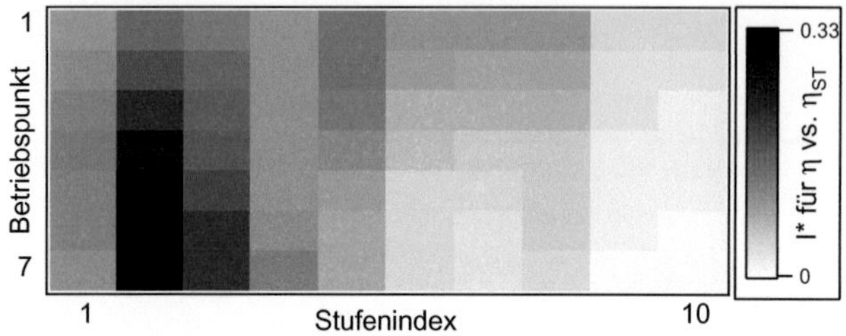

Abb. 6.7. Wichtigkeitsmaße des Stufenwirkungsgrades auf den Verdichterwirkungsgrad.

Als Erweiterung des auf Korrelationskoeffizienten basierenden Ansatzes soll der Einfluss der Stufenwirkungsgrade auf den Verdichterwirkungsgrad durch eine Wichtigkeitsbewertung gemäß Gl. (2.21) vertieft werden. Das zu Grunde liegende Ersatzmodell bildet den Verdichterwirkungsgrad in Abhängigkeit der 10 Stufentotaldruckverhältnisse sowie 10 Stufenwirkungsgrade ab. Mit einem Polynom zweiter Ordnung konnte für alle Betriebspunkte eine sehr gute Abbildung mit Bestimmtheitsmaßen von nahezu $R^2 = 1$ erzielt werden. Es zeigt sich, dass der Einfluss der Stufentotaldruckverhältnisse vernachlässigbar ist (jeweils unter 1%), weswegen die Wichtigkeitsbewertung reduziert auf die Stufenwirkungsgrade erfolgt. Die resultierenden Wichtigkeitsmaße sind in Abb. 6.7 dargestellt und bestätigen die Auswertung der Korrelationsmatrix in Abb. 6.6(a). Es wird deutlich, dass die vorderen Stufen einen höheren Einfluss auf den Wirkungsgrad des gesamten Verdichters haben als die hinteren. Besonders Stufe 2 erklärt mit bis zu 33% einen wesentlichen Anteil an der Streuung des Verdichterwirkungsgrades. Im Zusammenhang mit den Stufentotaldruckverhältnissen in Abb. 6.4(b) kann die Wichtigkeit von Stufe 2 durch den hohen Anteil am Arbeitsumsatz verstanden werden. In die Wichtigkeitsbewertung fließt darüber hinaus die Streuung des Stufenwirkungsgrades ein, der wie Abb. 6.4(c) zeigt, für Stufe 2 überproportional stark steigt. Hiermit einher geht die gesteigerte Bedeutung von Stufe 2 für die stärker angedrosselten Betriebspunkte. Diese Erkenntnisse werden in Abschnitt 6.4 zum Zwecke der Performancesteigerung des Verdichters aufgegriffen. Das Ziel, den Wirkungsgrad des gesamten Verdichters zu steigern, wird über eine gesteigerte Leistungsfähigkeit von Stufe 2 verfolgt, da sie den größten Hebel auf den Gesamtwirkungsgrad aufweist.

6.3.6. Numerische Stabilitätsgrenze

Üblicherweise erfolgt die numerische Pumpgrenzabschätzung durch Androsseln des Verdichters in sehr kleinen Schritten. Die numerische Pumpgrenze gilt als erreicht, wenn der Verdichter den geforderten Gegendruck gerade nicht mehr liefern kann und die Simulation instabil wird. In der expliziten numerischen Simulation äußert sich das zunächst durch (wieder) ansteigende Residuen. Im Anschluss folgen zeitnah progressiv fallende Massenströme und zumeist der Abbruch der Simulation. Um den letzten stabilen Punkt genau zu bestimmen, sind zum einen fein aufgelöste Steigerungen des Gegendrucks und zum anderen eine hohe Iterationsanzahl erforderlich, welche die in Abschnitt 6.1 definierten Werte übersteigt. Für eine probabilistische Untersuchung von 200 Verdichtern und knapp 10h Rechenzeit pro Betriebspunkt kann eine Bewertung gemäß des beschriebenen Ansatzes nicht in vertretbarer Zeit durchgeführt werden. Die Effekte vor Einsetzen des Verdichterpumpen sind darüber hinaus zumeist instationärer Natur, womit zum korrekten Abbilden eine instationäre Simulation erforderlich wäre, die mit ungleich größerem zeitlichen Aufwand verbunden ist. Weiterhin ist es fraglich, ob das vergleichbar grobe Netz mit etwa 300.000 Zellen/Reihe die Phänomene nahe der Pumpgrenze korrekt auflösen kann.

Folglich ist zur Bestimmung der Stabilitätsgrenze in einem probabilistischen Rahmen eine andere, effizientere Herangehensweise erforderlich, die keine weiteren CFD–Simulationen benötigt. Dies kann durch eine alternative Auswertung der bereits berechneten Betriebspunkte erfolgen. Als Ergebnis resultiert nicht die numerische Stabilitätsgrenze selbst, sondern ein quantitatives Maß zur Bewertung der Stabilitätsreserve des Verdichters für den letzen untersuchten Betriebspunkt. Hierzu wurden zwei Stabilitätskriterien abgeleitet: das konvergenzbezogene sowie das kennfeldbezogene Kriterium. Beide Kriterien werden nachfolgend diskutiert und angewandt.

Das **konvergenzbezoge Stabilitätskriterium** (m^{res}) basiert auf der Betrachtung des Konvergenzverlaufs integraler Ergebnisgrößen über den Iterationen mit dem Ziel, den Anstieg über den letzen Iterationsschritten zu bestimmen. Es werden folgende Ergebnisgrößen einbezogen:

- Normierter isentroper Wirkungsgrad
- Normiertes Totaldruckverhältnis
- Normierter reduzierter Massenstrom (zwischen Einlass und Auslass gemittelt).

Abbildung 6.8 visualisiert beispielhaft den Konvergenzverlauf des isentropen Wirkungsgrades aller Realisierungen. Für den Betriebspunkt des maximalen Verdichterwirkungsgrades (OP_4) wird ein vollständig stabiles Verhalten beobachtet. Dem entgegen sind für OP_7 bereits einzelne Realisierungen mit fallender Charakteristik zu erkennen. Realisierung #56 divergierte bereits vor Erreichen der 2000 Iterationen und musste von der Betrachtung ausgeschlossen werden.

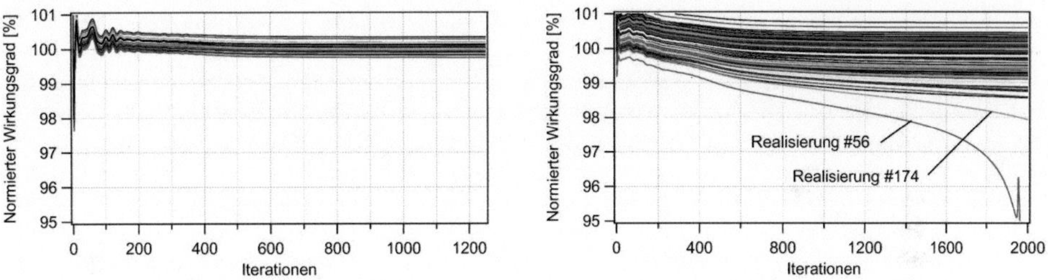

(a) Wirkungsgrad Konvergenz für OP_4

(b) Wirkungsgrad Konvergenz für OP_7

Abb. 6.8. Konvergenzverlauf des normierten Wirkungsgrades.

Um ein auf das Gesamtbild ausgerichtetes, insensitives Kriterium abzuleiten, empfiehlt es sich, die verrauschten Verläufe zunächst numerisch zu glätten sowie die letzen 500 Iterationsschritte gemittelt zu betrachten. Die Auswertung erfolgt für OP_7. Der gemittelte Anstieg des Konvergenzverlaufs ergibt sich am Beispiel des Wirkungsgrades:

$$m_\eta^{res} = \frac{1}{500} \sum_{i=1500}^{N<2000} \eta_{i+1}^* - \eta_i^* \,. \tag{6.5}$$

Die beiden weiteren Anstiege m_π^{res} und $m_{\dot{m}_{red}}^{res}$ folgen analog, womit das konvergenzbezogene Stabilitätskriterium für alle drei zu bewertenden Ergebnisgrößen definiert ist.

Für das **kennfeldbezogene Stabilitätskriterium** (m^{map}) werden die Anstiege der Kennlinien von Wirkungsgrad und Totaldruckverhältnis ausgewertet. In die Betrachtung fließen, wie Abb. 6.9 verdeutlicht, die letzen beiden gerechneten Betriebspunkte OP_6 und OP_7 ein. Die Anstiege folgen durch

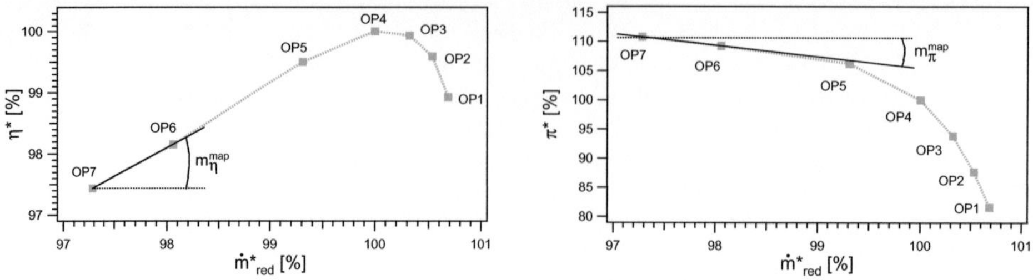

(a) Anstieg des Wirkungsgrades

(b) Anstieg des Totaldruckverhältnis

Abb. 6.9. Kennfeldbezogenes Stabilitätskriterium des Verdichters.

den Differenzenquotienten des normierten Wirkungsgrades und des Totaldruckverhältnisses mit dem normierten reduzierten Massenstrom

$$m_\pi^{map} = \frac{\pi^*_{OP_7} - \pi^*_{OP_6}}{\dot{m}^*_{red,OP_7} - \dot{m}^*_{red,OP_6}} \quad \text{und} \quad m_\eta^{map} = \frac{\eta^*_{OP_7} - \eta^*_{OP_6}}{\dot{m}^*_{red,OP_7} - \dot{m}^*_{red,OP_6}}. \tag{6.6}$$

Die **Ergebnisse** beider Stabilitätskriterien zeigen, wie Abb. 6.10 verdeutlicht, wesentliche Übereinstimmungen. In beiden Fällen sticht Realisierung #174 hervor. Sie zeigt, wie schon in Abb. 6.8(b) ersichtlich, ein instabiles Verhalten. Mit fortschreitender Berechnung wird ein Divergieren der Lösung erwartet. Darüber hinaus konnten zwölf grenzwertig stabile Realisierungen identifiziert werden. In beiden Diagrammen liegen diese zwölf Punkte am Rand der Punktewolke und deuten die Grenze zwischen stabilem und instabilem Systemverhalten an. Ein stabiles Systemverhalten ist demnach durch höhere Anstiege der Wirkungsgradkurve und stärker geneigte Totaldruckkurven gekennzeichnet. Die hierzu korrespondierenden Verdichter finden sich in der unteren rechten Ecke von Abb. 6.10(a). Hiermit einher gehen flach abfallende Konvergenzkurven, welche sich in Abb. 6.10(b) in der oberen rechten Ecke konzentrieren.

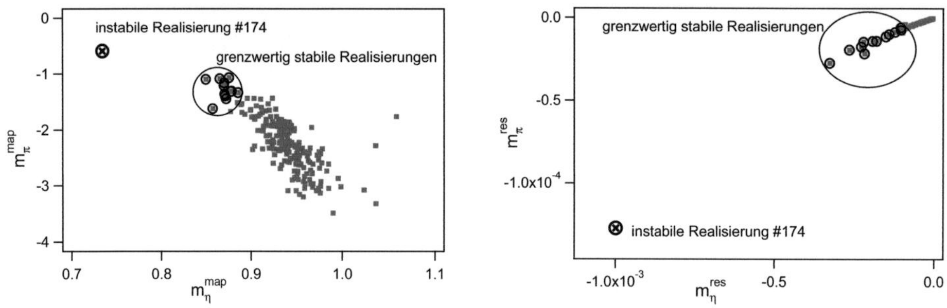

(a) Kennfeldbezogenes Stabilitätskriterium.

(b) Konvergenzbezoges Stabilitätskriterium.

Abb. 6.10. Anstieg von Totaldruck über Wirkungsgrad als Stabilitätskriterium.

Die hohe Übereinstimmung der beiden Ansätze setzt sich in der Korrelationsbewertung fort. Wie Abb. 6.11(a) zeigt, weisen alle Rangkorrelationskoeffizienten zwischen den Kriterien einen Betrag größer als 0.8 auf und sind somit durch eine sehr starke Korrelation gekennzeichnet. Ein besonders deutlicher Zusammenhang wird zwischen beiden Kriterien der totaldruckbasierten Formulierung bestimmt.

Erklärend zeigt Abb. 6.11(b) das Streudiagramm von m_π^{res} über m_π^{map}. Die starke Korrelation von $\rho = -0.97$ begründet sich durch den ausgeprägten monoton–nichtlinearen Zusammenhang zwischen beiden Größen. Die als grenzwertig stabil identifizierten Realisierungen sind geschlossen am unteren rechten Ende der Kurve aufgereiht.

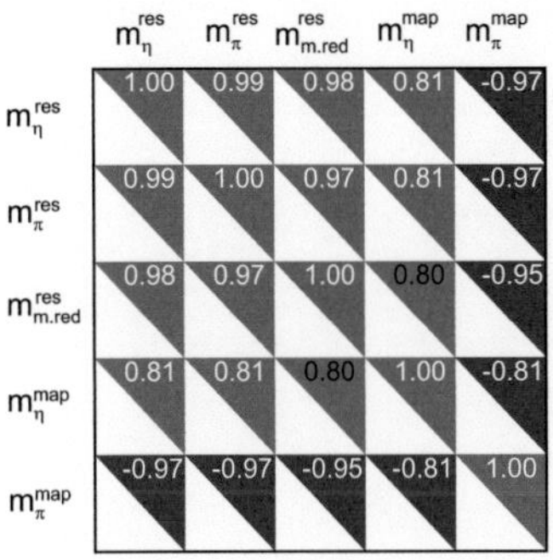

(a) Korrelationen der Stabilitätskriterien.

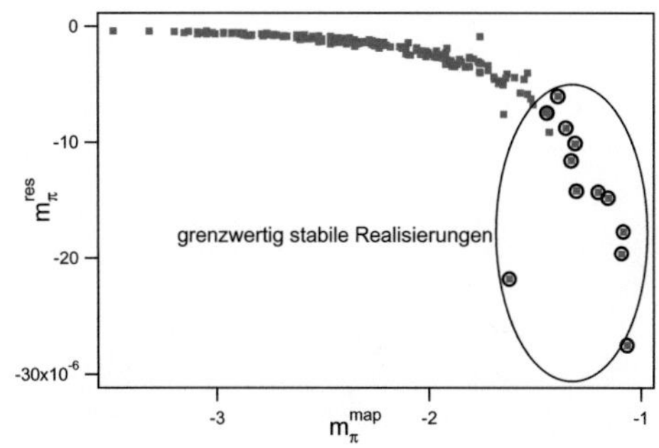

(b) Streudiagramm beider π^* bezogenen Kriterien.

Abb. 6.11. Statistische Bewertung der Stabilitätskriterien.

Neben den Korrelationen zwischen den Kriterien interessieren besonders die Sensitivitäten gegenüber den stochastischen Eingangsgrößen. Zu deren Bestimmung findet neben dem Rangkorrelationskoeffizient (Gl. (2.11)) auch das normierte Wichtigkeitsmaß (Gl. (2.21)) Verwendung. Abbildung 6.12(a) und 6.12(b) zeigen die Wichtigkeitsmaße beider kennfeldbasierten Kriterien. In beiden Fällen konnte ein gutes Ersatzmodell mit Bestimmtheitsmaßen von $R^2 = 0.94$ bzw. $R^2 = 0.98$ abgeleitet werden, womit das Ranking aussagekräftig ist. Für beide Kriterien wird der Parameter maximale Wölbung für Rotorschaufel 2, 3 und 4 als einflussreichste der Eingangsgrößen identifiziert. Die relativen Wichtigkeiten aller drei Parameter und somit der gemeinsam erklärte Anteil an der Streuung summieren sich auf ca. 31% für m_η^{map} und ca. 16% für m_π^{map}. Die zugeordneten Rangkorrelationskoeffizienten in Abb. 6.12(c) zeigen an, dass eine Steigerung der max. Wölbung jener Rotorschaufeln zu einem größeren Anstieg m_η^{map} und zu einem kleineren Anstieg m_π^{map} führt, womit in beiden Fällen eine vergrößerte Stabilität des Verdichters erreicht wird.

Für die konvergenzbasierten Kriterien konnte kein entsprechend aussagekräftiges Ersatzmodell abgeleitet werden. Die jeweiligen Bestimmtheitsmaße lagen unter 0.8. Alternativ wurde die in Abb. 6.12(c) dargestellte Matrix von Rangkorrelationskoeffizienten ausgewertet. Die hierbei ermittelten Sensitivitäten bestätigen die Wichtigkeitsmaße der kennfeldbasierten Kriterien. Demnach übt besonders der Parameter maximale Wölbung der Rotorschaufel 2 und nachrangig 3 bis 6 entscheidenden Einfluss auf die Stabilität aus. In Übereinstimmung mit den kennfeldbasierten Kriterien, führen stärker gewölbte Schaufeln zu einer geringen Neigung der Konvergenzverläufe, was einem gesteigertem Kriterium für die Stabilität des Verdichters entspricht.

6.4. Verbesserung von Performance und Robustheit

6.4.1. Vorbetrachtungen

Üblicherweise nutzt die Optimierung oder, abgeschwächter formuliert, die Verbesserung eines Systems die regulären Auslegungs– oder Designparameter. Im konkreten Fall liegt, wie in Abschnitt 6.1 formuliert, der Verdichter lediglich in Form von diskreten geomTurbo–Dateien und daraus erstellten CFD–Netzen vor. Ein Schaufelgenerator sowie die zugehörigen Designparameter sind nicht bekannt.

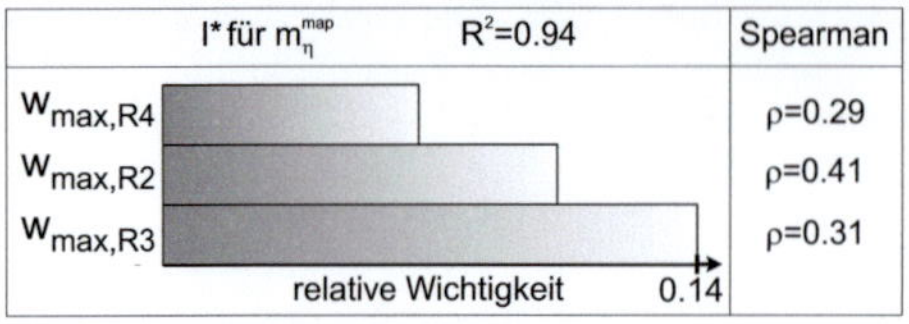

(a) Wichtigkeit der Parameter auf m_η^{map}.

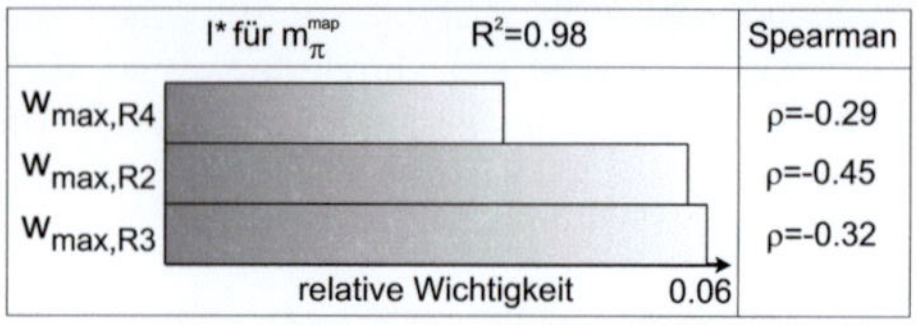

(b) Wichtigkeit der Parameter auf m_π^{map}.

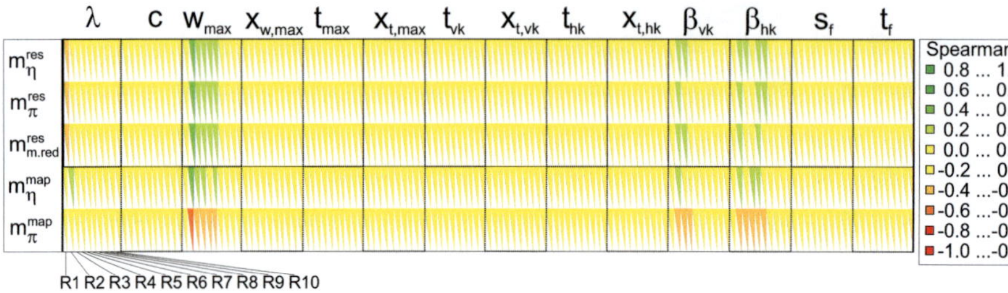

(c) Korrelationskoeffizienten zw. Stabilitätskriterien und stochastischen Parametern.

Abb. 6.12. Sensitivitäten der Stabilitätskriterien gegenüber den Parametern.

In Ermanglung dieser Informationen soll, in Analogie zu der von Lange et al. [84] vorgestellten Herangehensweise, auf das in Kapitel 3 vorgestellte parametrische Verdichterschaufelmodell zurückgegriffen werden. Dieses Modell verwendet geometrische Parameter, die den üblichen Auslegungsparametern ähneln. Es zielt darauf ab, geometrische Variabilität in bestehende Geometrien einzutragen, womit es die parameterbasierte Erstellung von Varianten zur Durchführung einer DoE–Untersuchung unterstützt. Ein weiterer Punkt, der für die Anwendung dieses Modells spricht, sind die in Kapitel 4 abgeleiteten Streuungen der verwendeten Parameter. Die Optimierung muss somit nicht rein deterministisch sein, sondern kann auf das Erreichen eines robusten Optimums zielen. Gemäß der Ausführungen in Abschnitt 1.3.6 berücksichtigt ein robustheitsorientiertes Auslegungsverfahren die unvermeidbaren Streuungen der Eingangsgrößen und strebt ein möglichst insensitives und durch geringe Variabilität gekennzeichnetes Systemverhalten an.

Bezugnehmend auf das in Abschnitt 4.1.2 abgeleitete statistische Modell der geometrischen Variabilität würde sich für den gesamten Hochdruckverdichter ein 140–dimensionaler Parametervektor ergeben, was für eine Optimierung — wenn überhaupt möglich — kaum praktikabel ist. Als Ausweg besteht die Option, sich auf eine Stufe mit ihren 14 beschreibenden geometrischen Parametern zu konzentrieren und eine stufenbasierte Optimierung zu realisieren. Hierzu wird aus den 10 Stufen die Stufe zwei ausgewählt. Sie wird, entsprechend den in Abschnitt 6.3 diskutierten Ergebnissen, als diejenige Stufe erachtet, die den größten Einfluss auf die Performance, Robustheit und Stabilität des Verdichters hat. Diese Bewertung stützt sich im Wesentlichen auf die folgenden drei Punkte:

- Stufe zwei ist durch das höchste Stufentotaldruckverhältnis nach Abb. 6.4(b) gekennzeichnet. Sie hat den größten Anteil am Arbeitsumsatz aller Stufen und verfügt folglich über den größten Hebel auf die Performance des Verdichters.
- Der Stufenwirkungsgrad von Stufe zwei erklärt gemäß Abb. 6.7 den höchsten Anteil aller Stufen am Verdichterwirkungsgrad. Er ist, wie Abb. 6.4(c) zeigt, beim Androsseln durch eine starke Zunahme der Streuung gekennzeichnet. Eine robuster ausgelegte Stufe zwei bietet somit viel Potential zu einer gegenüber geometrischer Variabilität insensitiveren Verdichterkonfiguration.
- Der Parameter maximale Wölbung der Rotorreihe zwei übt, wie Abb. 6.12 zeigt, wesentlichen

Einfluss auf die Stabilität des Verdichters aus. Gleiches gilt gemäß Abb. 6.3(c) und Abb. 6.3(f) bei OP_6 und OP_7 für die diskutierten integralen Ergebnisgrößen. Eine Anpassung dieses Parameters beinhaltet die Möglichkeit, viele Ergebnisgrößen zugleich zu beeinflussen.

6.4.2. Erstellung und Bewertung des Teilmodells einer Verdichterstufe

Die Erstellung des deterministischen Modells von Stufe zwei wird über die Entnahme als Teilmodell aus dem zehnstufigen Modell realisiert. Diese 1.5–stufige Konfiguration besteht aus S1, R2 und S2 und entspricht topologisch dem in Abschnitt 4.4.1 definierten Referenzmodell.

Bezugnehmend auf die Ausführungen in Abschnitt 6.3.1 werden zwei Betriebszustände untersucht: OP_4 und OP_7. Die Randbedingungen des Teilmodells entsprechen dem Mittelwert aller berechneten Verdichter. Es werden radiale Verteilungen von Totaldruck und Totaltemperatur sowie die Strömungswinkel im Übergang von R1 zu S1 erfasst und für den Einlass des Teilmodells vorgegeben. Am Auslass wird analog der radiale Verlauf des statischen Drucks zwischen S2 und R3 übernommen. Zusätzlich sind zu Validierungszwecken die Kennlinienverläufe des Teilmodells für beide Betriebspunkte gerechnet worden. Hierzu wurden die Randbedingungen am Auslass auf radiales Gleichgewicht mit ansteigendem Gegendruck angepasst. Abbildung 6.13 stellt die Kennlinien des Teilmodells jener von Stufe zwei im Verbund gegenüber. In diese Bewertung fließen der normierte reduzierte Massenstrom nach Gl. (6.1) sowie die Stufenergebnisse nach Gl. (6.4) ein. Alle Ergebnisse werden entsprechend Gl. (6.2) auf die Werte der integrierten Verdichterstufe bei OP_4 normiert. Es ist zu erkennen, dass die deterministischen Modelle — mit festem radialen Verlauf des statischen Drucks am Auslass — für beide Betriebspunkte gut auf der zugehörigen Kennlinie liegen. Des Weiteren schneiden die Kennlinien der Teilmodelle die Kennlinie der integrierten Stufe nahezu genau an den zu OP_4 und OP_7 zugeordneten Punkten. Beide Erkenntnisse bestätigen die gewählten Randbedingungen und die Gültigkeit des Teilmodells.

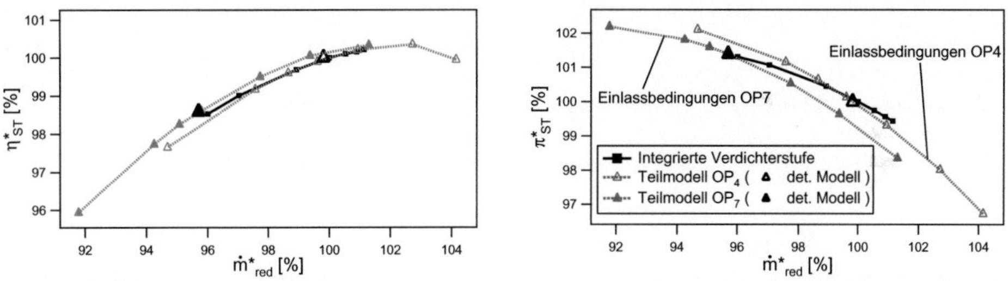

(a) Stufenwirkungsgrad über red. Massenstrom. (b) Stufentotaldruckverhältnis über red. Massenstrom.

Abb. 6.13. Kennlinie des Submodells gegenüber der integrierten Verdichterstufe.

Für die weiteren Untersuchungen dieses Kapitels ist es sinnvoll, das Teilmodell als Referenz zu nutzen. Daher werden nachfolgend alle Stufenergebnisse in Analogie zu Gl. (6.2) normiert, nur mit dem Unterschied, dass die statistischen Mittelwerte des 1.5–stufigen Teilmodells jeweils als Referenzwerte fungieren. Diese Referenz wird durch die probabilistische CFD–Simulation der 200 Realisierungen von Rotorschaufel zwei in dem 1.5–stufigen Teilmodell bestimmt. Weiterhin erlaubt diese Simulation die Validierung des nicht–deterministischen Verhaltens des Teilmodells gegenüber dem Verhalten der eingebetteten Stufe. Wie Abb. 6.14(a) zeigt, ist für den normierten Wirkungsgrad eine relativ gute Übereinstimmung beider Modelle festzustellen. Sowohl die Lage als auch die Ausprägung der Punktewolken liegen gut übereinander. Dies gilt für das normierte Totaldruckverhältnis nur mit Einschränkungen. Zwar ist die Lage und Ausdehnung der Punktewolken vergleichbar, jedoch wird deutlich, dass das Verhalten der eingebetteten Stufe durch die weiteren Stufen des Verdichters dominiert ist.

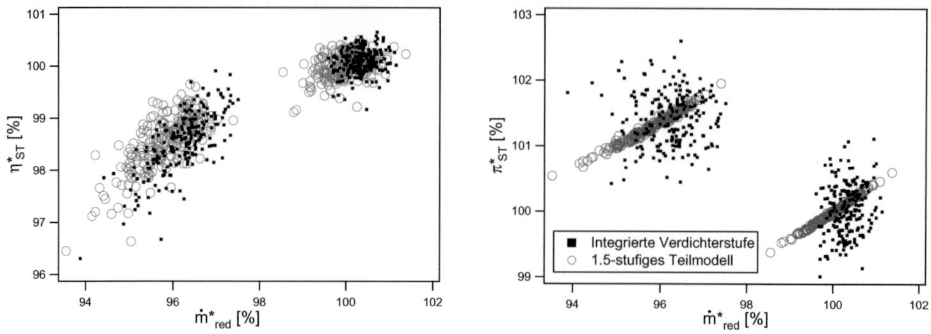

(a) Stufenwirkungsgrad über red. Massenstrom. (b) Stufentotaldruckverhältnis über red. Massenstrom.

Abb. 6.14. Probabilistisches Verhalten des Teilmodells gegenüber der integrierten Stufe.

Das Teilmodell kann diese Streuung nicht nachbilden. Es hat lediglich Totalgrößen am Einlass und den statischen Druck am Auslass als Randbedingung und steigert das Totaldruckverhältnis proportional zu dem Massenstrom. Alternativ könnte der Massenstrom als konstant vorgegeben werden, womit die Punkte in Abb. 6.14(b) rein vertikal verteilt wären. Zusammenfassend kann festgehalten werden, dass keine der möglichen Formulierungen in der Lage ist, die wirklichen Verhältnisse im Verdichterverbund korrekt abzubilden. Die Vorgabe des statischen Drucks wird als vorteilhaft betrachtet, da die Rechenzeiten geringer sind und die Streuung des Massenstroms vglw. gut abgebildet wird.

6.4.3. Robustheitsorientierte Mehrkriterienoptimierung einer Verdichterstufe

Zielstellung der Optimierung

Das Ziel der Optimierung besteht in der Verbesserung von Performance und Robustheit des Hochdruckverdichters, was anhand einer stufenbasierten Optimierung von der einflussreichen Stufe zwei erreicht werden soll. Demnach stehen die Stufenergebnisse Wirkungsgrad und Totaldruckverhältnis der beiden Betriebspunkte OP_4 und OP_7 im Fokus. Der verbesserte Verdichter soll durch folgende Verbesserung der Stufe erreicht werden:

- Die optimierte Stufe sollte einen möglichst vergrößerten Wirkungsgrad bei mindestens gleichbleibendem Totaldruckverhältnis zeigen.
- Die Streuungen beider Ergebnisgrößen sollen möglichst minimal sein.
- Der Betriebspunkt OP_7 hat Vorrang, da er für die Stabilität des Verdichters gegenüber OP_4 dominanten Einfluss besitzt.

Aus diesen Forderungen lassen sich die acht Kriterien der Optimierung ableiten: Mittelwert und Standardabweichung von isentropen Stufenwirkungsgrad und Totaldruckverhältnis jeweils bei OP_4 und OP_7. Zur Lösung der Aufgabe ist ein auf mehreren MCS basierendes integriertes Verfahren entwickelt worden, welches das nicht–deterministische Systemverhalten durch die Auswertung von Ersatzmodellen bestimmt und somit einen effizienten Zugang zur Bestimmung des robusten Optimums ermöglicht.

Hintergrund

Klassische Optimierungsverfahren skalieren zumeist mit der Anzahl an Parametern (bspw. rein gradientenbasierte Verfahren skalieren exponentiell), weswegen sie für Problemstellungen mit vielen Parametern nur bedingt anwendbar sind. Die **Monte–Carlo Simulation** ist, wie in Abschnitt 2.3.2 beschrieben, unabhängig von der Anzahl an Parametern. Die MCS mit oLHS als Sampling–Methode ist geeignet, um effizient globale Abhängigkeiten in einem hochdimensionalen System zu finden und die Gesamtheit des Parameterraumes hinsichtlich verbesserter Auslegungen zu untersuchen. Da bei einer MCS eingangs eine feste Diskretisierung der Eingangsparameter definiert wird, ermöglicht sie, entgegen klassischen Optimierungsverfahren, die Bewertung beliebig vieler Ergebnisgrößen des selben Betriebspunktes ohne zusätzlichen Aufwand. Für den vorliegenden Fall mit vier Ergebnissen bei zwei Betriebspunkten skaliert die Anzahl an Berechnungen nur um Faktor zwei und nicht vier.

Eine Besonderheit der Robustheitsoptimierung ist die Berücksichtigung der Ergebnisgrößenstreuung als zusätzliche Dimension. Es werden somit keine deterministischen sondern statistische Ergebnisgrößen bewertet. Die Bestimmung der Ergebnisgrößenstatistik führt in der Regel auf den sog. **Doppelloop**. Das heißt, dass jedes auszuwertende Design einer probabilistischen Bewertung unterzogen wird. Die Folge ist, dass sich die Anzahl an deterministischen Berechnungen (oder Iterationen) um die Anzahl an nicht–deterministischen Berechnungen zur Bestimmung der stochastischen Ergebnisgrößen multipliziert. Durch die exponentiell wachsende Anzahl an Berechnungen ist eine Robustheitsoptimierung mit einem *high–fidelity* CFD–Modell kaum realisierbar. Alternativ kann durch die Approximation des Systemverhaltens eine ungleich schnellere **ersatzmodellbasierte Berechnung** erfolgen. Hierzu ist es erforderlich, ein Ersatzmodell hoher Güte zu approximieren, welches das gesamte Untersuchungsgebiet abdeckt. Ist dies erfüllt, kann die Anzahl an Berechnungen beliebig gesteigert werden.

Integriertes Verfahren zur effizienten Robustheitsoptimierung

Ausgehend von den diskutierten Methoden wurde ein integriertes Verfahren zweier Monte–Carlo Simulationen zur direkten Robustheitsbewertung entwickelt. Die erste MCS dient sowohl zur globalen Bewertung des Systems als auch zur Bereitstellung von Stützstellen für ein analytisches Ersatzmodell. Die zweite MCS nutzt dieses Ersatzmodell und führt die Robustheitsbewertung durch, wobei den Designparametern die Streuparameter überlagert werden. Das Novum des entwickelten integrierten Verfahrens ist, dass dieser Schritt komplett mit dem Ersatzmodell der ersten MCS erfolgt und keine weiteren CFD–Berechnungen zur Robustheitsbewertung nötig sind. Der integrierte Ansatz wird durch die Anwendung des in Kapitel 3 eingeführten parametrischen Verdichterschaufelmodells ermöglicht, da dieses Modell eine einheitliche Beschreibung von Design– und Streuparametern gewährleistet. Eine weitere Voraussetzung ist die Kenntnis der geometrischen Variabilität in genau diesen Parametern, was durch die Methoden zur Parameteridentifikation an vermessenen Verdichterschaufeln sowie der in Kapitel 4 behandelten statistischen Auswertung erfüllt ist.

Der entwickelte integrierte Ansatz beinhaltet die nachfolgend zusammengefassten Komponenten. Diese Punkte werden im weiteren Verlauf der Arbeit auf die konkrete Zielstellung angewendet und die ermittelten Ergebnisse präsentiert:

1. Probabilistische Modellbildung
    - Definition der parametrischen Basis für Design– und Streuparameter
    - Festlegen der Grenzen des Designraums
    - Quantifizierung der geometrischen Variabilität
    - Erstellung von drei probabilistischen oLHS–MCS Modellen:
        - Modell 1: Diskretisierung der gesamten parametrischen Basis unter Berücksichtigung von Design– und Streuparametern

   - Modell 2: Detaillierte Diskretisierung des Designraumes durch eine hohe Anzahl an Samples der Designparameter
   - Modell 3: Abbildung der geometrischen Variabilität durch Samples der Streuparameter

2. DoE basierte CFD Simulationen
   - Bestimmung des Systemverhaltens durch CFD–Berechnungen der Samples von Modell 1
   - Ableitung von Ersatzmodellen zur analytischen Beschreibung der Ergebnisgrößen
3. Ersatzmodellbasierte nicht–deterministische Simulationen
   - Berechnung der stochastischen Ergebnisgrößen an den Stützstellen von Modell 2 jeweils für alle Varianten entsprechend Modell 3
   - Bewertung der stochastischen Ergebnisse gegen die Zielfunktion
   - Bestimmung des optimalen Designs aller Samples von Modell 2
4. Validierung des ersatzmodellbasiert ermittelten Optimums
   - CFD–Nachrechnung des optimalen Designs zur Überprüfung des ersatzmodellbasiert vorhergesagten nicht–deterministischen Systemverhaltens

Parametrische Basis und probabilistische Modellbildung

Für eine Robustheitsoptimierung ist die Klassifizierung in Designparameter (p_{des}) und Streuparameter (p_{sca}) erforderlich. Im vorliegenden Fall sind beide Typen von Parametern in dem gleichen parametrischen Verdichterschaufelmodell vereint, siehe Kapitel 3. Es finden, wie in Tab. 6.3 gezeigt, 10 Design– und 12 Streuparameter Anwendung. Durch die Eigenschaft des Modells, die Variabilität in Form von Designparametern abzubilden, können die Parameter zum Teil doppelt Verwendung finden. Daraus ergibt sich eine Anzahl von insgesamt 16 Parametern.

Tab. 6.3. Design– und Streuparameter der Robustheitsoptimierung.

Geometrischer Parameter	Verwendung als Designparameter	Relative Grenzen $[min/ref, max/ref]$	Verwendung als Streuparameter	Verteilungsparameter nach Gl. (4.7) und (4.8)
Staffelungs-winkel	λ_A	[-7.6% , 9.9%]	λ	μ , σ
	λ_B	[-7.6% , 12.4%]		
Sehnenlänge	—	—	c	μ , σ
maximale Wölbung	$w_{max,A}$	[-6.6% , 33.4%]	w_{max}	μ , σ
	$w_{max,B}$	[-7.8% , 42.2%]		
Position der max. Wölbung	$x_{w,max,A}$	[-5.6% , 19.4%]	$x_{w,max}$	μ , σ
	$x_{w,max,B}$	[-5.5% , 19.5%]		
maximale Dicke	—	—	t_{max}	μ , σ
Position der max. Dicke	$x_{t,max,A}$	[-19.0% , 11.0%]	$x_{t,max}$	μ , σ
	$x_{t,max,B}$	[-18.9% , 11.1%]		
Vorderkantendicke	—	—	t_{vk}	μ , σ
Position VK-Dicke	$x_{t,vk}$	[-10.3% , 104.7%]	$x_{t,vk}$	μ , σ
Hinterkantendicke	—	—	t_{hk}	μ , σ
Position HK-Dicke	$x_{t,hk}$	[-22.3% , 92.7%]	$x_{t,hk}$	μ , σ
VK-Winkel	implizit	—	—	—
HK-Winkel	implizit	—	—	—
Fillethöhe	—	—	s_f	μ , σ
Filletdicke	—	—	t_f	μ , σ

Die **Designparameter** formulieren den zulässigen Freiraum der Optimierung. Strukturmechanisch relevante Dimensionen (Dickenverteilung, Sehnenlänge) werden hierbei ausgeschlossen. Hintergrund ist zum einen, dass sich die erhaltenen Schaufeln möglichst nicht von dem strukturell gültigen Konzept entfernen sollen. Zum anderen sind triviale Verbesserung wie bspw. dünnere Schaufeln sowie Schaufeln, die den zur Verfügung stehenden Bauraum nicht einhalten, auszuschließen. Die verbleibenden Parameter sind der Staffelungswinkel, die Parameter der Wölbungsverteilung sowie die Rücklage (relative Sehnenlängenposition) von Parametern der Dickenverteilung.

Für die Designparameter finden, abgesehen von den Positionen der Vorder– und Hinterkantendicke, zwei radiale Mittelungsbereiche Anwendung. Dies vergrößert den Freiraum gegenüber nur einem Bereich und erlaubt es linear verlaufende Änderungen über der Schaufelhöhe einzubringen. Die Bereiche sind entsprechend der in Abschnitt 4.1.1 eingeführten Konvention mit „A“ und „B“ bezeichnet. Die Mittelwerte werden anhand Gl. (3.26) mit den Integrationsgrenzen in Spannweitenkoordinaten $s = [0, 0.5, 1]^T$ bestimmt. Als Verteilung wird die Gleichverteilung mit den in Spalte 3 von Tab. 6.3 angegebenen Bereichsgrenzen verwendet. Diese Grenzen sind bezogen auf den entsprechenden Parameter der originalen Rotorschaufel zwei. Es ist zu erkennen, dass die Bereiche nicht mittig angeordnet sind und z.T. Werte über 100% erreichen, was aus der Forderung resultiert, einen möglichst großen Designraum zu untersuchen. Zulässige Grenzen des Designraums wurden anhand von Studien zur Qualität der verzerrten Netze, durch Ergebnisse der probabilistischen Simulation aus Abschnitt 6.3 sowie durch ingenieurmäßige Beurteilung festgesetzt.

Die **Streuparameter** bilden die nicht vermeidbare geometrische Variabilität ab und entsprechen dem in Abschnitt 6.2 diskutierten Modell. Es finden korrelierte, normalverteilte Parameter mit einem radial gemittelten Bereich Anwendung. Als einzige Abweichung gilt es, auf die ausgesparten Winkel der Wölbungsverteilung an Vorder– und Hinterkante zu verweisen. Um beliebig große Änderungen der Wölbungsverteilung realisieren zu können, wird auf die in Tab. 3.2 angegebenen Wichtungsfunktionen für β_{vk} und β_{hk} verzichtet. Folglich passen sich die Winkel gemäß der durch w_{max} und $x_{w,max}$ definierten Änderungen direkt an. Aus dieser Formulierung resultiert eine Einschränkung für die Berechnungen des stochastischen Systemverhaltens, welche Streuungen dieser Winkel nicht unterstützt.

Die **probabilistische Modellbildung** erfolgt entsprechend des eingangs formulierten Rahmens anhand von drei oLHS–MCS Modellen:

- Modell 1 zielt auf die Diskretisierung der gesamten parametrischen Basis. Ein $N_{sim,1} = 500$ Stützstellen umfassendes oLHS Design diskretisiert sowohl Designparameter gemäß Modell 2 als auch Streuparameter gemäß Modell 3. Folglich werden diese insgesamt 16 Parameter aus Spalte 1 der Tab. 6.3 gemäß Spalte 3 (sofern der Parameter als Designparameter fungiert) und andernfalls gemäß Spalte 5 modelliert.
- Modell 2 erlaubt die hoch auflösende Diskretisierung des Designraumes anhand eines $N_{sim,2} =$ 50.000 Stützstellen umfassenden oLHS Designs. Die Parameter sind innerhalb der in Spalte 3 abgegebenen Grenzen gleichverteilt und unkorreliert mit $\rho = 0$ modelliert. Mit diesem Ansatz füllen sie den Designraum möglichst vollständig aus.
- Modell 3 sichert die Abbildung der geometrischen Variabilität analog des in Abschnitt 6.2 beschriebenen probabilistischen Modells mit $N_{sim,3} = 200$ Samples der Streuparameter.

Deterministische CFD Simulation zum Ableiten analytischer Ersatzmodelle

Die $N_{sim,1} = 500$ Realisierungen von Modell 1 finden für die Durchführung der DoE basierten CFD–Berechnungen zur Bestimmung des globalen Systemverhaltens Verwendung. Es werden beide Betriebspunkte (OP_4 und OP_7) sowie beide Ergebnisgrößen (normierter Stufenwirkungsgrad η^*_{ST} und normiertes Stufentotaldruckverhältnis π^*_{ST}) ausgewertet. Die insgesamt 1000 deterministischen Ergebnisse sind in Abb. 6.15(a) für η^*_{ST} über π^*_{ST} dargestellt. Es ist das erwartete höhere Druckverhältnis für OP_7 zu erkennen, das bei leicht geringeren Wirkungsgraden erreicht wird. Auffällig ist eine sich abzeichnende Linie am oberen Ende der Punktewolken, die als Pareto–Front beider Ergebnisgrößen interpretiert werden kann.

Die Abbildungen 6.15(b) bis 6.15(e) ergänzen 3D–Streudiagramme der Ergebnisgrößen über den beiden jeweils einflussreichsten Eingangsparametern. Die ebenfalls visualisierte Antwortfläche bildet das analytische Ersatzmodell ab. Für die Wirkungsgrade ist ein parabolisches Verhalten zu erkennen. Das jeweilige Maximum wird für leicht verschiedene Werte der geometrischen Parameter erreicht. Die Verläufe des Totaldrucks zeigen ein nahezu übereinstimmendes lineares Verhalten für beide Betriebspunkte. Für OP_7 ist gegenüber OP_4 lediglich das Niveau um ca. 2% gestiegen. Zur Approximation aller vier Ergebnisgrößen werden ein voll besetztes Polynom zweiter Ordnung gemäß Gl. (2.16) genutzt und die analytischen Funktionen

$$\widetilde{\eta}^*_{ST,OP4}(P_p)\,,\quad \widetilde{\eta}^*_{ST,OP7}(P_p)\,,\quad \widetilde{\pi}^*_{ST,OP4}(P_p)\quad \text{sowie}\quad \widetilde{\pi}^*_{ST,OP7}(P_p) \tag{6.7}$$

abgeleitet. Für alle Ersatzmodelle konnte eine sehr gute Abbildungsgenauigkeit erreicht werden, die sich in hohen Bestimmtheitsmaßen gemäß Gl. (2.18) von 0.985 bzw. 0.990 für den Wirkungsgrad sowie 0.999 bzw. 0.996 für das Totaldruckverhältnis widerspiegelt. Folglich bilden die Ersatzmodelle zwischen 98.5% und 99.9% der Ergebnisgrößenstreuung korrekt ab und bieten eine solide Basis zur Optimierung.

Ersatzmodellbasierte nicht–deterministische Simulation zur Bestimmung des optimalen Designs

Die Samples von Modell 2 sichern mit den $N_{sim_2} = 50.000$ Kombinationen der Designparameter eine hohe Auflösung des Designraums. Die Integration der geometrischen Variabilität erfolgt durch Überlagerung von Modell 3 auf Modell 2, wobei für jedes Sample $\Delta P^{des}_{p,n_2}$ die Berechnung von $N_{sim_3} = 200$ Varianten erfolgt. Die Variante mit dem Index n_2, n_3 ist über

$$P_{p,n_2,n_3} = P^{org}_p + \Delta P^{des}_{p,n_2} + \Delta P^{sca}_{p,n_3} \tag{6.8}$$

definiert, womit der Parametervektor bekannt ist, der in die Ersatzmodelle nach Gl. (6.7) einfließt und die vier deterministischen Ergebnisse bereitstellt. Die nicht–deterministischen Eigenschaften resultieren durch die Zusammenfassung der Ergebnisse aller 200 zu einem Design zugeordneten Varianten in stochastische Ergebnisgrößenvektoren. Die Auswertung dieser Vektoren liefert für jede der 50.000 Designs die folgenden statistischen Parameter:

- Mittelwert $\overline{\eta}^*$ und $\overline{\pi}^*$
- empirische Standardabweichung $S(\eta^*)$ und $S(\pi^*)$
- Eintretenswahrscheinlichkeit $P(\eta^* > \eta^{\,ziel})$ und $P(\pi^* > \pi^{\,ziel})$.

Als Ergebnis der Robustheitsbewertung resultieren für beide Betriebspunkte insgesamt 12 in Tab. 6.4 zusammengefasste statistische Kennwerte. Es empfiehlt sich, diese Kennwerte in eine Matrix der Dimension [12×50.000] zu schreiben. Um diese Matrix komplett zu füllen, bedarf es 40 Mio Auswertungen des Ersatzmodells sowie 200.000 statistische Berechnungen. Da hierfür keine Aufrufe des CFD–Solvers erforderlich sind, ist die damit einher gehende Rechenzeit vernachlässigbar.

Tab. 6.4. Statistische Kennwerte der stochastischen Ergebnisgrößen.

	Wirkungsgrad			Totaldruckverhältnis		
OP_4	$\overline{\eta}^*$	$S(\eta^*)$	$P(\eta^* > 1.005\,\eta^*_{org})$	$\overline{\pi}^*$	$S(\pi^*)$	$P(\pi^* > 1.001\,\pi^*_{org})$
OP_7			$P(\eta^* > 1.010\,\eta^*_{org})$			$P(\pi^* > 1.001\,\pi^*_{org})$

Eine effiziente Auswertung der 12 statistischen Kennwerte erschließt sich über die Reduktion aller Realisierungen auf eine Untermenge der besten Auslegungen. Dies erfolgt anhand der Eintretenswahr-

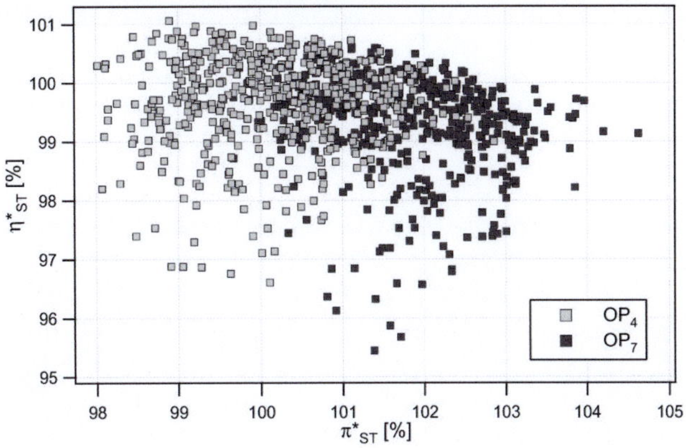

(a) Streudiagramm der MCS für beide Betriebspunkte.

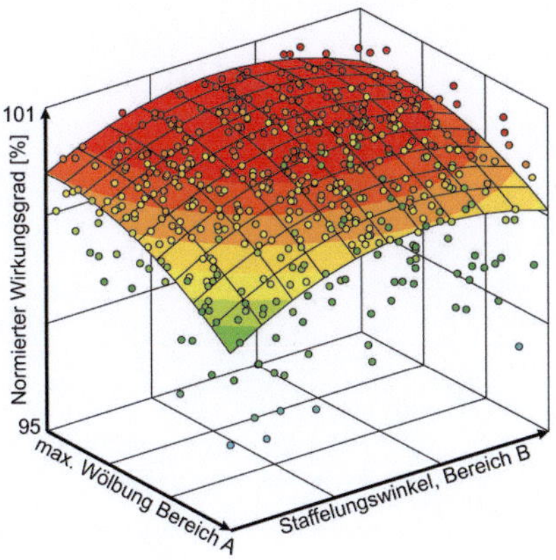

(b) Antwortfläche: $\widetilde{\eta}^*_{OP4}$ vs. $w_{max,A}$ und λ_B.

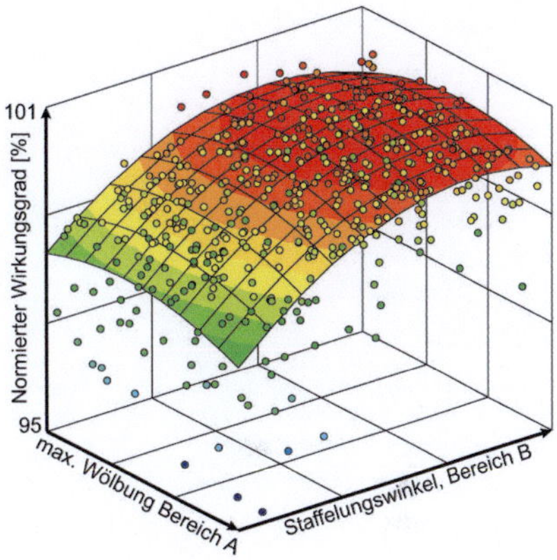

(c) Antwortfläche: $\widetilde{\eta}^*_{OP7}$ vs. $w_{max,A}$ und λ_B).

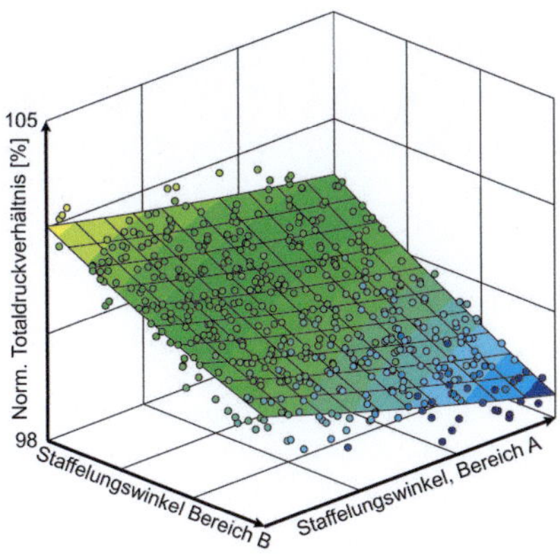

(d) Antwortfläche: $\widetilde{\pi}^*_{OP4}$ vs. λ_B und λ_A).

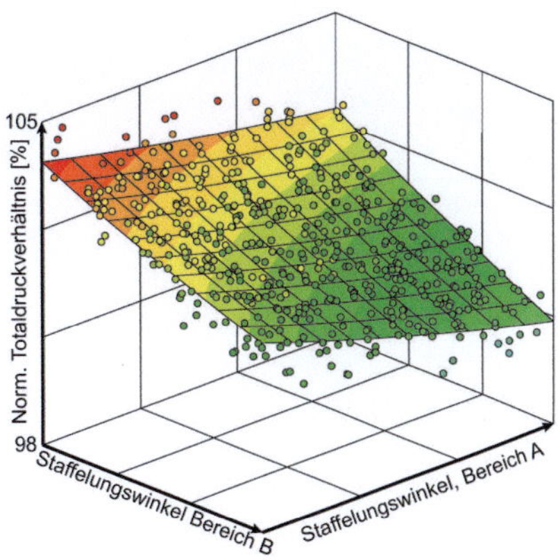

(e) Antwortfläche: $\widetilde{\pi}^*_{OP7}$ vs. λ_B und λ_A).

Abb. 6.15. Ergebnisse der MCS: Streudiagramme und approximierte Antwortflächen.

scheinlichkeiten der Ergebnisse. In allen vier Fällen (beide Betriebspunkte und beide Ergebnisgrößen) wird $P(x) > 0.9$ gefordert, was die Anzahl an zu analysierenden Designs auf 377 reduziert. Die dabei jeweils geforderten Zielgrößen wurden aus den eingangs definierten Zielen der Optimierung abgeleitet und können Tab. 6.4 entnommen werden. Es ist zu erkennen, dass die Totaldruckverhältnisse gegenüber den Wirkungsgraden geringere Forderungen enthalten. Die höchsten Forderungen mit 1% Steigerung gegenüber der originalen Geometrie werden für den normierten Wirkungsgrad von OP_7 angewandt.

Tab. 6.5. Wichtungsfaktoren der Zielfunktion.

Wichtungsfaktor	K_I: Betriebspunkt		K_{II}: Ergebnisgröße		K_{III}: Statistisches Maß	
Wert	OP_4	OP_7	η	π	$\bar{x}$	$S(x)$
	0.5	1	1	0.1	0.5	1

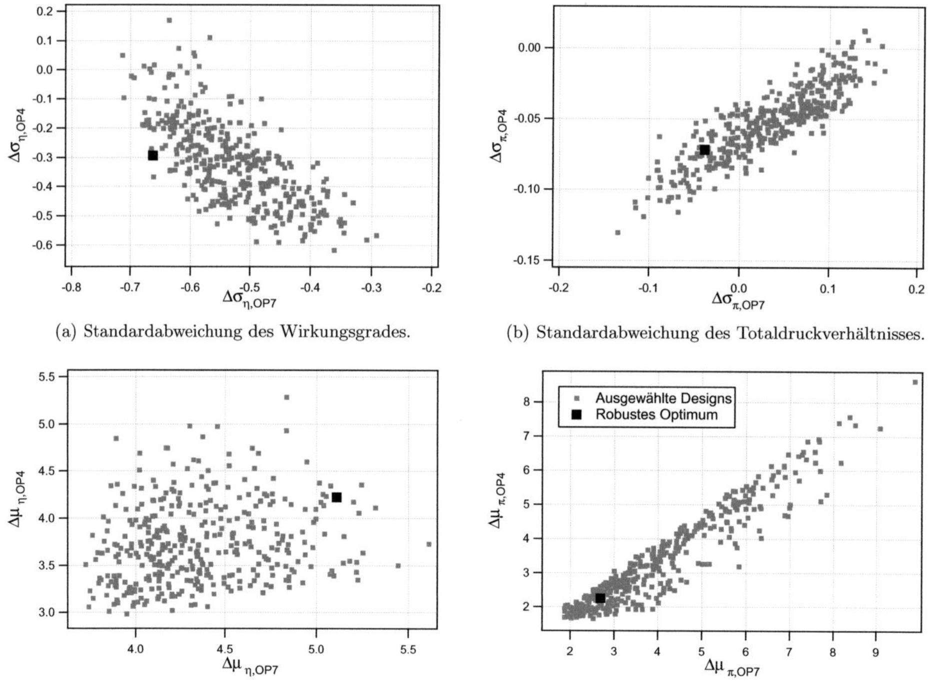

(a) Standardabweichung des Wirkungsgrades.

(b) Standardabweichung des Totaldruckverhältnisses.

(c) Mittelwert des Wirkungsgrades.

(d) Mittelwert des Totaldruckverhältnisses.

Abb. 6.16. Streudiagramme der Robustheitsuntersuchung zur Auswahl des robusten Optimums.

Zur finalen Bestimmung des robusten Optimums aus den ausgewählten 377 Designs erfolgt eine Bewertung gegenüber der Zielfunktion. Hierzu werden alle vier Mittelwerte und alle vier Standardabweichungen gegenüber den Werten der originalen Geometrie bewertet. So folgt die relative Abweichung von Mittelwert und Standardabweichung für die untersuchten Ergebnisgrößen

$$\Delta\mu_\eta = \frac{\overline{\eta}^* - \overline{\eta}^*_{org}}{S(\eta^*_{org})}, \quad \Delta\sigma_\eta = \frac{S(\eta^*) - S(\eta^*_{org})}{S(\eta^*_{org})}, \quad \Delta\mu_\pi = \frac{\overline{\pi}^* - \overline{\pi}^*_{org}}{S(\pi^*_{org})} \quad \text{und} \quad \Delta\sigma_\pi = \frac{S(\pi^*) - S(\pi^*_{org})}{S(\pi^*_{org})}. \tag{6.9}$$

Die Zielfunktion ist durch Multiplikation der relativen Abweichungen mit den zugeordneten Wichtungsfaktoren K gegeben, welche sich aus den Bestandteilen über $K = K_I \, K_{II} \, K_{III}$ multiplikativ zusammensetzen. Die Faktoren sind in Tab. 6.5 aufgelistet und wurden gemäß der eingangs formulierten Zielstellung der Optimierung ausgewählt. Während für die relative Wichtigkeit der Wirkungsgradstreuung bei OP_7 für $K_{OP_7,\eta,S(x)} = 1$ folgt, wird der Mittelwert der gleichen Größe bei OP_4 mit $K_{OP_4,\eta,\bar{x}} = 0.25$ und das entsprechende Totaldruckverhältnis nur mit $K_{OP_4,\pi,\bar{x}} = 0.025$ gewichtet. Der Wert der Zielfunktion resultiert über

$$\begin{aligned} Z \;=\; & K_{OP_4,\eta,\bar{x}}\,\Delta\mu_{\eta\,OP_4} - K_{OP_4,\eta,S(x)}\,\Delta\sigma_{\eta\,OP_4} + K_{OP_7,\eta,\bar{x}}\,\Delta\mu_{\eta\,OP_7} - K_{OP_7,\eta,S(x)}\,\Delta\sigma_{\eta\,OP_7} + \\ & K_{OP_4,\pi,\bar{x}}\,\Delta\mu_{\pi\,OP_4} - K_{OP_4,\pi,S(x)}\,\Delta\sigma_{\pi\,OP_4} + K_{OP_7,\pi,\bar{x}}\,\Delta\mu_{\pi\,OP_7} - K_{OP_7,\pi,S(x)}\,\Delta\sigma_{\pi\,OP_7} \end{aligned} \quad (6.10)$$

und steigt für positiv verschobene Mittelwerte genau wie für verkleinerte Streuungen an. Als maximaler Wert dieser Untersuchung wird $Z = 4.62$ erreicht. Die korrespondierende Realisierung wird im Rahmen des gewählten Ansatzes als **robustes Optimum** angesehen. Abb. 6.16 zeigt diese Realisierung hervorgehoben neben den weiteren ausgewählten Realisierungen, wobei zu erkennen ist, dass sie die stark priorisierten Ergebnisgrößen sehr gut erfüllt. Demnach werden für die Wirkungsgradstreuung Werte entlang der gedachten Grenze minimaler Streuungen erreicht. Die Mittelwerte des Wirkungsgrades sind für den priorisierten OP_7 ebenfalls nahezu am maximalen Bereich. Bei der Streuung der Totaldruckverhältnisse liegt die Realisierung für beide Betriebspunkte unter den besten 20% der Werte. Für den Mittelwert der Totaldruckverhältnisse, den am wenigsten priorisierten Ergebnisgrößen, erreicht die optimale Geometrie hingegen nur Werte am unteren Ende.

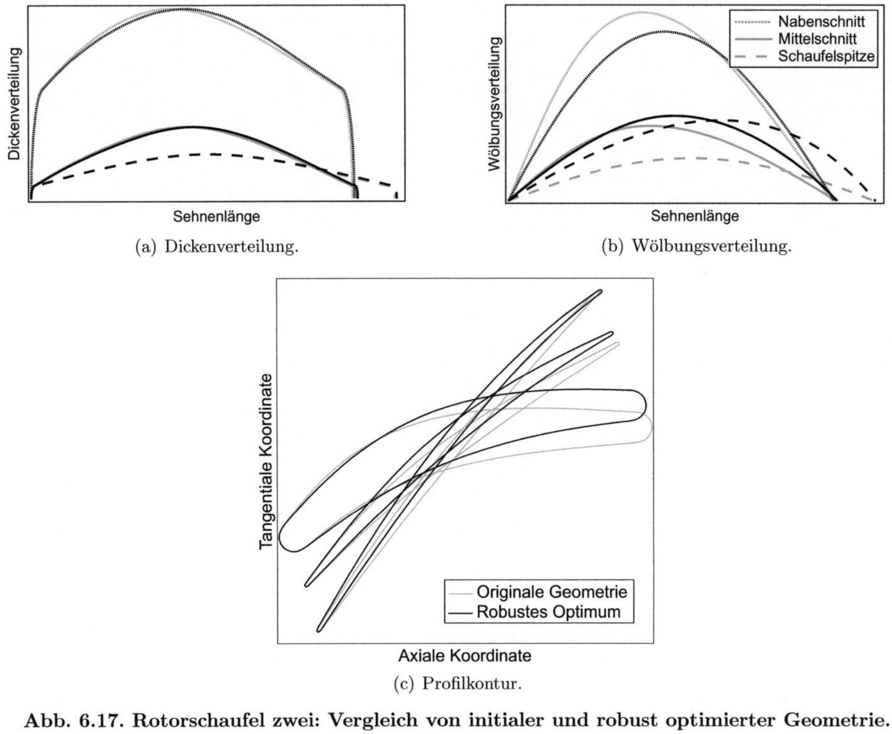

Abb. 6.17. Rotorschaufel zwei: Vergleich von initialer und robust optimierter Geometrie.

Zur Verdeutlichung der realisierten geometrischen Änderung, stellt Abb. 6.17 die Dicken– und Wölbungsverteilungen sowie die Profilschnitte des Optimums der originalen Geometrie gegenüber. Es ist zu erkennen, dass die Dickenverteilung nahezu unverändert ist. Dies bildet die Forderung ab, das grundlegende strukturmechanische Design nicht zu verändern. Dennoch soll betont werden, dass der Fokus dieser Arbeit allein auf dem Ableiten einer Methode zur robusten strömungsmechanischen Auslegung liegt und die erhaltene Schaufel natürlich noch im Hinblick auf strukturmechanische Kriterien bewertet werden müsste. Die Wölbungsverteilung ist durch nach hinten verlagerte Wölbungsrücklagen sowie durch eine radial umverteilte Belastung gekennzeichnet. Während der Nabenschnitt eine geringere maximale Wölbung aufweist, ist dieser Parameter für den Spitzenschnitt erheblich gesteigert. Die Profilkontur zeigt besonders im Nabenschnitt eine stark vergrößerte Anstellung des Profils, welche dann über der Schaufelhöhe abnimmt. Der Spitzenschnitt hat für beide Geometrien nahezu den gleichen Staffelungswinkel.

Validierung des ersatzmodellbasiert ermittelten robusten Optimums

Alle bisher diskutierten Aspekte basieren auf den in Gl. (6.7) eingeführten Ersatzmodellen, weswegen es erforderlich ist, diese ersatzmodellbasierten Ergebnisse zu überprüfen. Zur Validierung der gesteigerten Robustheit werden entsprechend Modell 3 die 200 geometrischen Varianten der als robustes Optimum abgeleiteten Schaufel als 1.5–stufige Konfiguration mit 3D–CFD nachgerechnet. Diese nicht–deterministische CFD–Simulation erlaubt die Bewertung des robusten Optimums relativ zur originalen Geometrie sowie die Einschätzung der Prognosefähigkeit des Ersatzmodells. Es resultieren

Tab. 6.6. Statistische Stufenergebnisse: Vergleich von optimaler mit originaler Geometrie.

		Normierter Stufenwirkungsgrad [%]						Normiertes Stufentotaldruckverhältnis [%]					
		OP_4			OP_7			OP_4			OP_7		
		org	opt	Δ [%]	org	opt	Δ [%]	org	opt	Δ [%]	org	opt	Δ [%]
Ersatz–modell	$\bar{x}$	99.8	100.8	1.0	98.8	100.4	1.6	99.9	100.3	0.5	101.4	101.9	0.5
	$S(x)$	0.23	0.16	-29.3	0.31	0.11	-66.3	0.20	0.19	-7.2	0.19	0.18	-3.9
CFD	$\bar{x}$	100.0	100.8	0.8	98.7	100.7	2.1	100.0	100.5	0.5	101.4	102.1	0.7
	$S(x)$	0.22	0.26	15.9	0.50	0.12	-75.8	0.19	0.19	2.2	0.22	0.18	-18.3

die stochastischen Stufenergebnisse, welche die Basis für die in Tab. 6.6 dargestellten statistischen Kennwerte bieten. Hierbei werden die Werte der originalen Verdichterstufe („org“) der optimierten („opt“) Stufe gegenübergestellt und die relative prozentuale Änderung (Δ=(opt-org)/org) ergänzt. Bei der Analyse der Tabelle ist zunächst zu erkennen, dass die Ersatzmodelle die Robustheit generell gut vorhergesagt haben. Die CFD–basierte Berechnung bestätigt zu großen Teilen die gesteigerte Performance des robusten Optimums. Besonders für den priorisierten Stufenwirkungsgrad von OP_7 wird übereinstimmend eine bemerkenswerte Steigerung um etwa 2% bei gleichzeitiger Reduktion der Streuung um ca. 70% erreicht. Es gibt aber auch Größen (bspw. $S(\eta_{OP_4})$), bei denen der prognostizierten Verringerung von ca. 30% eine Zunahme von fast 16% gegenübersteht. Dies ist im Hinblick auf die hohen Bestimmtheitsmaße der Ersatzmodelle verwunderlich. Die Abweichungen können ihre Ursache in einer im Detail unzureichenden Genauigkeit des Ersatzmodells (local refinement) sowie in Näherungen im Variabilitätsmodell (Winkel der Wölbungsverteilung) haben.

Ergänzend zu den statistischen Kennwerten zeigt Abb. 6.18 die Punktewolken dieser Ergebnisse. Es ist zu erkennen, dass die Werte des robusten Optimums gegenüber der Referenz hin zu höheren Druckverhältnissen und Wirkungsgraden verschoben sind. Markant ist dies besonders für OP_7. Für diesen Betriebspunkt fällt ebenfalls die signifikant geringere Streuung des Wirkungsgrades auf, was die um etwa 70% reduzierte Standardabweichung erklärt.

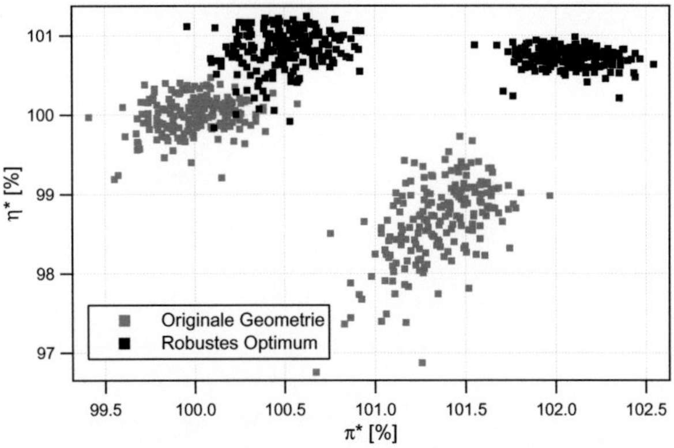

Abb. 6.18. Streudiagramme der Ergebnisse von Stufe zwei: Robustes Optimum und Referenz.

6.4.4. Bewertung des verbesserten Verdichters

Dieser Abschnitt zielt darauf, die auf Robustheit optimierte Stufe zwei in den Verdichter zu integrieren, das nicht–deterministische Verhalten des verbesserten Verdichters zu bestimmen und die Verbesserung von Performance und Robustheit zu bewerten. Hierzu werden in Analogie zu Abschnitt 6.4.3 insgesamt 200 Varianten des Verdichters erstellt und die Betriebspunkte OP_4 und OP_7 hinsichtlich ihrer Robustheit bewertet. Entsprechend der Untersuchung des originalen Verdichters stellt das in Abschnitt 6.2 vorgestellte probabilistische Modell die geometrische Variabilität bereit.

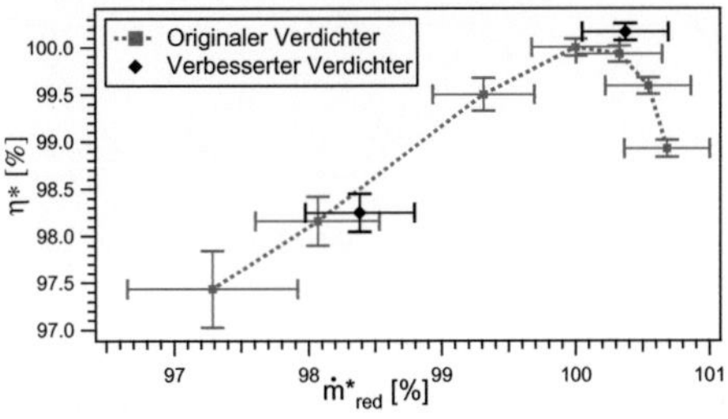

(a) Norm. Wirkungsgrad vs. norm. reduzierten Massenstrom

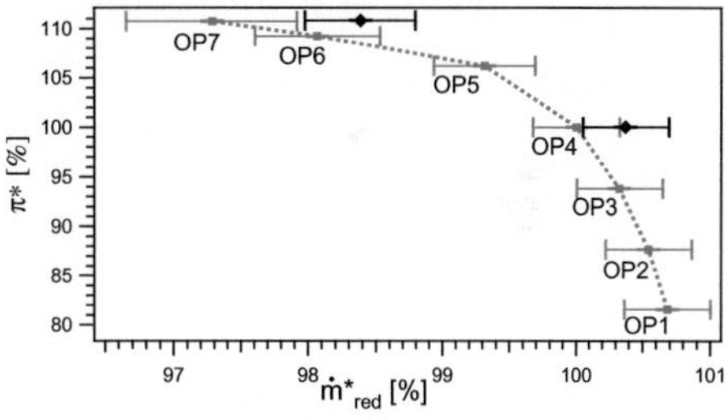

(b) Norm. Totaldruckverhältnis vs. norm. red. Massenstrom

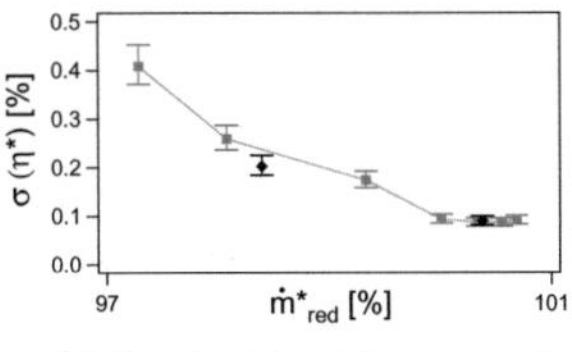

(c) Standardabweichung von η^*

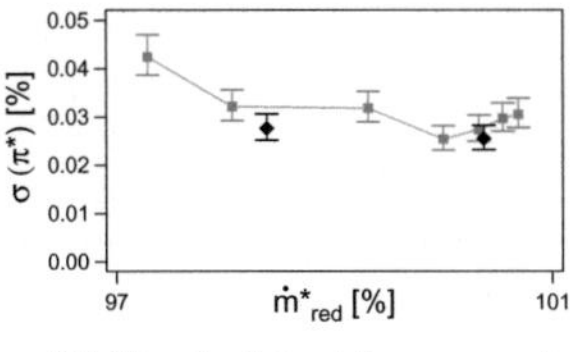

(d) Standardabweichung von π^*

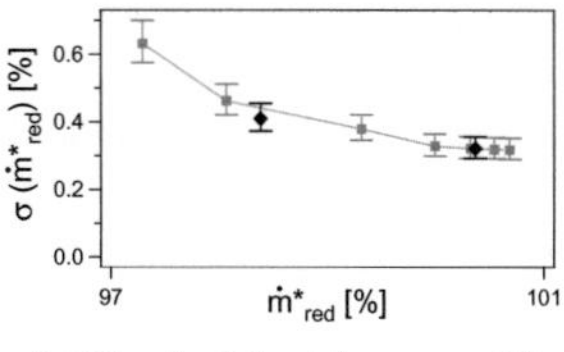

(e) Standardabweichung von $\dot{m}^*_{red}$

Abb. 6.19. Probabilistisches Kennfeld von originalem und verbessertem Verdichter.

Die **stochastischen Verdichterkennwerte** des verbesserten Verdichters sind in Abb. 6.19 sowie in Tab. 6.7 im Vergleich mit dem originalen Verdichter dargestellt. Hierbei fallen als markanteste Abweichung die zu größeren Massenströmen hin verschobenen Betriebspunkte des verbesserten Verdichters auf. Diese Verschiebung beträgt zwischen 0.4% für OP_4 und 1.1% für OP_7. Offensichtlich führt die in Stufe zwei eingeführte geometrische Änderung (vorrangig durch den Staffelungswinkel) zu einem vergrößerten Massenstrom, der besonders OP_7 auf der Kennlinie des Verdichters verschiebt. Weiterhin fällt auf, dass der verbesserte Verdichter für gleiche Totaldruckverhältnisse und somit gleiche

Tab. 6.7. Statistischer Vergleich von originalem und verbessertem Verdichter.

	Normierter Verdichterwirkungsgrad [%]						Normierter reduzierter Massenstrom [%]					
	OP_4			OP_7			OP_4			OP_7		
	org	opt	Δ [%]	org	opt	Δ [%]	org	opt	Δ [%]	org	opt	Δ [%]
$\bar{x}$	100.0	100.2	0.2	97.4	98.2	0.8	100.0	100.4	0.4	97.3	98.4	1.1
$S(x)$	0.09	0.09	-3.8	0.41	0.30	-25.8	0.33	0.32	-2.1	0.63	0.41	-35.2

Betriebspunkte eine geringere Variabilität der Ergebnisgrößen zeigt. So geht die Standardabweichung des Wirkungsgrades um 3.8% bis 25.8% und des reduzierten Massenstroms um 2.1% bis 35.2% zurück. Diese Abnahme kann neben einem verlagerten Punkt auf der Kennlinie auch auf die optimierte Performance von Stufe zwei zurück geführt werden. So bestätigt sich die vorhergesagte deutliche Zunahme des Wirkungsgrades für OP_7, welche für den verbesserten Verdichter um 0.8% über dem Originalen liegt. Für OP_4 fällt diese Zunahme mit 0.2% zwar geringer aus, ist aber immer noch merklich.

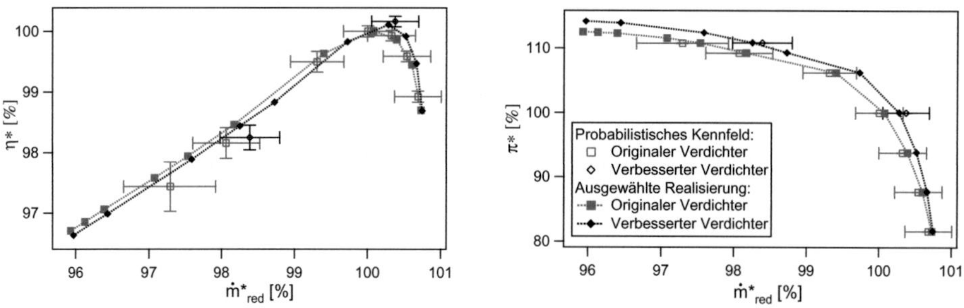

(a) Isentroper Wirkungsgrad (b) Totaldruckverhältnis

Abb. 6.20. Probabilistische Kennfelder im Vergleich mit einer ausgewählten Realisierung.

Die Nachrechnung einer ausgewählten Realisierung, welche die Mittelwerte bei OP_4 vglw. genau abbildet, beleuchtet die bisher diskutierten Ergebnisse aus einem anderen Blickwinkel. Abbildung 6.20 vergleicht hierzu die probabilistischen Kennlinien mit der originalen und der verbesserten deterministischen Kennlinie der ausgewählten Realisierung. Für die Realisierung wurden mehr Betriebspunkte untersucht und der Verdichter jeweils bis 96% des normierten reduzierten Massenstroms angedrosselt. Der Verlauf des Wirkungsgrades übersteigt den der originalen Geometrie vor und kurz nach OP_4, um bei stärker angedrosselten Betriebspunkten leicht unterhalb der originalen Kurve zu verbleiben. Dies kann durch die Darstellung über dem reduzierten Massenstrom und der zu größeren Massenströmen und Druckaufbau verlagerten Auslegung begründet werden. Die Darstellung des Totaldruckverhältnisses bestätigt dies anhand durchweg höherer Werte für den verbesserten Verdichter.

Ergänzend zu den integralen Ergebnissen erfolgt die **Gegenüberstellung der Stufenergebnisse** entsprechend der Definition in Abschnitt 6.3.3. Besonders für den normierten Stufenwirkungsgrad stimmen die Vorhersagen des Teilmodells in Tab. 6.6 mit den Werten der integrierten Stufe in Tab. 6.8 überein. In beiden Modellen beträgt für OP_7 die Steigerung des Mittelwertes 2.1% und die Reduktion

Tab. 6.8. Performance von originaler und optimierter Stufe zwei.

	Normierter Stufenwirkungsgrad [%]						Normiertes Stufentotaldruckverhältnis [%]					
	OP_4			OP_7			OP_4			OP_7		
	org	opt	Δ [%]	org	opt	Δ [%]	org	opt	Δ [%]	org	opt	Δ [%]
$\bar{x}$	101.5	102.4	0.9	99.9	102.0	2.1	112.1	113.2	1.0	113.6	114.9	1.2
$S(x)$	0.25	0.26	7.0	0.64	0.21	-67.7	0.44	0.50	14.5	0.44	0.43	-2.0

der Streuung ca. 70%. Für OP_4 wird übereinstimmend eine Zunahme des Mittelwertes um ca. 0.8% verbunden mit einer ca. 10% höheren Standardabweichung ermittelt. Diese Erkenntnisse bestätigen die Vorhersagefähigkeiten des erstellten Teilmodells.

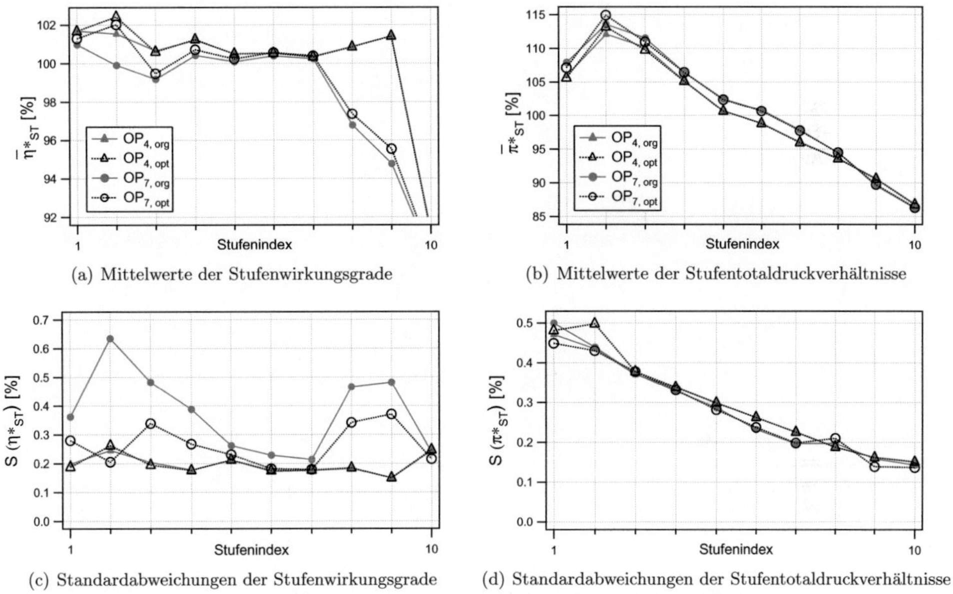

(a) Mittelwerte der Stufenwirkungsgrade

(b) Mittelwerte der Stufentotaldruckverhältnisse

(c) Standardabweichungen der Stufenwirkungsgrade

(d) Standardabweichungen der Stufentotaldruckverhältnisse

Abb. 6.21. Performance der Verdichterstufen für originalen und verbesserten Verdichter.

Die Gegenüberstellung aller Stufenergebnisse bei OP_4 und OP_7 von originalem und verbessertem Verdichter, wie in Abb. 6.21 dargestellt, erweitert die Analyse auf das Verhalten der weiteren Stufen. Demnach ist besonders für OP_7 eine Veränderung zu erkennen, die weit über Stufe zwei hinausgeht. So sticht in Abb. 6.21(c) für OP_7 das wesentlich reduzierte Niveau der Standardabweichungen aller Stufen hervor. Stufe zwei weist nicht mehr das Maximum sondern einen lokal minimalen Wert auf. Die Mittelwerte der Stufenwirkungsgrade liegen, wie Abb. 6.21(a) zeigt, besonders für Stufe zwei, jedoch auch für benachbarte Stufen höher. Auffällig ist das höhere Stufentotaldruckverhältnis von Stufe zwei in Abb. 6.21(b), das für OP_7 mit einer Entlastung der beiden benachbarten Stufen einher geht. Diese höhere Belastung sowie die Optimierung für hohe Belastungen führen vermutlich zu einer gesteigerten Variabilität des Stufentotaldruckverhältnisses für Stufe zwei bei OP_4 in Abb. 6.21(d).

Als wichtiges Ziel der Optimierung steht die **verbesserte Stabilität** des Verdichters, welche anhand des in Abschnitt 6.3.6 abgeleiteten kennfeldbezogenen quantitativen Kriteriums nach Gl. (6.6) ermittelt werden soll. Die Bewertung des verbesserten Verdichters kann nicht über OP_6 und OP_7 erfolgen, sondern muss die bekannten Betriebspunkte OP_4 und OP_7 verwenden, woraus eine Variante des Kriteriums

$$m_\pi^{map} = \frac{\pi^*_{OP_7} - \pi^*_{OP_4}}{\dot{m}^*_{red,OP_7} - \dot{m}^*_{red,OP_4}} \quad \text{und} \quad m_\eta^{map} = \frac{\eta^*_{OP_7} - \eta^*_{OP_4}}{\dot{m}^*_{red,OP_7} - \dot{m}^*_{red,OP_4}} \tag{6.11}$$

resultiert. Das Stabilitätskriterium nach Gl. (6.11) wurde für beide Verdichter ausgewertet und ist in Abb. 6.22 vergleichend dargestellt. Es ist auffällig, dass die Varianten des verbesserten Verdichters bei

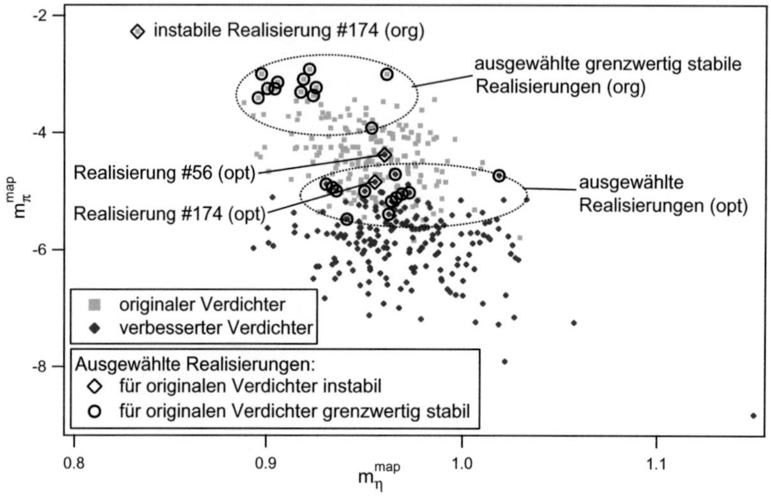

Abb. 6.22. Kennfeldbezogenes Stabilitätskriterium für originalen und verbesserten Verdichter.

geringeren Werten m_π^{map} liegen und somit einen größeren Abstand zur ermittelten Stabilitätsgrenze aufweisen. Die ausgewählten grenzwertig stabilen Realisierungen des originalen Verdichters zeigen im Falle des verbesserten Verdichters einen wesentlichen Abstand zu dieser Stabilitätsgrenze auf. Diese Tendenz setzt sich für die Realisierung #174 fort, welche nicht mehr abseits sondern inmitten weiterer stabiler Konfigurationen liegt. Alleinig die Realisierung #56, befindet sich leicht erhöht, jedoch noch immer unterhalb der als grenzwertig stabil identifizierten Realisierungen des originalen Verdichters. Die stabile Charakteristik von Realisierung #56 kann als Bestätigung der Stabilitätssteigerung hervorgehoben werden, da die numerische Lösung für OP_7 in dem originalen Verdichter bereits nicht mehr konvergiert und daher gar nicht dargestellt werden kann.

6.5. Zusammengefasste Ergebnisse zur probabilistischen Hochdruckverdichtersimulation

Gegenstand dieses Kapitels war die probabilistische Simulation eines mehrstufigen Hochdruckverdichters mit variabler Geometrie der Rotorschaufelblätter zum Zweck der Bewertung und Verbesserung seiner Robustheit und Performance. Als resultierende stochastische Ergebnisgrößen folgen neben Verdichterwirkungsgrad, Massenstrom und Totaldruckverhältnis auch Stufenergebnisse und Stabilitätskriterien.

Die Geometriebeschreibung basiert auf der Streuungsinformation von drei vermessenen Rotorreihen. Aus den 14 beschreibenden Parametern pro vermessener Reihe ist durch Interpolation das 140 Parameter umfassende geometrische Variabilitätsmodell der gesamten Rotorbeschaufelung abgeleitet worden. Im Rahmen der optimalen Latin–Hypercube Sampling (oLHS) Monte–Carlo Simulation (MCS) wurden 200 Varianten des Verdichters erstellt und an jeweils sieben Betriebspunkten einer Drehzahllinie berechnet. Es kann gezeigt werden, dass die 200 Realisierungen reichen, um für das 140 stochastische Parameter umfassende probabilistische Modell aussagekräftige statistische Ergebnisse mit vglw. kleinen Konfidenzintervallen zu ermitteln.

Die Streuung der Ergebnisse hängt z.T. sehr stark (bis Faktor 4) vom Betriebspunkt ab, wobei stark angedrosselte Betriebspunkte sowohl für die Verdichter– als auch für die Stufenergebnisse eine vergrößerte Streuung zeigen. Zwei unabhängige statistische Methoden bestimmen die einflussreichen Parameter auf die stochastischen Ergebnisgrößen in sehr guter Übereinstimung. Während der Parameter Vorderkantendicke den größten Einfluss auf den Wirkungsgrad und der Staffelungswinkel den größten Einfluss auf den Massenstrom für gering belastete Betriebspunkte hat, wird die maximale Wölbung für hoch angedrosselte Betriebspunkte zum einflussreichsten Parameter beider Ergebnisgrößen. Die maximale Wölbung der vorderen Rotorreihen ist auch für die abgeleiteten quantitativen Stabilitätskriterien der wichtigste Parameter. Hierbei offenbart sowohl das unterschiedliche stochastische Verhalten als auch die veränderte Wichtigkeit der Eingangsgrößen die geringe Aussagekraft eines einzelnen Betriebspunktes und verdeutlicht die Relevanz, die gesamte Kennlinie bei derartigen Untersuchungen zu betrachten.

Die Verknüpfung der Stufenergebnisse mit den Verdichterergebnissen zeigt, dass die vorderen Stufen die hinteren hinsichtlich ihres Einflusses auf die Performance des Verdichters dominieren. Besonders Stufe zwei übt signifikanten Einfluss auf Wirkungsgrad und Massenstrom aus. Für die hoch angedrosselten Betriebspunkte kann gezeigt werden, dass der Stufenwirkungsgrad von Stufe zwei bis zu 33% der Streuung des Verdichterwirkungsgrades erklärt. Folglich wurde die einflussreiche Stufe zwei ausgewählt, um im Rahmen einer Stufenoptimierung die Performance und Robustheit des gesamten Verdichters zu steigern.

Das zur Robustheitsoptimierung verwendete Verdichterschaufelmodell aus Kapitel 3 erlaubt eine integrierte Formulierung von Design– und Streuparametern. Die robuste Optimierung der Rotorschaufel zwei wird über den Mittelwert und die Standardabweichung der stochastischen Stufenergebnisse zweier Betriebspunkte realisiert. Diese Ergebnisgrößen konnten erfolgreich über analytische Ersatzmodelle abgebildet werden, womit es möglich ist, die Optimierung ersatzmodellbasiert und zeitlich effizient durchzuführen. Das, gemäß Zielfunktion ausgewählte, robuste Optimum zeigt die gewünschte gesteigerte Performance, was auch in Form einer nicht–deterministischen CFD–Berechnung nachgewiesen werden konnte. Demnach wurde eine bis zu 70% geringere Streuung bei bis zu 2% gesteigertem normiertem Stufenwirkungsgrad erreicht. Auch die nicht–deterministische CFD–Berechnung des um die optimierte Stufe zwei verbesserten Verdichters bestätigten das gewünschte Verhalten. So kann der normierte Verdichterwirkungsgrad bei bis zu 25% reduzierter Streuung um bis zu 0.8% gesteigert werden. Auch die Stabilität des Verdichters kann verbessert werden. So zeigen instabile oder grenzwertig stabile Varianten des originalen Verdichters in der verbesserten Konfiguration ein stabiles Verhalten. Alle Ergebnisse des verbesserten Verdichters bestätigen somit die Leistungsfähigkeit des entwickelten Verfahrens zur Robustheitsoptimierung. So konnten ausschließlich durch Anpassung ausgewählter geometrischer Parameter einer Rotorschaufel sowohl Performance als auch Robustheit des mehrstufigen Verdichters maßgeblich gesteigert werden.

Potential zur weiteren Verbesserung des Verdichters ergibt sich durch eine angepasste Zielfunktion mit stärkerem Fokus auf den Wirkungsgrad und der Forderung eines gleichbleibenden Stufentotaldruckverhältnisses. Diese Zielformulierung kann erreichen, dass die Massenströme der Betriebspunkte genauer erhalten bleiben und die Verstimmung des Stufenmatching verhindert wird. Da hiermit eine verminderte Anforderung an die Totaldruckverhältnisse der Stufe geknüpft ist, wird davon ausgegangen, dass ein Design mit ausgeprägterer Wirkungsgradsteigerung möglich ist. Darüber hinaus empfiehlt sich die Einbeziehung eines weiteren Betriebspunktes aus dem gering angedrosselten Bereich der Kennlinie (bspw. OP_1), womit die verbesserte Performance des Verdichters hinsichtlich des gesamten Betriebsbereichs gesichert würde.

Neben den physikalischen Aspekten empfiehlt es sich ebenfalls methodische Verbesserungen in den Algorithmus zu implementieren. So sollte die Anwendung eines Optimierungsalgorithmus das wirkliche Optimum ermitteln und nicht nur die beste Konfiguration aus 50.000 oLHS Designs bestimmen. Außerdem gewährleisten lokal verbesserte Ersatzmodelle eine verbesserte Prognosefähigkeit im interessanten Bereich, womit die Übereinstimmung mit den CFD–Ergebnissen verbessert würde. Auch die vollständige Integration aller geometrischen Parameter in die ersatzmodellbasierte Variabilitätsbewertung (inkl. der Winkel der Wölbungsverteilung) wird die ersatzmodellbasierte Robustheitsabschätzung verbessern und zu einer präziseren Übereinstimmung mit der CFD–Berechnung führen. Schlussendlich würde die Verwendung einer höheren Anzahl an gemittelten Bereichen sowie die erlaubte Modifikation der radialen Stapelungsgesetze einen erweiterten Designraum und so die Bestimmung einer weiter verbesserten Schaufelgeometrie ermöglichen.

7. Zusammenfassung und Ausblick

7.1. Zusammenfassung

Die vorliegende Arbeit leistet einen wesentlichen Betrag hinsichtlich der Weiterentwicklung und Anwendung probabilistischer Methoden zur Berücksichtigung generalisierter geometrischer Unsicherheiten in der strömungsmechanischen Simulation von Hochdruckverdichtern. Es werden alle Teilaspekte behandelt, womit der gesamte Prozess von der Digitalisierung der Bauteile, über die Quantifizierung generalisierter geometrischer Unsicherheiten, der Ausführung hochdimensionaler nicht–deterministischer CFD–Simulationen und deren Postprocessing bis hin zu robustheitsbasierten Optimierungsverfahren abgedeckt wird.

Zur Quantifizierung geometrischer Variabilität von Rotorschaufelblättern und deren Berücksichtigung in der numerischen Simulation werden in dieser Arbeit verschiedene Methoden abgeleitet. Den zentralen Punkt stellt das entwickelte parametrische Verdichterschaufelmodell dar. Es ist sowohl zur quantitativen geometrischen Bewertung einzelner realer Bauteile, zur Quantifizierung von Schaufelsätzen, als auch zum Ableiten von geometrischen Variabilitätsmodellen von mehrstufigen Verdichtern geeignet. Für den untersuchten Datensatz kann gezeigt werden, dass das Modell in der Lage ist, mit wenigen designähnlichen Parametern das stochastische Systemverhalten hinreichend genau vorherzusagen. Darüber hinaus sprechen die intuitive Interpretierbarkeit der Sensitivitäten, die einfache und schnelle Zufallszahlenerstellung sowie die Möglichkeit die Variabilität der geometrischen Parameter gegenüber anderen Messungen zu bewerten und auf ähnliche Anwendungsfälle zu übertragen für das entwickelte Verfahren.

Die Anwendung des parametrischen Verdichterschaufelmodells auf 450 vermessene Schaufeln dreier Rotorreihen des untersuchten Verdichters identifiziert designähnliche geometrische Parameter der Schaufeln. Diese Information fließt in statistische Modelle einzelner Stufen sowie in das interpolierte Modell des gesamten Verdichters ein. Probabilistische dreidimensionale CFD–Simulationen nutzen diese statistischen Modelle, um sowohl das strömungsmechanische Verhalten nicht–axialsymmetrisch konfigurierter Verdichterstufen zu bestimmen, als auch den Einfluss einer variablen Rotorgeometrie auf die Performance und Robustheit eines Verdichters zu bewerten. Die hierzu erforderlichen probabilistischen Simulationsmodelle müssen eine hohe Anzahl von bis zu 240 teilweise korrelierten stochastischen Eingangsgrößen behandeln. Die hohe Rechenzeit der *high–fidelity* Modelle erfordert des Weiteren eine möglichst geringe Anzahl deterministischer Berechnungen. Die auf oLHS basierende Monte–Carlo Simulation wird den formulierten Anforderungen gerecht. Sie bildet das klassische Zufallsexperiment nach und zeigt somit eine vernachlässigbare Abhängigkeit von der Anzahl an Eingangsgrößen. Im vorliegenden Fall konnten die Simulationen mit einer Anzahl an Realisierungen, welche die Anzahl der stochastischen Eingangsgrößen nur um etwa Faktor 1.4 bis 2 übersteigt, durchgeführt werden.

Aus den Ergebnissen der probabilistischen CFD–Simulationen können folgende prinzipielle Erkenntnisse der nicht–deterministischen Verdichteraerodynamik abgeleitet werden. Die stochastischen Ergebnisgrößen einer nicht–axialsymmetrisch konfigurierten Verdichterstufe zeigen eine erhebliche Abhängigkeit von der Anzahl vernetzter Passagen. Es ist zum einen eine durch Ausmischungseffekte begründete Tendenz zur Abnahme der Streuungen mit zunehmender Anzahl individuell geformter und unabhängig zugeordneter Rotorschaufeln zu erkennen. Zum anderen zeigen besonders die Zweipassagenmodelle auch vergrößerte Streuungen, was anhand der veränderlichen Passagenquerschnitte und deren periodischer Anordnung begründet werden kann. Bei der Berücksichtigung der geometrischen Variabilität in der

Simulation des mehrstufigen Verdichters zeigen sowohl die stochastischen Ergebnisgrößen, als auch die abgeleiteten Sensitivitäten eine wesentliche Abhängigkeit vom Betriebspunkt. Während die Ergebnisse der schwach angedrosselten Betriebspunkte eine geringe Streuung aufweisen und sensitiv gegenüber den Vorderkantendicken und Staffelungswinkeln sind, zeigen die Ergebnisse der stark angedrosselten Betriebspunkte eine bis Faktor 4 vergrößerte Streuung verbunden mit einer vorrangigen Sensitivität gegenüber dem Parameter maximale Wölbung. Gleiches gilt für die Stabilität des Verdichters, welche wesentlich durch die maximale Wölbung der vorderen Rotorschaufeln beeinflusst wird.

Die designähnliche parametrische Basis des entwickelten Verdichterschaufelmodells ebnet den Weg für eine integrierte Formulierung von Design– und Streuparametern. Folglich kann eine direkte robuste Optimierung erfolgen, welche DoE–basierte Varianten mit geometrischer Variabilität des Fertigungsprozesses überlagert. Mit diesem Ansatz wird die Robustheitsoptimierung der einflussreichsten Verdichterstufe durchgeführt, um eine Verbesserung von Performance und Robustheit des gesamten Verdichters zu erreichen. Durch zwei ersatzmodellbasierte gekoppelte oLHS basierende MCS kann der Raum der Designparameter detailliert untersucht und gleichzeitig die Streuung der Performance jeder Auslegung bestimmt werden. Das robuste Optimum wird gegenüber Zielvorgaben hinsichtlich Mittelwert und Standardabweichung der Stufenparameter ausgewählt. Der verbesserte Verdichter mit integrierter robust optimierter Stufe zeigt die gewünschte Steigerung von Performance, reduzierter Ergebnisgrößenstreuung und vergrößerter Stabilitätsreserve.

7.2. Ausblick

An dieses Thema anschließende Arbeiten sollten vorrangig die weitergehende Vermessung an Verdichterschaufeln fokussieren, um die statistische Basis zu verbessern. Als besonders wichtig wird die Rotorschaufel eins erachtet. Das geometrische Variabilitätsmodell würde dadurch eine weitere Stützstelle bekommen und Extrapolation könnte vermieden werden. In diesem Zusammenhang sollten auch die Statorschaufeln einer geometrischen Bewertung unterzogen werden. Sind deren Variabilitätsinformationen bekannt, so ist eine Abbildung in der Simulation mit dem vorliegenden Verdichterschaufelmodell möglich. Eine probabilistische Simulation mit variablen Statorschaufeln zeigt mit großer Wahrscheinlichkeit eine vergrößerte Streuung. Die momentan im probabilistischen Modell des Hochdruckverdichters vorliegende normalisierende Wirkung der Statoren würde eliminiert werden, worauf eine vergrößerte Inzidenz der Rotorschaufeln mit vergrößerter Streuung der Stufenperformance folgen sollte.

Als weiterer Punkt sollte die Verbesserung des parametrischen Verdichterschaufelmodells aufgegriffen werden. Wie in der Arbeit gezeigt wird, bestehen besonders im Filletbereich Schwächen verbunden mit einer schlechteren Reproduktion der realen Geometrie. Hiermit einher geht dann auch eine erforderliche Anpassung des CFD–Modells. So macht der letztlich von NUMECA in AutoGrid eingeführte Multi–Block Ansatz zur Vernetzung des Fillets es möglich, die real zumeist flach auslaufenden Fillets ohne Verluste der Netzqualität zu modellieren.

Abschließend sollten die bereits in Abschnitt 6.5 diskutierten Punkte aufgegriffen werden. Demnach verspricht eine methodisch und hinsichtlich der Zielfunktion überarbeitete Robustheitsoptimierung der Verdichterstufe bessere Ergebnisse verbunden mit einer weiteren Steigerung der robusten Performance des Verdichters.

Literaturverzeichnis

[1] AIAA. Guide for the Verification and Validation of Computational Fluid Dynamics Simulations. *American Institute of Aeronautics and Astronautics (AIAA–G–077–1998)* (1998).

[2] AKTÜRK, A., AND CAMCI, C. Axial Flow Fan Tip Leakage Flow Control Using Tip Platform Extensions. *Journal of Fluids Engineering 132* (2010), 051109.

[3] ANDERSON, T. W.; DARLING, D., A. Asymptotic theory of certain "goodness of fit" criteria based on stochastic processes. *Annals of Mathematical Statistics 23* (1952), 193–212.

[4] BAYER, V., AND ROOS, D. Non–parametric Structural Reliability Analysis using Random Fields and Robustness Evaluation. *Beiträge der Weimarer Optimierungs- und Stochastiktage 3.0, Weimar, Germany* (2006).

[5] BAYER, V., AND ROOS, D. Efficient Modelling and Simulation of Random Fields. *Proceedings of the 6th International Probabilistic Workshop, Darmstadt* (2008).

[6] BEACHKOFSKI, B. K., AND GRANDHI, R. V. Probabilistic system reliability for a turbo engine airfoil. *Proceedings of ASME Turbo Expo Conference 2004, ASME paper no. GT2004–53381* (2004).

[7] BESCHORNER, A., VOIGT, M., AND VOGELER, K. Monte Carlo cross validation for response surface benchmark. *7. Dresdner Probabilistik–Workshop* (2014).

[8] BISCHOFF, T., VOIGT, M., CHEHAB, E., AND VOGELER, K. Probabilistic Analysis of Stationary Gas Turbine Secondary Air Systems. *Proceedings of ASME Turbo Expo Conference 2006, ASME paper no. GT2006–90261* (2006).

[9] BISHOP, C. M. *Neural Networks for Pattern Recognition*, 1st ed. Oxford University Press, USA, 1995.

[10] BLAIR, A., AND ANNIS, C. Development of Probabilistic Methods for Campbell Diagram Frequency Placement. *Proceedings of 7th Nation Turbine Engine High Cycle Fatigue Conference* (2002).

[11] BORGGAARD, J., AND BURNS, J. A PDE Sensitivity Equation Method for Optimal Aerodynamic Design. *ICASE Report No. 96-44* (1996).

[12] BREITKOPF, P., NACEUR, H., RASSINEUX, A., AND VILLON, P. Moving least squares response surface approximation: Formulation and metal forming applications. *Computers & Structures 83* (2005), 1411–1428.

[13] BREMER, C. Adaptive strategies for manufacturing and repair of blades and blisks. *Proceedings of ASME Turbo Expo Conference 2000, ASME paper no. 2000–GT–0340* (2000).

[14] BREMER, C. Automated repair and overhaul of aero–engine and industrial gas turbine components. *Proceedings of ASME Turbo Expo Conference 2005, ASME paper no. GT2005–68193* (2005).

[15] BROWN, J. M., SLATER, J., AND GRANDHI, R. V. Probabilistic analysis of geometric uncertainty effects on blade modal response. *Proceedings of ASME Turbo Expo Conference 2003, ASME paper no. GT2003–38557* (2003).

[16] BÜCHE, D., BEETZ, M., AND RIBI, B. Uncertainty Analysis for Large–Scale Industrial Radial Compressors. *Proceedings of ASME Turbo Expo Conference 2010, ASME paper no. GT2010–22918* (2010).

[17] BUCHER, C. Stochastic Analysis in Structural Optimization. *Beiträge der Weimarer Optimierungs- und Stochastiktage 2.0, Weimar, Germany* (2005).

[18] BUCHER, C. *Computational Analysis of Randomness in Structural Mechanics*, first ed. Taylor & Francis, 2009.

[19] BUHMANN, M. D. *Radial Basis Functions: Theory and Implementations.* 2003.

[20] CAFLISCH, R. E. Monte Carlo and quasi–Monte Carlo methods. *Cambridge University Press, Acta Numerica 7* (1998), 1–49.

[21] CARLE, A., FAGAN, M., AND GREEN, L. Preliminary Results from the Application of Automatic Adjoint Code Generation to CFL3D. *Proceedings of the 7th AIAA/USAF/NASA/ISSMO Symposium on Multidisciplinary Analysis and Optimization* (1998), 807–817.

[22] CHALOT, F., DINH, Q., HERBIN, E., MARTIN, L., RAVACHOL, M., AND ROGE, G. Estimation of the Impact of Geometrical Uncertainties on Aerodynamic Coefficients Using CFD. *49th AIAA/ASME/ASCE/AHS/ASC Structures, Structural Dynamics, and Materials Conference, AIAA paper no. AIAA–2008–2068* (2008).

[23] CHASSAING, J.-C., AND LUCOR, D. Stochastic Investigation of Flows About Airfoils at Transonic Speeds. *AIAA Journal 48* (2010), 938–950.

[24] CRESTAUX, T., MAITRE, O. L., AND MARTINEZ, J.-M. Polynomial chaos expansion for sensitivity analysis. *Reliability Engineering & System Safety 94* (2009), 1161–1172.

[25] CUMPSTY, N. A. Some Lessons Learned. *Journal of Turbomachinery 132* (2010), 041018.

[26] CURLETT, B. P. A Radius in a Low Speed Compressor Cascade. *NASA Report No. TM-105347* (1991).

[27] DANDEKAR, R. A., COHEN, M., AND KIRKENDALL, N. Applicability of Latin Hypercube sampling technique to create multivariate synthetic microdata. *Luxembourg: Eurostat in Proc. of ETKNTTS* (2001), 839–847.

[28] DEMEULENAERE, A., LIGOUT, A., AND HIRSCH, C. Application of Multipoint Optimization to the Design of Turbomachinery Blades. *Proceedings of ASME Turbo Expo Conference 2004, ASME paper no. GT2004–53110* (2004).

[29] DEUTSCH, J. L., AND DEUTSCH, C. V. Latin hypercube sampling with multidimensional uniformity. *Journal of Statistical Planning and Inference 142* (2012), 763–772.

[30] DI MARE, L., IMREGUN, M., AND GREEN, J. S. Effect of Real Geometry on Compressor Performance Predictions. *Proceedings of ASME Turbo Expo Conference 2009, ASME paper no. GT2009–59824* (2009), 263–271.

[31] DINESCU, C., SMIRNOV, S., HIRSCH, C., AND LACOR, C. Assessment of intrusive and non–intrusive non–deterministic CFD methodologies based on Polynomial Chaos expansions. *International Journal of Engineering Systems Modelling and Simulation 2* (2010), 87–98.

[32] DODSON, M., AND PARKS, G. T. Robust Aerodynamic Design Optimization Using Polynomial Chaos. *Journal of Aircraft 46* (2009), 635–646.

[33] DOMERCQ, O., AND ESCURET, J.-F. Tip clearance effect on high–pressure compressor stage matching. *Proceedings of the Institution of Mechanical Engineers, Part A: Journal of Power and Energy 221* (2007), 759–767.

[34] DUÓ, P., PIANKA, C., GOLOWIN, A., FUELLER, M., SCHAEFER, R., AND BERNHARDT, U. Simulated foreign object damage aerofoils. Real damage investigation. *Proceedings of ASME Turbo Expo Conference 2008, ASME paper no. GT2008–50371* (2008).

[35] DUFFNER, J. D. The effects of manufacturing variability on turbine vane performance. Master's thesis, Massachusetts Institute of Technology, 2008.

[36] DWIGHT, R. P., AND HAN, Z.-H. Efficient Uncertainty Quantification Using Gradient–Enhanced Kriging. *50th AIAA/ASME/ASCE/AHS/ASC Structures, Structural Dynamics, and Materials Conference, paper no. AIAA–2009–2276* (2009).

[37] ELDRED, M., WEBSTER, C., AND CONSTANTINE, P. Design Under Uncertainty Employing Stochastic Expansion Methods. *12th AIAA/ISSMO Multidisciplinary Analysis and Optimization Conference, paper no. AIAA–2008–6001* (2008).

[38] ELDRED, M. S., AND BURKARDT, J. Comparison of Non–Intrusive Polynomial Chaos and Stochastic Collocation Methods for Uncertainty Quantification. *47th AIAA Aerospace Sciences Meeting including the New Horizons Forum and Aerospace Exposition, paper no. AIAA–2009–0976* (2009).

[39] FRANKOWSKI, G., CHEN, M., AND HUTH, T. Real-time 3D shape measurement with digital stripe projection by Texas Instruments Micro Mirror Devices DMD. *Three-Dimensional Image Capture and Applications III 3958* (2000), 90–105.

[40] GARZON, V. E. *Probabilistic Aerothermal Design of Compressor Airfoils.* PhD thesis, Massachusetts Institute of Technology, 2003.

[41] GARZON, V. E., AND DARMOFAL, D. L. Using Computational Fluid Dynamics in Probabilistic Engineering Design. *15th AIAA Computational Fluid Dynamics Conference, paper no. AIAA–2001–2526* (2001).

[42] GARZON, V. E., AND DARMOFAL, D. L. Impact of Geometric Variability on Axial Compressor Performance. *Journal of Turbomachinery 125* (2003), 692–703.

[43] GARZON, V. E., AND DARMOFAL, D. L. On the aerodynamic design of compressor airfoils for robustness under geometric uncertainty. *Proceedings of ASME Turbo Expo Conference 2004, ASME paper no. GT2004–53581* (2004).

[44] GAUGER, N. R. *Das Adjungiertenverfahren in der aerodynamischen Formoptimierung.* PhD thesis, TU Braunschweig, 2003.

[45] GBADEBO, S. A., HYNES, T. P., AND CUMPSTY, N. A. Influence of Surface Roughness on Three–Dimensional Separation in Axial Compressors. *Journal of Turbomachinery 126* (2004), 455–463.

[46] GHATE, D. P., AND GILES, M. B. Efficient Hessian Calculation using Automatic Differentiation. *25th AIAA Applied Aerodynamics Conference* (2007).

[47] GHISU, T., PARKS, G. T., JARRETT, J. P., AND CLARKSON, P. J. Adaptive Polynomial Chaos for Gas Turbine Compression Systems Performance Analysis. *AIAA Journal 48* (2010), 1156–1170.

[48] GHISU, T., PARKS, G. T., JARRETT, J. P., AND CLARKSON, P. J. An Integrated System for the Aerodynamic Design of Compression Systems—Part I: Development. *Journal of Turbomachinery 133* (2011), 011011.

[49] GHISU, T., PARKS, G. T., JARRETT, J. P., AND CLARKSON, P. J. An Integrated System for the Aerodynamic Design of Compression Systems—Part II: Application. *Journal of Turbomachinery 133* (2011), 011012.

[50] GHISU, T., PARKS, G. T., JARRETT, J. P., AND CLARKSON, P. J. Robust Design Optimization of Gas Turbine Compression Systems. *Jounal of Propulsion and Power 27* (2011), 282–295.

[51] GOLUB, G. H., AND WELSCH, J. H. Calculation of Gauss quadrature rules. *Mathematics of Computation 23* (1969), 221–230.

[52] GOODHAND, M. N., AND MILLER, R. J. Compressor Leading Edge Spikes: A New Performance Criterion. *Journal of Turbomachinery 133* (2011), 021006.

[53] GOODHAND, M. N., AND MILLER, R. J. The Impact of Real Geometries on Three–Dimensional Separations in Compressors. *Journal of Turbomachinery 134* (2012), 021007.

[54] GOPINATHRAO, N. P., BAGSHAW, D., MABILAT, C., AND ALIZADEH, S. Non-deterministic CFD simulation of a transonic compressor rotor. *Proceedings of ASME Turbo Expo Conference 2009, ASME paper no. GT2009–60122* (2009).

[55] GRÄSEL, J., KESKIN, A., SWOBODA, M., PRZEWOZNY, H., AND SAXER, A. A full parametric model for turbomachinery blade design and optimisation. *Proceedings of ASME Design Automation Conference 2004, ASME paper no. DETC2004–57467* (2004).

[56] GUMBERT, C., NEWMAN, P., AND HOU, G. Effect of Random Geometric Uncertainty on the Computational Design of a 3D Flexible Wing. *20th AIAA Applied Aerodynamics Conference, paper AIAA–2002–2806* (2002).

[57] HÄCKER, J. Statistical Analysis of Manufacturing Deviations and Classification Methods for Probabilistic Aerothermal Design of Turbine Blades. Master's thesis, Universität Stuttgart, 2000.

[58] HAMAKHAN, I., AND KORAKIANITIS, T. Aerodynamic performance effects of leading–edge geometry in gas–turbine blades. *Applied Energy 87* (2010), 1591 – 1601.

[59] HASCOËT, L. TAPENADE: a tool for Automatic Differentiation of programs. *Proceedings of 4th European Congress on Computational Methods, ECCOMAS* (2004).

[60] HEINZE, K., SCHRAPE, S., VOIGT, M., AND VOGELER, K. Probabilistic endurance level analyses of compressor blades. *CEAS Aeronautical Journal* (2012), DOI: 10.1007/s13272–012–0043–y.

[61] HEINZE, K., VOGELER, K., AND FRIEDL, W.-H. The Impact of Geometric Scatter on High–Cycle–Fatigue of Compressor Blades. *Proceedings of ASME Turbo Expo Conference 2010, ASME paper no. GT2010–22083* (2010).

[62] HELTON, J., DAVIS, F., AND JOHNSON, J. A comparison of uncertainty and sensitivity analysis results obtained with random and Latin hypercube sampling. *Reliability Engineering & System Safety 89* (2005), 305 – 330.

[63] HELTON, J., JOHNSON, J., SALLABERRY, C., AND STORLIE, C. Survey of sampling-based methods for uncertainty and sensitivity analysis. *Reliability Engineering & System Safety 91* (2006), 1175 – 1209.

[64] HIRSCH, C. Lessons learned from the NODESIM project. In *ERCOFTAC Course "Uncertainty Management and Quantification in Industrial Analysis and Design"* (2011).

[65] HIRSCH, C., AND DINESCU, C. NODESIM-CFD: A European Project on Non–Deterministic Simulation for CFD–Based Design Methodologies. *RTO-MP-AVT-147, Computational Uncertainty in Military Vehicle Design* (2007).

[66] HOLTZHAUSEN, S., SCHREIBER, S., AND STELZER, R. Automated 3D measuring of compressor blades and analysis of measurement. *Proceedings of ASME Turbo Expo Conference 2009, ASME paper no. GT2009–59902* (2009).

[67] HOSDER, S., WALTERS, R. W., AND BALCH, M. Point–Collocation Nonintrusive Polynomial Chaos Method for Stochastic Computational Fluid Dynamics. *AIAA Journal 48* (2010), 2721–2730.

[68] HUYSE, L., PADULA, S. L., LEWIS, R. M., AND LI, W. Probabilistic Approach to Free–Form Airfoil Shape Optimization Under Uncertainty. *AIAA Journal 40* (2002), 1764–1772.

[69] Huyse, L., and Thacker, B. H. A Framework to Estimate Uncertain Random Variables. *45th AIAA/ASME/ASCE/AHS/ASC Structures, Structural Dynamics & Materials Conference, paper AIAA–2004–1828* (2004).

[70] Huyse, L., and Walters, R. W. Random Field Solutions Including Boundary Condition Uncertainty for the Steady–state Generalized Burgers Equation. *NASA Report No. CR-2001-211239* (2001).

[71] Iman, R. L., and Helton, J. C. The Repeatability of Uncertainty and Sensitivity Analyses for Complex Probabilistic Risk Assessments. *Risk Analysis 11* (1991), 591–606.

[72] Iman, R. L., and Helton, W. J. A distribution-free approach to inducing rank correlation among input variables. *Communications in Statistics - Simulation and Computation 11* (1982), 311–334.

[73] Jolliffe, I. *Principal Component Analysis.* Springer; 2nd edition, 2002.

[74] Jones, D. R. A Taxonomy of Global Optimization Methods Based on Response Surfaces. *Journal of Global Optimization 21* (2001), 345–383.

[75] Keane, A. J. Comparison of Several Optimization Strategies for Robust Turbine Blade Design. *Jounal of Propulsion and Power 25* (2009), 1092–1099.

[76] Keese, A., and Matthies, H. G. Fragen der numerischen Integration bei stochastischen finiten Elementen für nichtlineare Probleme. *Technische Universität Braunschweig, Informatikbericht Nr.: 2003-4* (2003).

[77] Knio, O., and Le Maître, O. Uncertainty propagation in CFD using polynomial chaos decomposition. *Fluid Dynamics Research 38* (2006), 616–640.

[78] Kumar, A., Keane, A. J., Nair, P. B., and Shahpar, S. Robust Design of Compressor Fan Blades Against Erosion. *Journal of Mechanical Design 128* (2006), 864–873.

[79] Lacor, C., and Smirnov, S. Uncertainty Propagation in the Solution of Compressible Navier–Stokes Equations using Polynomial Chaos Decomposition. *RTO-MP-AVT-147, Computational Uncertainty in Military Vehicle Design* (2007).

[80] Lamb, C. M. Probabilistic performance-based geometric tolerancing of compressor blades. Master's thesis, Massachusetts Institute of Technology, 2005.

[81] Lamb, C. T., and Darmofal, D. L. Perfomance–based geometric tolerancing of compressor blades. *Proceedings of ASME Turbo Expo Conference 2004, ASME paper no. GT2004–53592* (2004).

[82] Lange, A., Vogeler, K., Gümmer, V., Schrapp, H., and Clemen, C. Introduction of a parameter based compressor blade model for considering measured geometry uncertainties in numerical simulation. *Proceedings of ASME Turbo Expo Conference 2009, ASME paper no. GT2009–59937* (2009).

[83] Lange, A., Vogeler, K., Schrapp, H., and Clemen, C. Ein parametrisches Modell für Verdichterschaufeln zur Abbildung von geometrischen Abweichungen in der numerischen simulation. *1. Dresdner Probabilistik–Workshop* (2008).

[84] Lange, A., Voigt, M., and Vogeler, K. Robustheitsverbesserung des strömungsmechanischen Verhaltens einer Verdichterschaufel. *3. Dresdner Probabilistik–Workshop* (2010).

[85] Lange, A., Voigt, M., Vogeler, K., and Johann, E. Principal component analysis on 3D scanned compressor blades for probabilistic CFD simulation. *53rd AIAA/ASME/ASCE/AHS/ASC Structures, Structural Dynamics, and Materials Conference, paper no. AIAA–2012–1762* (2012).

[86] LANGE, A., VOIGT, M., VOGELER, K., SCHRAPP, H., JOHANN, E., AND GÜMMER, V. Probabilistic CFD simulation of a high–pressure compressor stage taking manufacturing variability into account. *Proceedings of ASME Turbo Expo Conference 2010, ASME paper no. GT2010–22484* (2010).

[87] LANGE, A., VOIGT, M., VOGELER, K., SCHRAPP, H., JOHANN, E., AND GÜMMER, V. Impact of Manufacturing Variability and Nonaxisymmetry on High-Pressure Compressor Stage Performance. *Journal of Engineering for Gas Turbines and Power 134* (2012), 112601.

[88] LANGE, A., VOIGT, M., VOGELER, K., SCHRAPP, H., JOHANN, E., AND GÜMMER, V. Impact of Manufacturing Variability on Multi–Stage High–Pressure Compressor Performance. *Journal of Engineering for Gas Turbines and Power 134* (2012), 032504.

[89] LAVAINNE, J. Sensitivity of a Compressor Repeating–Stage to Geometry Variation. Master's thesis, Massachusetts Institute of Technology, 2003.

[90] LE MAÎTRE, O., REAGAN, M., DEBUSSCHERE, B., NAJM, H., GHANEM, R., AND KNIO, O. Natural convection in a closed cavity under stochastic, non–Boussinesq conditions. *SIAM Journal on Scientific Computing 26* (2004), 375–394.

[91] LE MAÎTRE, O. P., REAGAN, M. T., NAJM, H. N., GHANEM, R. G., AND KNIO, O. M. A Stochastic Projection Method for Fluid Flow 2: Random Process. *Journal of Computational Physics 181* (2002), 9–44.

[92] LIAN, Y., AND KIM, N.-H. Reliability–Based Design Optimization of a Transonic Compressor. *AIAA Journal 44* (2006), 368–375.

[93] LIN, G., TARTAKOVSKY, A., AND TARTAKOVSKY, D. Uncertainty quantification via random domain decomposition and probabilistic collocation on sparse grids. *Journal of Computational Physics 229* (2010), 6995 – 7012.

[94] LOEVEN, G. *Efficient uncertainty quantification in computational fluid dynamics.* PhD thesis, Technische Universiteit Delft, 2010.

[95] LOEVEN, G., AND BIJL, H. Airfoil Analysis with Uncertain Geometry using the Probabilistic Collocation method. *49th AIAA/ASME/ASCE/AHS/ASC Structures, Structural Dynamics, and Materials Conference, paper no. AIAA–2008–2070* (2008).

[96] LOEVEN, G., AND BIJL, H. An Efficient Framework for Uncertainty Quantification in CFD Using Probabilistic Collocation. *50th AIAA/ASME/ASCE/AHS/ASC Structures, Structural Dynamics, and Materials Conference, paper no. AIAA–2009–2275* (2009).

[97] LOEVEN, G., AND BIJL, H. The Application of the Probabilistic Collocation Method to a Transonic Axial Flow Compressor. *51st AIAA/ASME/ASCE/AHS/ASC Structures, Structural Dynamics, and Materials Conference, paper no. AIAA–2010–2923* (2010).

[98] LOEVEN, G., WITTEVEEN, J., AND BIJL, H. Efficient Uncertainty Quantification in Computational Fluid–Structure Interactions. *47th AIAA/ASME/ASCE/AHS/ASC Structures, Structural Dynamics, and Materials Conference, paper no. AIAA–2006–1634.*

[99] LOEVEN, G., WITTEVEEN, J., AND BIJL, H. Probabilistic Collocation: An Efficient Non–Intrusive Approach for Arbitrarily Distributed Parametric Uncertainties. *45th AIAA Aerospace Sciences Meeting and Exhibit, paper no. AIAA–2007–317* (2007).

[100] LUHMANN, T. *Nahbereichsphotogrammetrie: Grundlagen, Methoden und Anwendungen.* Wichmann, 2000.

[101] MANTEUFEL, R. Evaluating the convergence of Latin Hypercube Sampling. *AIAA/ASME/ASCE/AHS/ASC Structures, Structural Dynamics, and Materials Conference, paper no. AIAA-2000-1636* (2000).

[102] MANTEUFEL, R. Estimating the Error in LHS Predictions. *46th AIAA/ASME/ASCE/AHS/ASC Structures, Structural Dynamics and Materials Conference, paper no. AIAA-2005-1820* (2005).

[103] MARTINELLI, M., AND DUVIGNEAU, R. Comparison of Second–Order Derivatives and Metamodel–Based Monte–Carlo Approaches to Estimate Statistics for Robust Design of a Transonic Wing. *49th AIAA/ASME/ASCE/AHS/ASC Structures, Structural Dynamics, and Materials Conference, paper no. AIAA–2008–2071* (2008).

[104] MATHELIN, L., AND HUSSAINI, M. Y. A Stochastic Collocation Algorithm for Uncertainty Analysis. *NASA Report No. CR-2003-212153* (2003).

[105] MCKAY, M. D., BECKMANN, R. J., AND CONOVER, W. J. A comparison of three methods for selecting values of input variables in the analysis of output from a computer code. *Technometrics 21* (1979), 239–245.

[106] MERZINGER, G., MÜHLBACH, G., WILLE, D., AND WIRTH, T. *Formeln + Hilfen zur höheren Mathematik.* Binomi, 1999.

[107] MILLI, A., AND SHAHPAR, S. Full–Parametric Design System to Improve the Stage Efficiency of a High–Fidelity HP Turbine Configuration. *Proceedings of ASME Turbo Expo Conference 2008, ASME paper no. GT2008–51348* (2008).

[108] MÜLLER, R. *Einfluss von Modifikationen der Vorderkantengeometrie auf die Sekundärverluste von Verdichtergittern.* Dissertation, Fakultät für Maschinenwesen, Technische Universität Dresden, 2004.

[109] MONTGOMERY, D. C. *Design and Analysis of Experiments.* John Wiley & Son, Inc, New York, 2001.

[110] MORINI, M., PINELLI, M., SPINA, P. R., AND VENTURINI, M. Computational Fluid Dynamics Simulation of Fouling on Axial Compressor Stages. *Journal of Engineering for Gas Turbines and Power 132* (2010), 072401.

[111] MOROKOFF, W. J., AND CAFLISCH, R. E. Quasi–Random Sequences and Their Discrepancies. *Journal on Scientific Computing 15* (1994), 1251–1279.

[112] MOST, T., AND BUCHER, C. A Moving Least Squares weighting function for the Element-free Galerkin Method which almost fulfills essential boundary conditions. *Structural Engineering and Mechanics 21* (2005), 315–332.

[113] MOST, T., AND WILL, J. Recent advances in Meta-model of Optimal Prognosis. *Beiträge der Weimarer Optimierungs- und Stochastiktage 7.0, Weimar, Germany* (2010).

[114] NELSEN, R. B. *An introduction to copulas*, 2nd ed. Springer, 2006.

[115] NETER, J.; KUTNER, M. H.; NACHTSHEIM, C. J.; WASSERMANN, W. *Applied Linear Statistic Models.* WCB McGraw-Hill, New York, 1996.

[116] NIEDERREITER, H. *Random Number Generation and Quasi-Monte Carlo Methods.* Society for Industrial and Applied Mathematics, 1992.

[117] NOBILE, F., TEMPONE, R., AND WEBSTER, C. G. A Sparse Grid Stochastic Collocation Method for Partial Differential Equations with Random Input Data. *SIAM Journal on Numerical Analysis 46* (2008), 2309–2345.

[118] NUMECA. *User Manual AutoBlade v3, 2007.*

[119] NUMECA. *User Manual AutoGrid v8, 2007.*

[120] NUMECA. *User Manual CFView v8.5, 2008.*

[121] NUMECA. *User Manual FINE/Turbo v8.5, 2008.*

[122] NUMECA. *User Manual IGG v8.5, 2008.*

[123] OBERKAMPF, W. L., TRUCANO, T. G., AND HIRSCH, C. Verification, validation, and predictive capability in computational engineering and physics. *Applied Mechanics Reviews 57, Issue 5* (2004), 345 – 385.

[124] ONORATO, G., LOEVEN, G., GHORBANIASL, G., BIJL, H., AND LACOR, C. Comparison of intrusive and non-intrusive polynomial chaos methods for CFD applications in aeronautics. *Proceedings of ECCOMAS CFD Conference* (2010).

[125] PADULO, M., CAMPOBASSO, M. S., AND GUENOV, M. Novel Uncertainty Propagation Method for Robust Aerodynamic Design. *AIAA Journal 49* (2011), 530–543.

[126] PADULO, M., CAMPOBASSO, M. S., AND GUENOV, M. D. Comparative analysis of uncertainty propagation methods for robust engineering design. *International Conference on Engineering Design ICED07* (2007), 1–12.

[127] PARZEN, E. On Estimation of a Probability Density Function and Mode. *Annals of Mathematical Statistics 33* (1962), 1065–1076.

[128] PECNIK, R., WITTEVEEN, J., AND IACCARINO, G. Uncertainty quantification for laminar-turbulent transition prediction in RANS turbomachinery applications. *49th AIAA Aerospace Sciences Meeting including the New Horizons Forum and Aerospace Exposition, paper no. AIAA-2011-660* (2011).

[129] PENG, T., AND GUPTA, S. K. Model and Algorithms for Point Cloud Construction Using Digital Projection Patterns. *Journal of Computing and Information Science in Engineering 7* (2007), 372–381.

[130] PETER, J., AND MARCELET, M. Comparison of surrogate models for turbomachinery design. *WSEAS TRANSACTIONS on FLUID MECHANICS 3* (2008), 10–17.

[131] PHAM, T.-Q., KAMUSELLA, A., AND NEUBERT, H. Auto-extraction of modelica code from finite element analysis or measurement data. *Proceedings of 8th International Modelica Conference in Dresden* (2011).

[132] PUTKO, M. M., III, A. C. T., NEWMAN, P. A., AND GREEN, L. L. Approach for Input Uncertainty Propagation and Robust Design in CFD Using Sensitivity Derivatives. *Journal of Fluids Engineering 124* (2002), 60–69.

[133] QUEIPO, N., HAFTKA, R., SHYY, W., GOEL, T., VAIDYANATHAN, R., AND TUCKER, P. Surrogate-based analysis and optimization. *Progress in Aerospace Sciences 41* (2005), 1–28.

[134] RASTOGI, P. K. *Optical Measurement Techniques and Applications.* Artech House Publishers, 1997.

[135] REH, S., BELEY, J.-D., MUKHERJEE, S., AND KHOR, E. H. Design for Six Sigma und Robust Design. *Beiträge der Weimarer Optimierungs- und Stochastiktage 2.0, Weimar, Germany* (2005).

[136] RISTIC, M., BRUJIC, D., AND AINSWORTH, I. Measurement-based updating of a turbine blade CAD models: a case study. *International Journal of Computer Integrated Manufacturing 17* (2004), 352–363.

[137] ROOS, D., ADAM, U., AND BAYER, V. Design Reliability Analysis. *Proceedings of 24th CAD-FEM Users' Meeting 2006* (2006).

[138] ROOS, D., AND BUCHER, C. Methoden der stochastischen Optimierung. *Beiträge der Weimarer Optimierungs- und Stochastiktage 1.0, Weimar, Germany* (2004).

[139] ROOS, D., MOST, T., UNGER, J., AND WILL, J. Advanced surrogate models within the robustness evaluation. *Beiträge der Weimarer Optimierungs- und Stochastiktage 4.0, Weimar, Germany* (2007).

[140] Roy, C. J., and Oberkampf, W. L. A comprehensive framework for verification, validation, and uncertainty quantification in scientific computing. *Computer Methods in Applied Mechanics and Engineering 200* (2011), 2131 – 2144.

[141] Rubinstein, R. Y., and Kroese, D. P. *Simulation and the Monte Carlo Method.* John Wiley & Sons, Inc., 2008.

[142] Rumpfkeil, M., and Mavriplis, D. Efficient Hessian Calculations Using Automatic Differentiation and the Adjoint Method with Applications. *AIAA Journal 48* (2010), 2406–2417.

[143] Sachs, L., and Hedderich, J. *Angewandte Statistik*, 13th ed. Springer Verlag, 2009.

[144] Saliby, E. Descriptive Sampling: An Improvement Over Latin Hypercube Sampling. *Proceedings of the 1997 Winter Simulation Conference* (1997).

[145] Sallaberry, C., Helton, J., and Hora, S. Extension of Latin hypercube samples with correlated variables. *Reliability Engineering & System Safety 93* (2008), 1047 – 1059.

[146] Sasaki, D., Keane, A., and Shahpar, S. Multiobjective Evolutionary Optimization of a Compressor Stage using a Grid-Enabled Environment. *44th AIAA Aerospace Sciences Meeting and Exhibit, AIAA paper no. 2006–340* (2006).

[147] Scharfenstein, J., Heinze, K., Voigt, M., Vogeler, K., and Meyer, M. Probabilistic CFD Analysis of High Pressure Turbine Blades Considering Real Geometric Effects. *Proceedings of ASME Turbo Expo Conference 2013, ASME paper no. GT2013-94161* (2013).

[148] Schillings, C. *Optimal Aerodynamic Design under Uncertainties.* PhD thesis, Universität Trier, Deutschland, 2010.

[149] Schillings, C., Schmidt, S., and Schulz, V. Efficient shape optimization for certain and uncertain aerodynamic design. *Computers & Fluids 46* (2011), 78 – 87.

[150] Schoenenborn, H., Grossmann, D., Satzger, W., and Zisik, H. Determination of blade-alone frequencies of a blisks for mistuning analysis based on optical measurements. *Proceedings of ASME Turbo Expo Conference 2009, ASME paper no. GT2009–59148* (2009).

[151] Schölzel, C., and Friederichs, P. Multivariate non-normally distributed random variables in climate research - introduction to the copula approach. *Nonlinear Processes in Geophysics 15* (2008), 761–772.

[152] Schroeder, G. Erstellung eines Programms zur Approximation und Analyse von bestehenden Schaufelprofilen. Master's thesis, Institut für Strömungsmechanik, TU Dresden, 2005.

[153] Shahpar, S., and Lapworth, L. PADRAM: Parametric Design and Rapid Meshing System for Turbomachinery Optimisation. *ASME Conference Proceedings 2003*, 36894 (2003), 579–590.

[154] Simpson, T., Poplinski, J., Koch, P. N., and Allen, J. Metamodels for Computer-based Engineering Design: Survey and recommendations. *Engineering with Computers 17* (2001), 129–150.

[155] Sinha, A., Hall, B., Cassenti, B., and Hilbert, G. Vibratory Parameters of Blades from Coordinate Measurement Machine (CMM) Data. *Journal of Turbomachinery 130* (2008), 011013.

[156] Smolyak, S. A. Quadrature and Interpolation Formulas for Tensor Products of Certain Classes of Functions. *Doklady Akademii Nauk SSSR 148* (1963), 1042–1045.

[157] Spalart, P. R., and Allmaras, S. R. A One Equation Turbulence Model for Aerodynamic Flows. *30th Aerospace Sciences Meeting and Exhibit, AIAA Paper no. 92-0439* (1992).

[158] Spearman, C. The Proof and Measurement of Association between Two Things. *The American Journal of Psychology 15* (1904), 72–101.

[159] Stein, M. Large Sample Properties of Simulations Using Latin Hypercube Sampling. *Technometrics 29* (1987), 143–151.

[160] STEPHENS, M. A. EDF Statistics for Goodness of Fit and Some Comparisons. *Journal of the American Statistical Association 69* (1974), 730–737.

[161] STROUD, A. H., AND SECREST, D. *Gaussian Quadrature Formulas.* Prentice-Hall, Englewood Cliffs, NJ, 1966.

[162] TARI, M., AND DAHMANI, A. Refined descriptive sampling: A better approach to Monte Carlo simulation. *Simulation Modelling Practice and Theory 14*, 2 (2006), 143 – 160.

[163] TONG, C. Self-validated variance-based methods for sensitivity analysis of model outputs. *Reliability Engineering and System Safety 95* (2010), 301–309.

[164] TRAUPEL, W. *Thermische Turbomaschinen, Band 1.* Springer Verlag, 1988.

[165] VOIGT, M. *Probabilistische Simulation des strukturmechanischen Verhaltens von Turbinenschaufeln.* Dissertation, Fakultät für Maschinenwesen, Technische Universität Dresden, 2010.

[166] VOIGT, M., BISCHOFF, T., AND LANG, G. *Prosi Manual.* TU Dresden, Institute für Strömungsmechanik, Technische Universität Dresden, http://www.probabilistik.de/prosi.html, 2008.

[167] VOIGT, M., MÜCKE, R., VOGELER, K., AND OEVERMANN, M. Probabilistic Lifetime Analysis for Turbine Blades on a Combined Direct Monte Carlo and Response Surface Approach. *Proceedings of ASME Turbo Expo Conference 2004, ASME paper no. GT2004–53439* (2004).

[168] WALRAEVENS, R. E., AND CUMPSTY, N. A. Leading Edge Separation Bubbles on Turbomachine Blades. *Journal of Turbomachinery 117* (1995), 115–125.

[169] WALTERS, R. W., AND HUYSE, L. Uncertainty Analysis for Fluid Mechanics with Applications. *NASA Report No. CR-2002-211449* (2002).

[170] WAN, X., XIU, D., AND KARNIADAKIS, G. E. Modeling uncertainty in three-dimensional heat transfer problems. *Eighth International Conference on Advanced Computational Methods in Heat Transfer* (2004), 15–24.

[171] WAVEMETRICS INC. *IGOR Pro Version 5.0, Reference Manual, 2004.*

[172] WHEELER, A. P. S., SOFIA, A., AND MILLER, R. J. The Effect of Leading–Edge Geometry on Wake Interactions in Compressors. *Journal of Turbomachinery 131* (2009), 041013.

[173] WIENER, N. The Homogeneous Chaos. *American Journal of Mathematics 60* (1938), 897–936.

[174] WILSON, M. J., IMREGUN, M., AND SAYMA, A. I. The Effect of Stagger Variability in Gas Turbine Fan Assemblies. *Journal of Turbomachinery 129* (2007), 404–411.

[175] WIORA, G. *Optische 3D-Messtechnik: Präzise Gestaltvermessung mit einem erweiterten Streifenprojektionsverfahren.* PhD thesis, Ruprechts-Karls-Universität Heidelberg, 2001.

[176] WITTEVEEN, J. *Efficient and robust uncertainty quantification for computational fluid dynamics and fluid-structure interaction.* PhD thesis, Technische Universiteit Delft, 2009.

[177] XIU, D. Efficient Collocational Approach for Parametric Uncertainty Analysis. *Communications in Computational Physics 2* (2007), 293–309.

[178] XIU, D., AND KARNIADAKIS, G. E. Modeling uncertainty in flow simulations via generalized polynomial chaos. *Journal of Computational Physics 187* (2003), 137 – 167.

[179] XIU, D., LUCOR, D., SU, C.-H., AND KARNIADAKIS, G. E. Stochastic Modeling of Flow-Structure Interactions Using Generalized Polynomial Chaos. *Journal of Fluids Engineering 124* (2002), 51–59.

[180] XIU, D., AND TARTAKOVSKY, D. Numerical methods for differential equations in random domains. *SIAM Journal on Scientific Computing 28* (2006), 1167–1185.

[181] XU, C., AND GERTNER, G. Z. Uncertainty and sensitivity analysis for models with correlated parameters. *Reliability Engineering & System Safety 93* (2008), 1563 – 1573.

[182] ZANG, C., FRISWELL, M., AND MOTTERSHEAD, J. A review of robust optimal design and its application in dynamics. *Computers and Structures 83* (2005), 315–326.

[183] ZANG, T., HEMSCH, M., HILBURGER, M., KENNY, S., LUCKRING, J., MAGHAMI, P., PADULA, S., AND STROUD, J. Needs and Opportunities for Uncertainty–Based Multidisciplinary Design Methods for Aerospace Vehicles. *NASA/TM-2002-211462* (2002).

A. Ausgewählte Ergebnisse der probabilistischen CFD–Simulationen

Inhalt dieses Kapitels ist die Darstellung von ergänzenden Grafiken, die dem Gesamtüberblick der in Kapitel 5 und 6 beschriebenen probabilistischen CFD Simulationen dienlich sind.

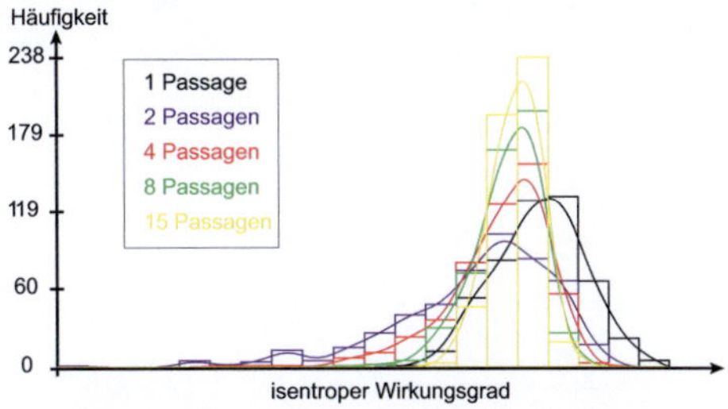

(a) R3_Studie: (ein Bereich, angepasste Statistik)

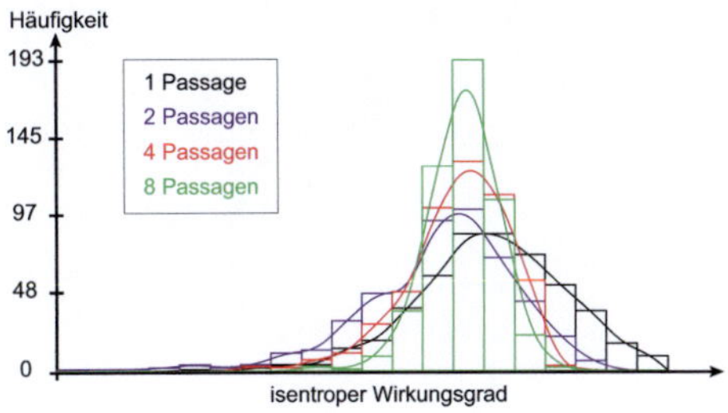

(b) R3_2: (zwei radial gemittelte Bereiche)

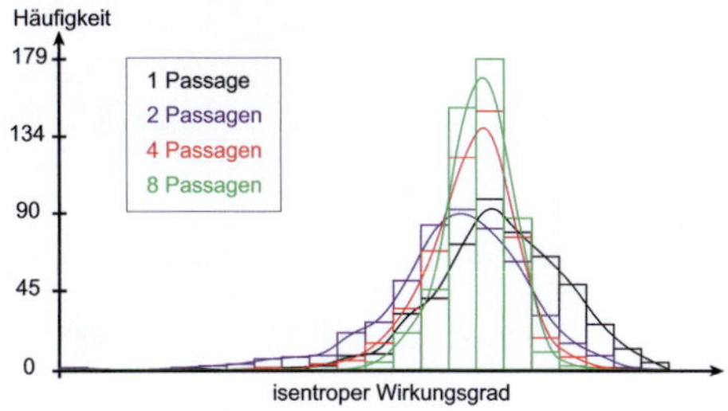

(c) R3: (ein radial gemittelter Bereich)

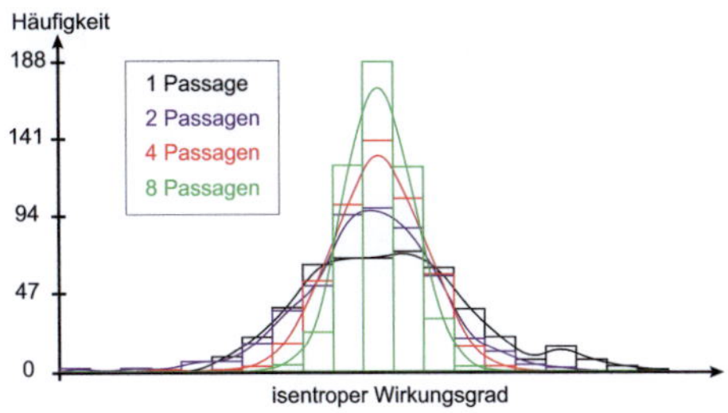

(d) R6: (ein radial gemittelter Bereich)

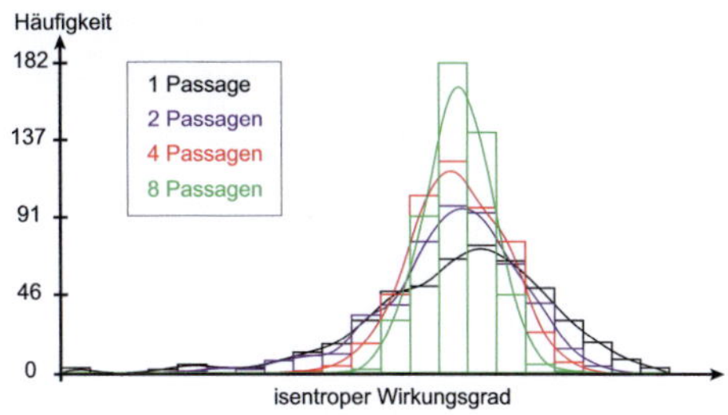

(e) R9: (ein radial gemittelter Bereich)

Abb. A.1. Histogramme des isentropen Wirkungsgrades der nicht–axialsymmetrischen CFD–Berechnungen der Stufen 3, 6 und 9 mit jeweils 2, 4, 8 und z.T. 15 unabhängig voneinander geformten Passagen im Vgl. mit dem symmetrischen Referenzfall einer Passage (siehe Kap. 5).

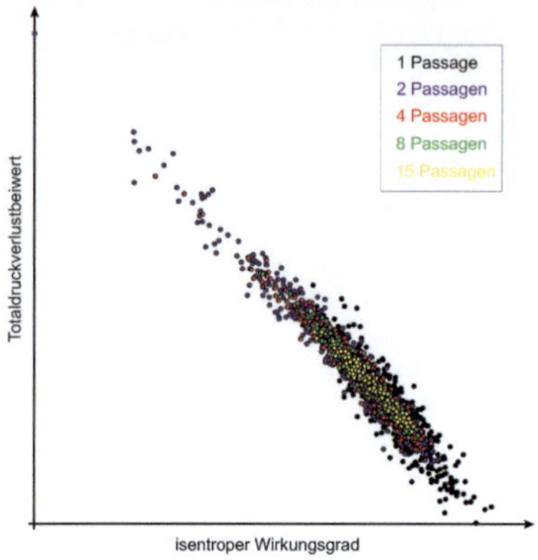

(a) R3_Studie: (ein Bereich, angepasste Statistik)

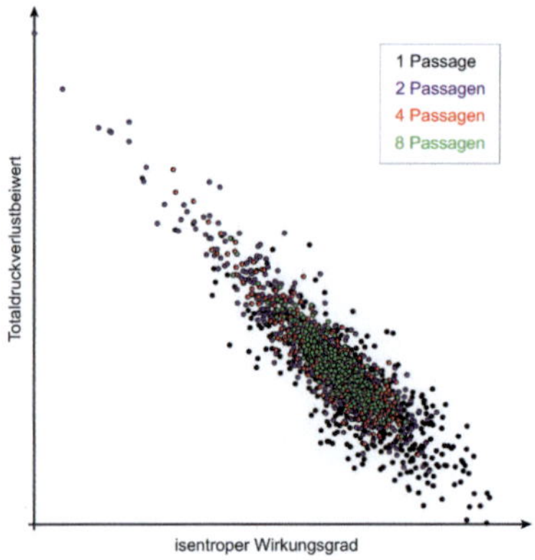

(b) R3_2: (zwei radial gemittelte Bereiche)

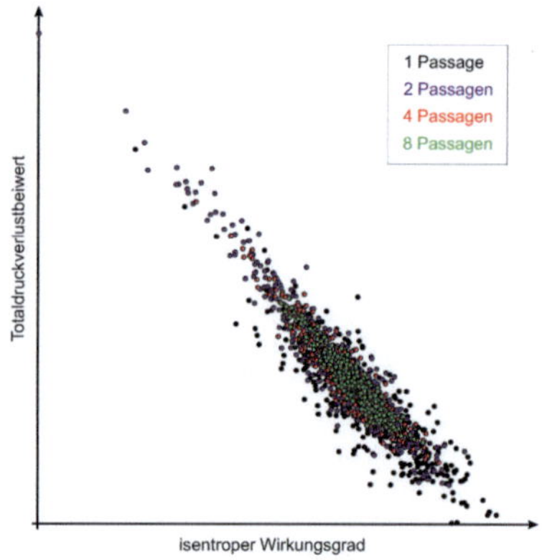

(c) R3: (ein radial gemittelter Bereich)

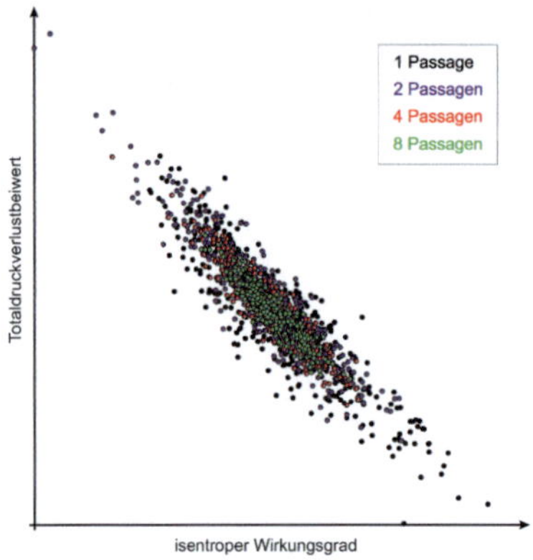

(d) R6: (ein radial gemittelter Bereich)

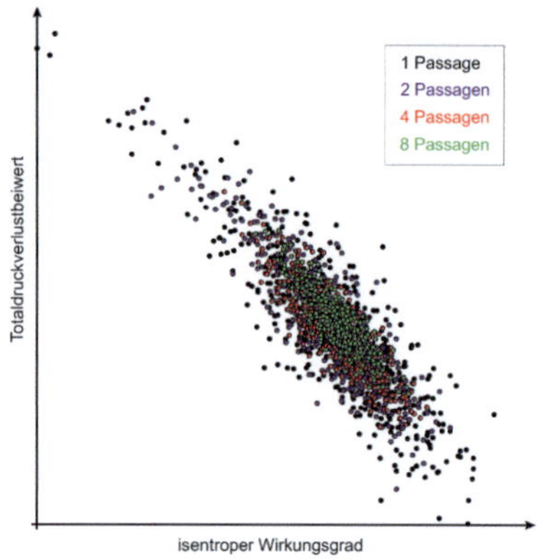

(e) R9: (ein radial gemittelter Bereich)

Abb. A.2. Streudiagramme des Totaldruckverlustbeiwerts über dem isentropen Wirkungsgrad mit Konvergenz der Punktewolken für zunehmende Anzahl an Passagen (siehe Kap. 5).

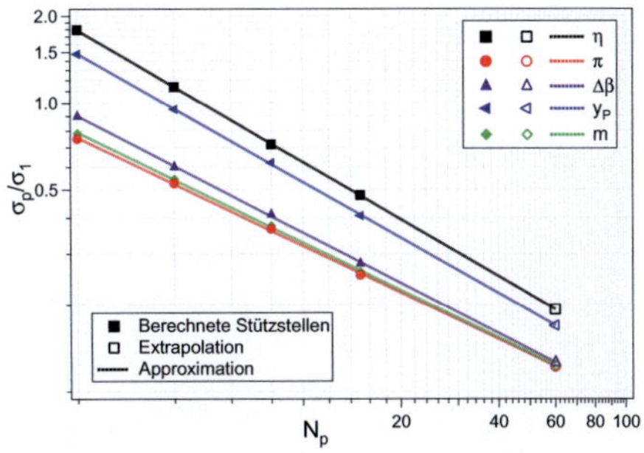

(a) R3_Studie: (ein Bereich, angepasste Statistik)

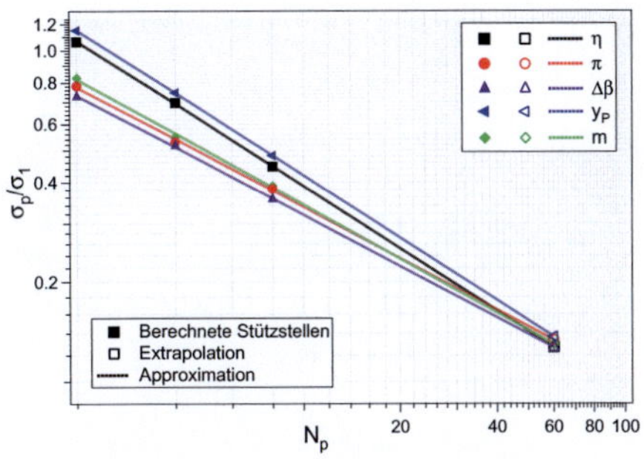

(b) R3_2: (zwei radial gemittelte Bereiche)

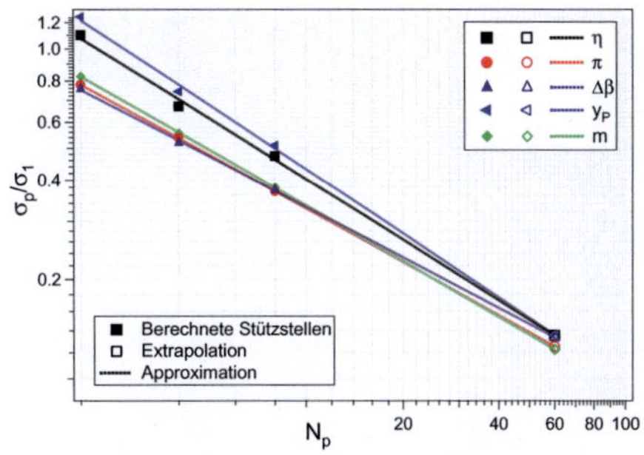

(c) R3: (ein radial gemittelter Bereich)

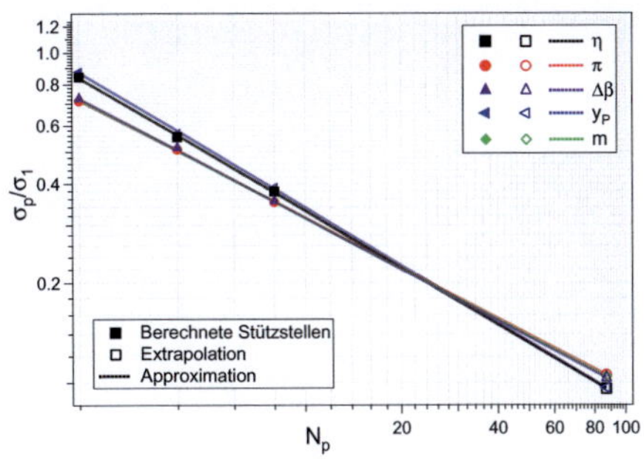

(d) R6: (ein radial gemittelter Bereich)

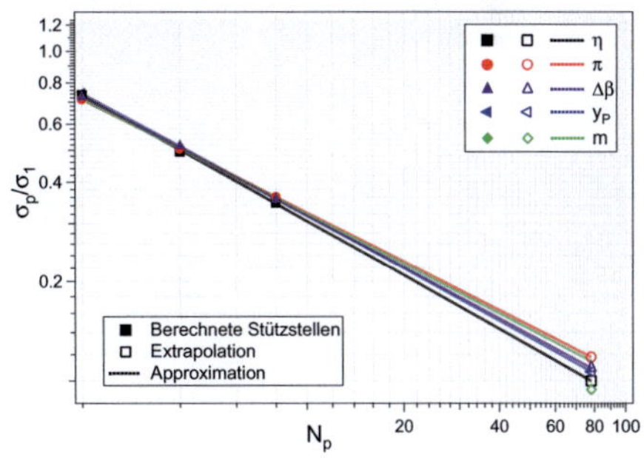

(e) R9: (ein radial gemittelter Bereich)

Abb. A.3. Standardabweichungen stochastischer Stufenergebnisse über Anzahl vernetzter Passagen zeigt linearen Abfall im doppelt logarithmischen Koordinatensystem (siehe Kap. 5).

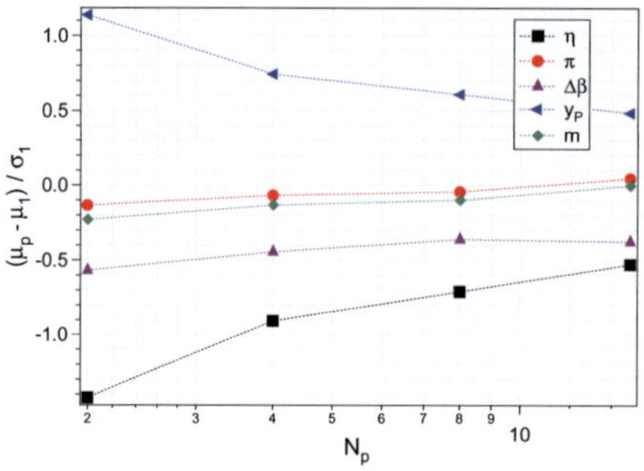

(a) R3_Studie: (ein Bereich, angepasste Statistik)

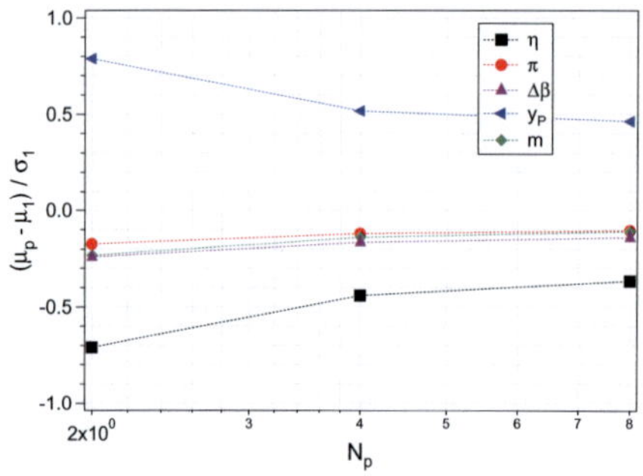

(b) R3_2: (zwei radial gemittelte Bereiche)

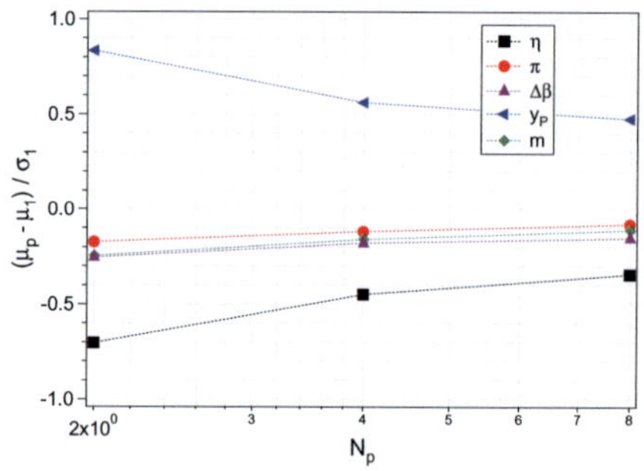

(c) R3: (ein radial gemittelter Bereich)

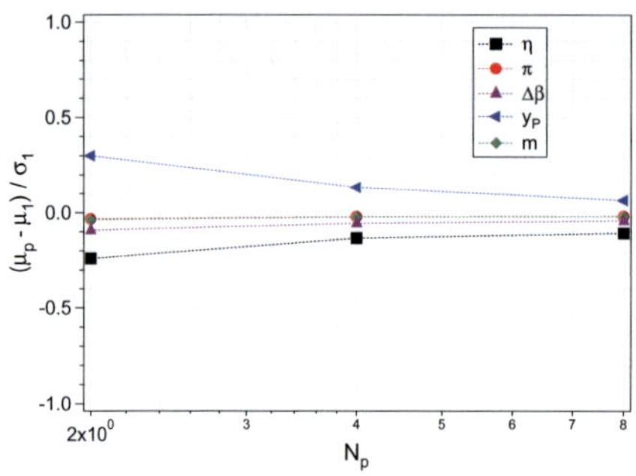

(d) R6: (ein radial gemittelter Bereich)

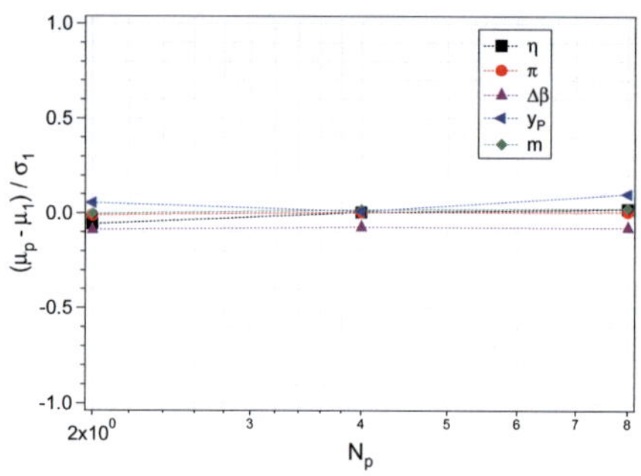

(e) R9: (ein radial gemittelter Bereich)

Abb. A.4. Mittelwertverschiebung stochastischer Stufenergebnisse zeigt tendenzielle eine Abschwächung mit Zunahme vernetzter Passagen (siehe Kap. 5).

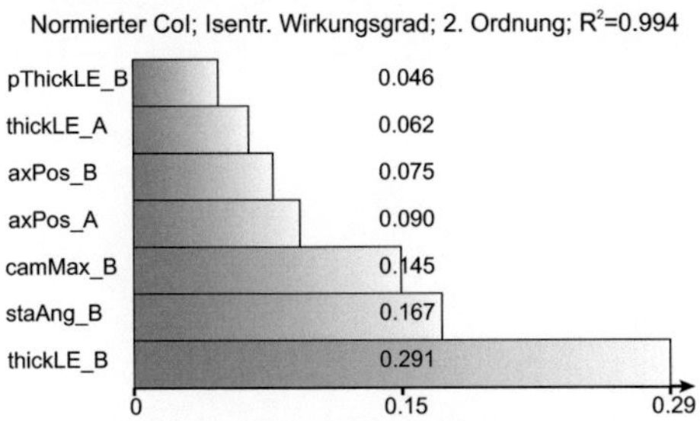

(a) R3_2: Wirkungsgrad

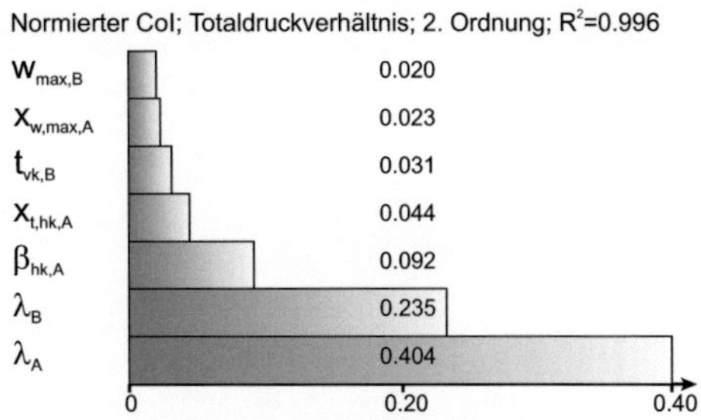

(b) R3_2: Totaldruckverhältnis

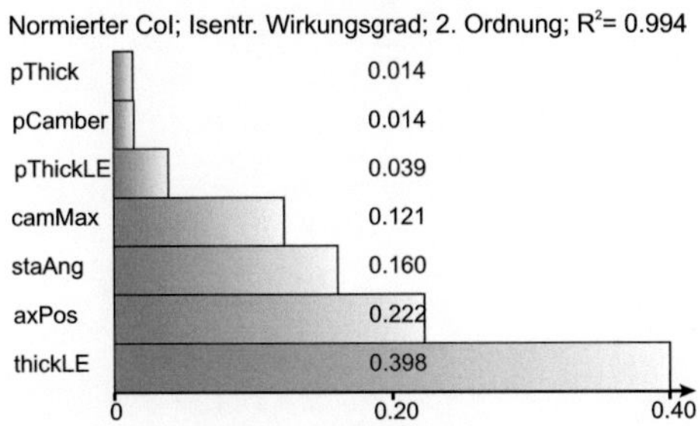

(c) R3: Wirkungsgrad

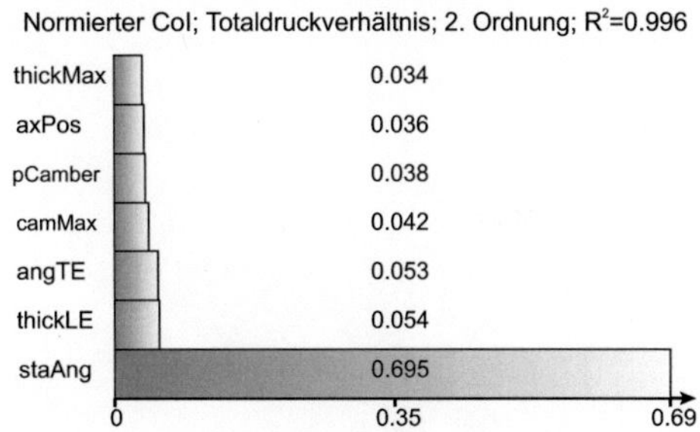

(d) R3: Totaldruckverhältnis

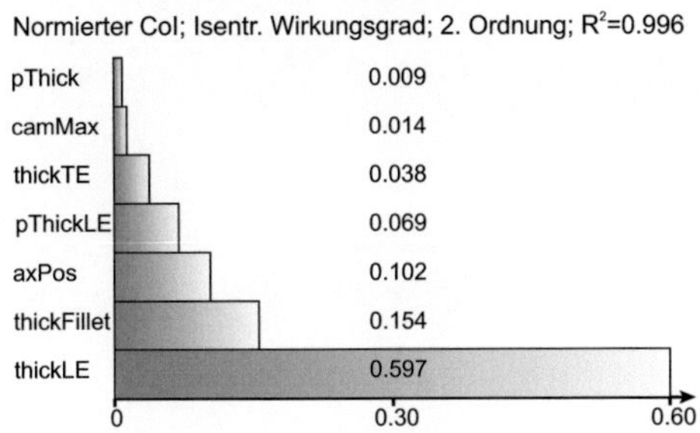

(e) R6: Wirkungsgrad

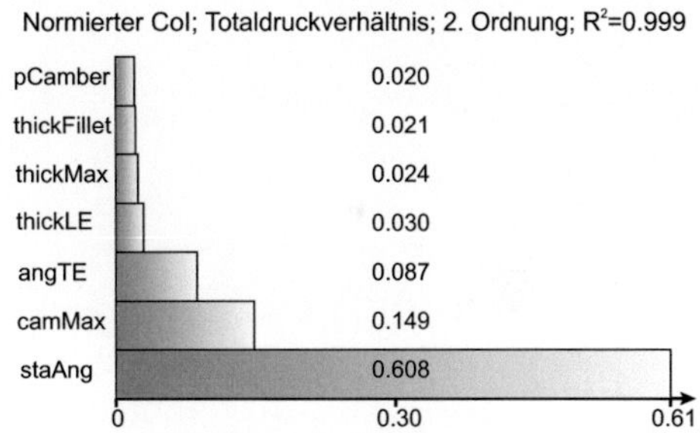

(f) R6: Totaldruckverhältnis

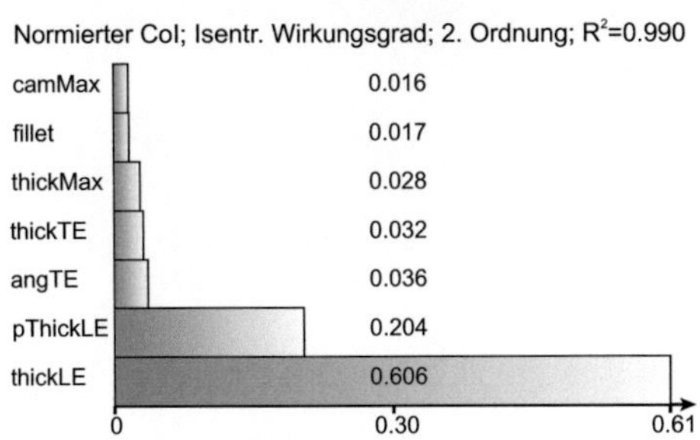

(g) R9: Wirkungsgrad

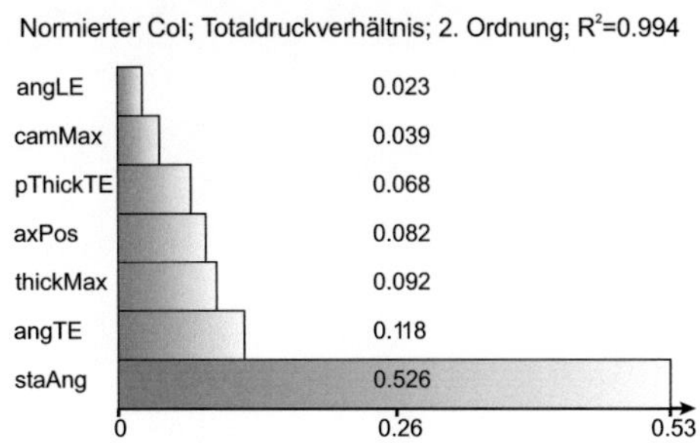

(h) R9: Totaldruckverhältnis

Abb. A.5. Wichtigkeit der stochastischen Eingangsgrößen auf die stochastischen Ergebnisgrößen isentroper Wirkungsgrad und Totaldruckverhältnis (siehe Kap. 5).

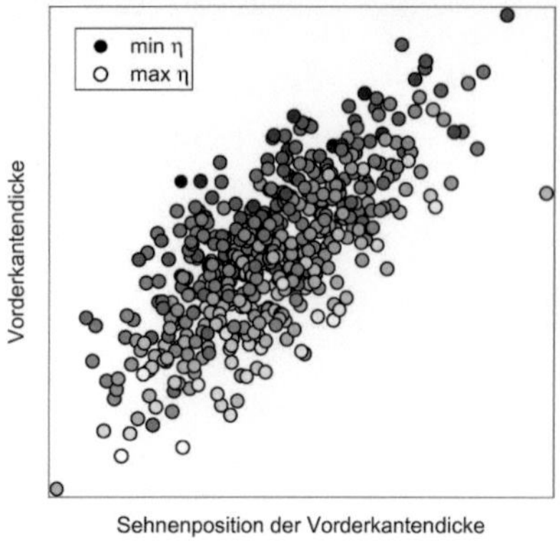

(a) R3: isentroper Wirkungsgrad

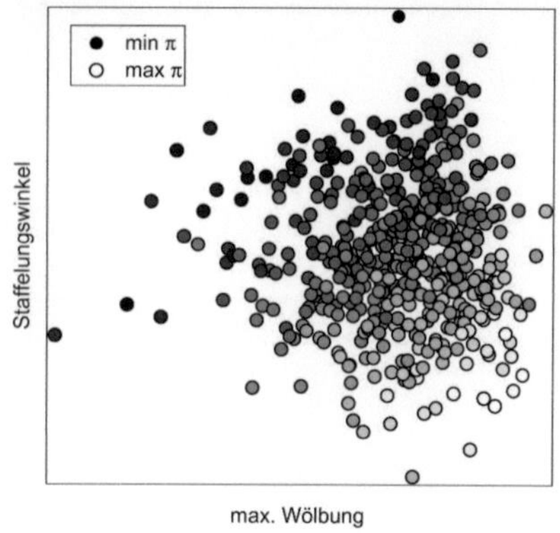

(b) R3: Totaldruckverhältnis

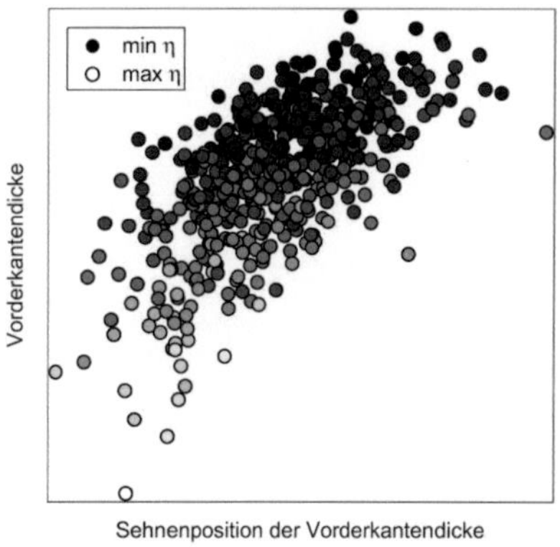

(c) R6: isentroper Wirkungsgrad

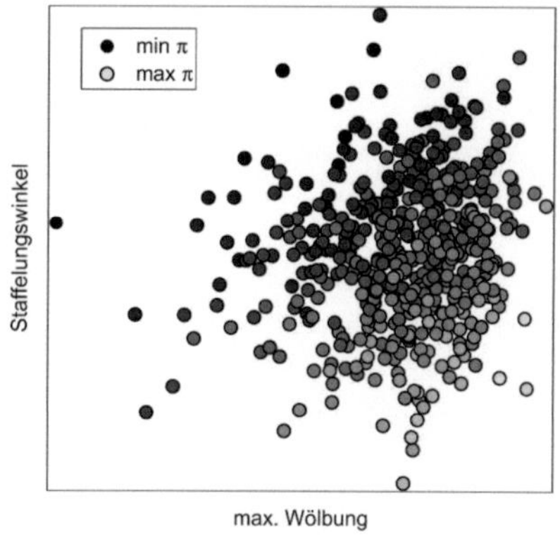

(d) R6: Totaldruckverhältnis

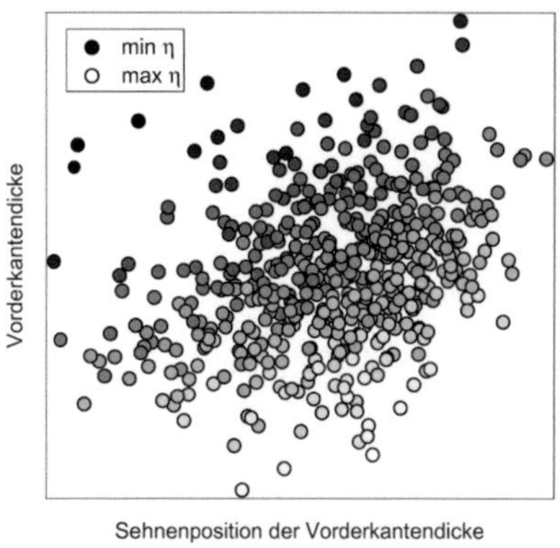

(e) R9: isentroper Wirkungsgrad

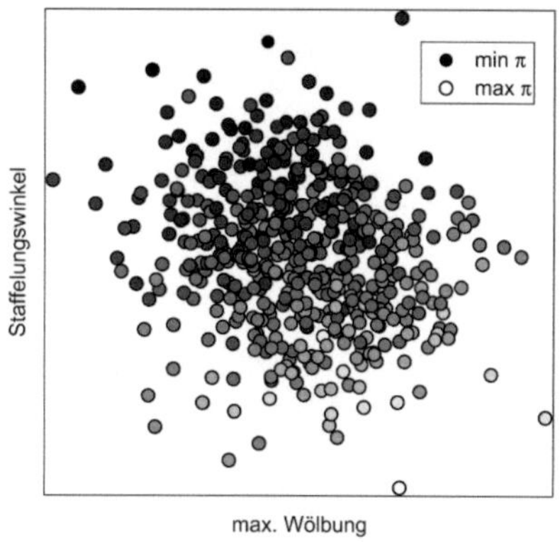

(f) R9: Totaldruckverhältnis

Abb. A.6. Streudiagramme wichtiger stochastischer Eingangsgrößen auf die stochastischen Ergebnisgrößen Wirkungsgrad und Totaldruckverhältnis (siehe Kap. 5).

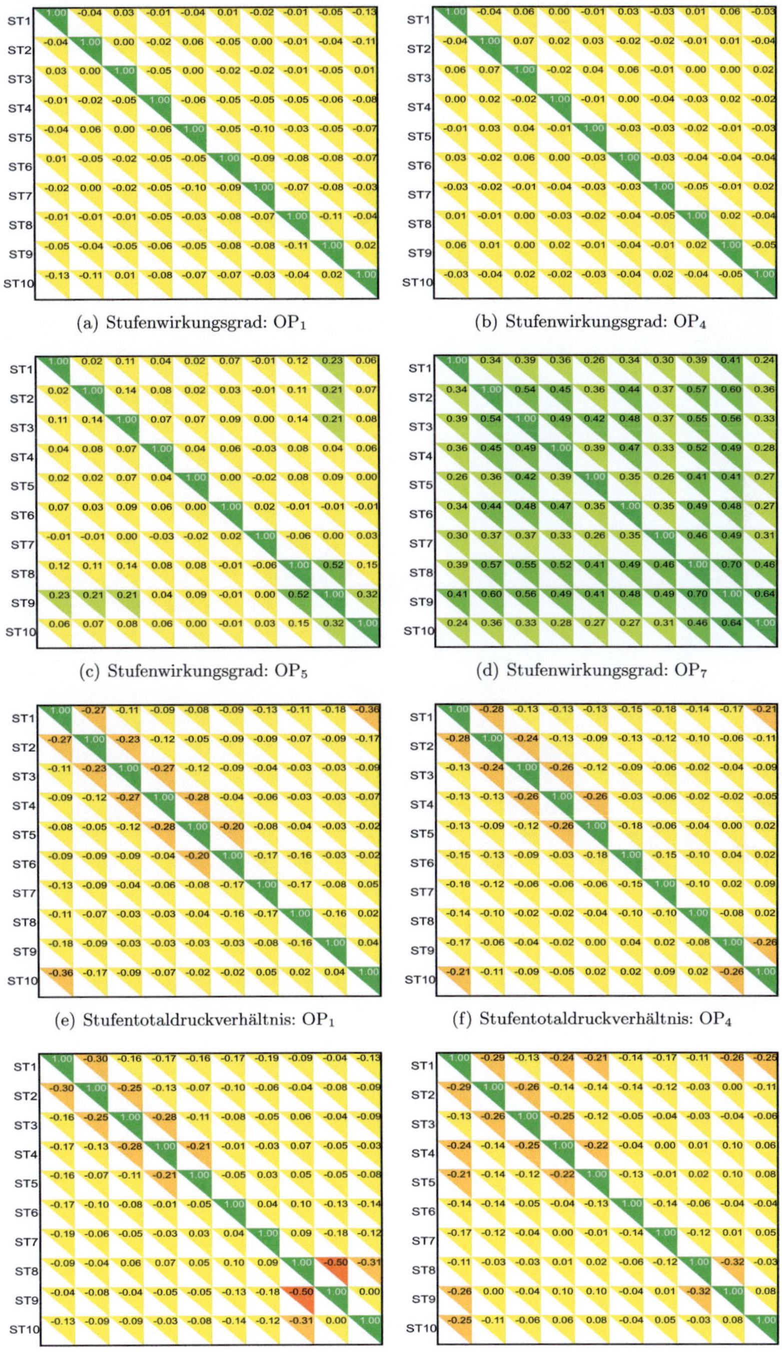

(a) Stufenwirkungsgrad: OP_1 (b) Stufenwirkungsgrad: OP_4

(c) Stufenwirkungsgrad: OP_5 (d) Stufenwirkungsgrad: OP_7

(e) Stufentotaldruckverhältnis: OP_1 (f) Stufentotaldruckverhältnis: OP_4

(g) Stufentotaldruckverhältnis: OP_5 (h) Stufentotaldruckverhältnis: OP_7

Abb. A.7. Korrelationsmatrizen stochastischer Stufenergebnisse der nicht–deterministischen Analyse des mehrstufigen Hochdruckverdichters (vgl. Kap. 6).

B. Numerischer Anhang

B.1. Polynomapproximation

Die Bestimmung der Koeffizienten der Polynome nullter, erster und zweiter Ordnung soll auf Basis gegebenen Stützstellen erfolgen. Die Konstante

$$y(x) = A_0 \tag{B.1}$$

erhält mit der Stützstelle $[x_1, y_1]$ die triviale Lösung

$$A_0 = y_1. \tag{B.2}$$

Die Koeffizienten der linearen Funktion

$$y(x) = A_0 + A_1\,x \tag{B.3}$$

ergeben sich mit den Stützstellen $[x_1, y_1]$ und $[x_2, y_2]$ zu

$$\begin{aligned} A_0 &= y_2 - x_2\,\tfrac{y_2-y_1}{x_2-x_1} \\ A_1 &= \tfrac{y_2-y_1}{x_2-x_1}\,. \end{aligned} \tag{B.4}$$

Für die Koeffizienten der quadratischen Funktion

$$y(x) = A_0 + A_1\,x + A_2\,x^2 \tag{B.5}$$

sind die Koeffizienten durch die Stützstellen $[x_1, y_1]$, $[x_2, y_2]$ und $[x_3, y_3]$ unter Verwendung der Konstante $K = (x_1 - x_2)\,(x_1 - x_3)\,(x_2 - x_3)$ mit

$$\begin{aligned} A_0 &= \tfrac{1}{K}\,[y_1\,x_2\,x_3\,(x_2 - x_3) + y_2\,x_1\,x_3\,(x_3 - x_1) + y_3\,x_1\,x_2(x_1 - x_2)] \\ A_1 &= \tfrac{1}{K}\,[x_3^2\,(y_1 - y_2) + x_2^2\,(y_3 - y_1) + x_1^2\,(y_2 - y_3)] \\ A_2 &= \tfrac{1}{K}\,[x_3\,(y_2 - y_1) + x_2\,(y_1 - y_3) + x_1\,(y_3 - y_2)] \end{aligned} \tag{B.6}$$

definiert.

B.2. Radiale Synthese: Beispiel mit drei Bereichen

Der in Abschnitt 3.5.7 eingeführte Prozess der radialen Synthese soll anhand eines Beispiels erklärt werden. Hierbei wird die Änderung des Parameters max. Wölbung durch drei gemittelte Bereiche modelliert. Die unterste Integrationsgrenze ist auf $s = 0.075$ festgelegt, um den Filletbereich nicht in die Mittelung einzubeziehen. Alle weiteren Grenzen sowie die zugehörigen Parameterwerte sind in Tab. B.1 angegeben. Weiterhin sind die Spannweitenverläufe von gescannter Schaufel und Referenzgeometrie

Tab. B.1. Stützstellen des Beispiels zur radialen Synthese.

Index	linke Grenze ($s_{a,-}$)	rechte Grenze ($s_{a,+}$)	Stütz- stellen (s_a)	Parameter Scan ($\overline{P}_a^{ziel}$)	Parameter Referenz ($\overline{P}_a^{ref}$)	Änderung ($\Delta\overline{P}_a$)
I	0.075	0.33	0.2025	1488.60 μm	1614.01 μm	-125.41 μm
II	0.33	0.66	0.495	1279.50 μm	1335.05 μm	-55.55 μm
III	0.66	1	0.83	1124.13 μm	1210.07 μm	-85.94 μm

sowie den gemittelten Werten in Abb. B.1(a) dargestellt. Zur Interpolation der Parameteränderung findet vorgegeben durch die drei Stützstellen ein Polynom zweiter Ordnung Verwendung. Für Gl. (3.65) folgen mit $N_a = 2$ durch die Interpolationsvorschrift gemäß Gl. (B.6) die Konstanten $A_0 = -226.41792$, $A_1 = 605.15463$ und $A_2 = -525.18570$. In Abb. B.1(c) ist der Vektor der Parameteränderung ΔP_j als Ergebnis dieser Interpolation gezeigt. Die Anwendung dieser Änderung auf den Vektor der Basisgeometrie führt auf den Vektor der Variation, siehe Abb. B.1(b). Zusammenfassend soll betont werden, dass die Charakteristik dieses Parameterverlaufs dem Originalen entspricht. Seine Absolutwerte sind, wie die Abweichung von Scan und Referenz fordern, um die geforderte Änderung korrigiert.

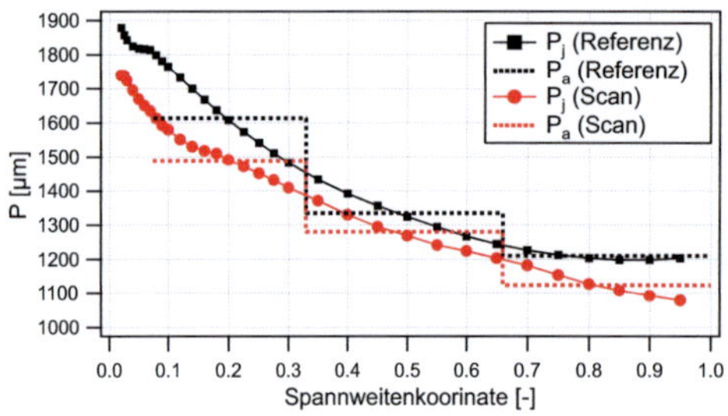

(a) Max. Wölbung für Scan und Referenzgeometrie

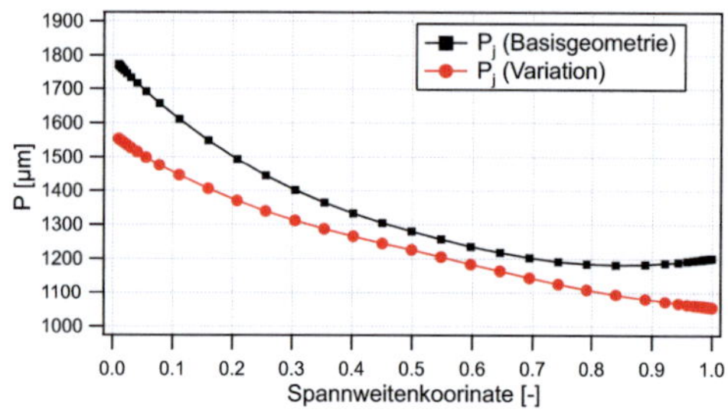

(b) Max. Wölbung für Basis– und Variationsgeometrie

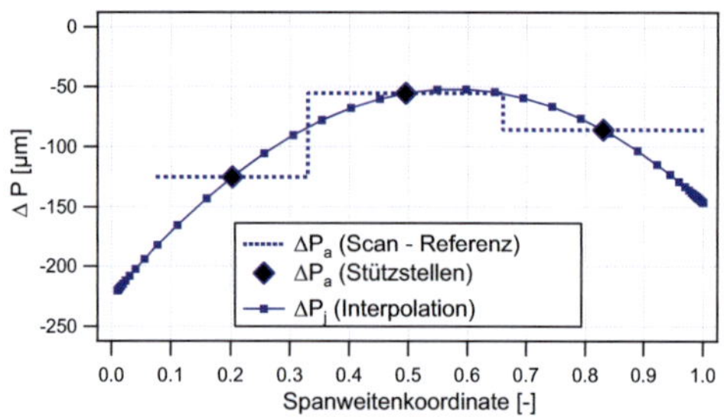

(c) Interpolierte Änderung der max. Wölbung

Abb. B.1. Originale, variierte und Delta–Parameterverläufe zur radialen Synthese.

B.3. Angepasste radiale Synthese

Die angepasste radiale Synthese stellt eine Variante der in Abschnitt 3.5.7 vorgestellten radialen Synthese dar. Sie ermöglicht es, Parameterverläufe mit großen radialen Gradienten variabler zu modellieren. Die Anwendung konzentriert sich in dieser Arbeit auf die vorderen Verdichterreihen, welche durch von hinteren Reihen extrapolierte, radial gemittelte Parameteränderungen z.T. überhöhte lokale Änderungen der Verteilungen erhalten. Die angepasste Synthese sorgt für eine Umverteilung der Änderung und mindert somit übertriebene lokale Änderungen ab.

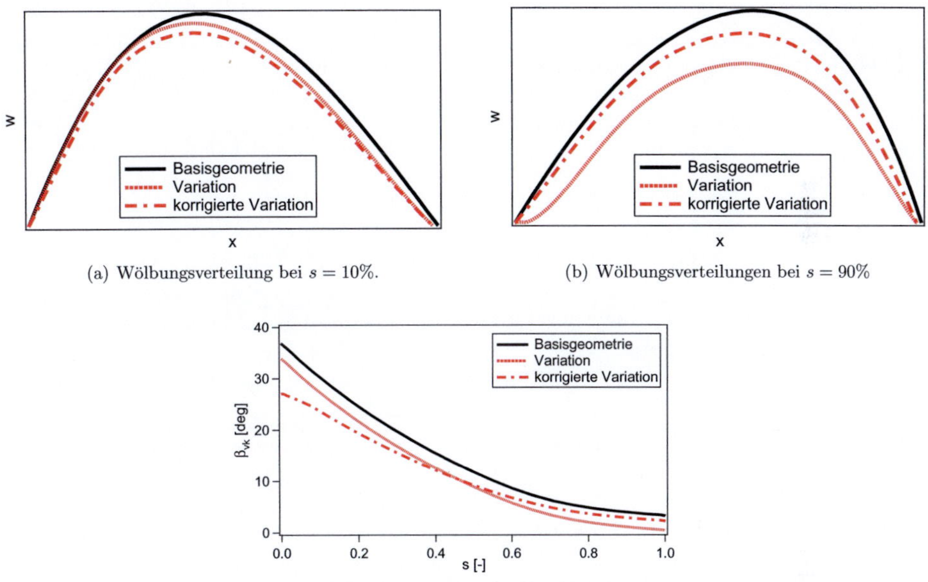

(a) Wölbungsverteilung bei $s = 10\%$.

(b) Wölbungsverteilungen bei $s = 90\%$

(c) Spannweiten–Plot der VK-Winkel.

Abb. B.2. Angepasste radiale Synthese der Wölbungsverteilung.

Der in Abb. B.2(c) dargestellte Verlauf des Vorderkantenwinkels einer vorderen Rotorschaufel zeigt sehr unterschiedliche Werte für den Naben– ($\beta_{vk} \approx 37°$) und Gehäuseschnitt ($\beta_{vk} \approx 3.5°$). Eine radial gemittelte ($N_a = 1$) Variation um $\Delta\bar{\beta}_{vk} = 3°$ führt auf den angegebenen Parameterverlauf der Variation. Die auf den Ausgangswinkel bezogene Änderung beträgt für den Nabenschnitt etwa $\Delta\beta_{vk}/\beta_{vk} \approx 8\%$, jedoch für den Gehäuseschnitt bis zu $\Delta\beta_{vk}/\beta_{vk} \approx 85\%$. Diese große relative Änderung führt zu der in Abb. B.2(b) gezeigten unrealistischen Wölbungsverteilung.

Die angepasste radiale Synthese sorgt für eine Umverteilung der Parameteränderung, sodass die relative (und nicht die absolute) Parameteränderung gleich bleibt. Hierbei wird die in Gl. (3.66) definierte konventionelle radiale Synthese um die Korrekturfunktion $P^*(s)$ erweitert, woraus sich der harmonisierte Ansatz

$$\Delta P_j = P^*(s_j^{org})\,\Delta\widetilde{P}(s_j^{org}) \tag{B.7}$$

ergibt. Die Korrekturfunktion

$$P^*(s) = \frac{1}{A}\left[\frac{P(s)}{\overline{P}}\right]^{\chi} \tag{B.8}$$

ist unter Verwendung des normierten Parameterverlaufes der originalen Geometrie $P(s)/\overline{P}$ definiert, wobei $\overline{P}$ dem Mittelwert des Parameters im Intervall [0,1] entspricht.

Der Exponent χ regelt den Einfluss von Punkten, die vom Mittelwert 1 abweichen. Für $\chi = 0$ gilt $P^* = 1$. Es erfolgt keine Korrektur, wodurch die originale radiale Synthese erhalten bleibt. Für $\chi = 1$ erfolgt die Parameterkorrektur in nicht abgeschwächter Form, d.h. die relative Änderung ist über der Schaufelhöhe konstant (gilt für $N_a = 1$). Sinnvolle Werte für χ liegen zwischen $0 > \chi > 1$ — üblicherweise nahe 1. Werte $\chi > 1$ führen zu übersteuerten Verläufen und werden nicht empfohlen. Die Konstante

$$A = \int_0^1 \left[\frac{P(s)}{\overline{P}}\right]^{\chi} \mathrm{d}s \tag{B.9}$$

korrigiert die gewichteten Werte um ihren Mittelwert, womit sichergestellt ist, dass der Mittelwert der Korrekturfunktion im Spannweitenintervall [0,1] gleich 1 ist und die radiale Synthese im Mittel richtig gelöst wird. In Abb. B.3 wird der angenommene Parameterverlauf $P(s) = (1-s)^3 + 0.1$ innerhalb der Grenzen $[0,1]$ durch die Korrekturfunktion vermittelt. Die Kurven zeigen für kleine χ deutlich flachere Verläufe, die bei der Korrektur zu einer abgeschwächten radialen Umverteilung führen.

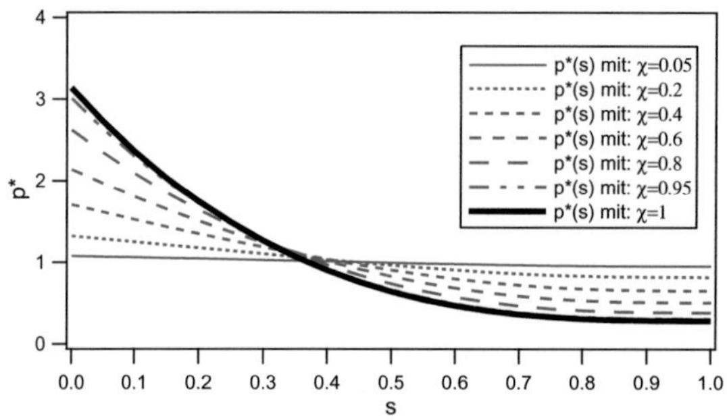

Abb. B.3. Einfluss von χ auf die Ausprägung der angepassten radialen Synthese.

Dieser Ansatz zur angepassten radialen Synthese wurde innerhalb des Projekts verwendet, um die z.T. stark steigenden Parameterverläufe von Vorder– und Hinterkantenwinkel der vorderen Rotorreihen des untersuchten Hochdruckverdichters mittels eines radial gemittelten Parameters variieren zu können. Als Bsp. dienen die korrigierte Variation der Wölbungsverteilung in Abb. B.2(c) sowie die resultierenden Wölbungsverteilungen in Abb. B.2(a) und B.2(b). Es ist zu erkennen, dass die korrigierte Variation bei 90% Spannweitenkoordinate stärker ausgeprägt ist und der 10% Schnitt entsprechend entlastet wird. Durch die Korrektur werden für beide Schnitte gültige Variationen erzeugt.